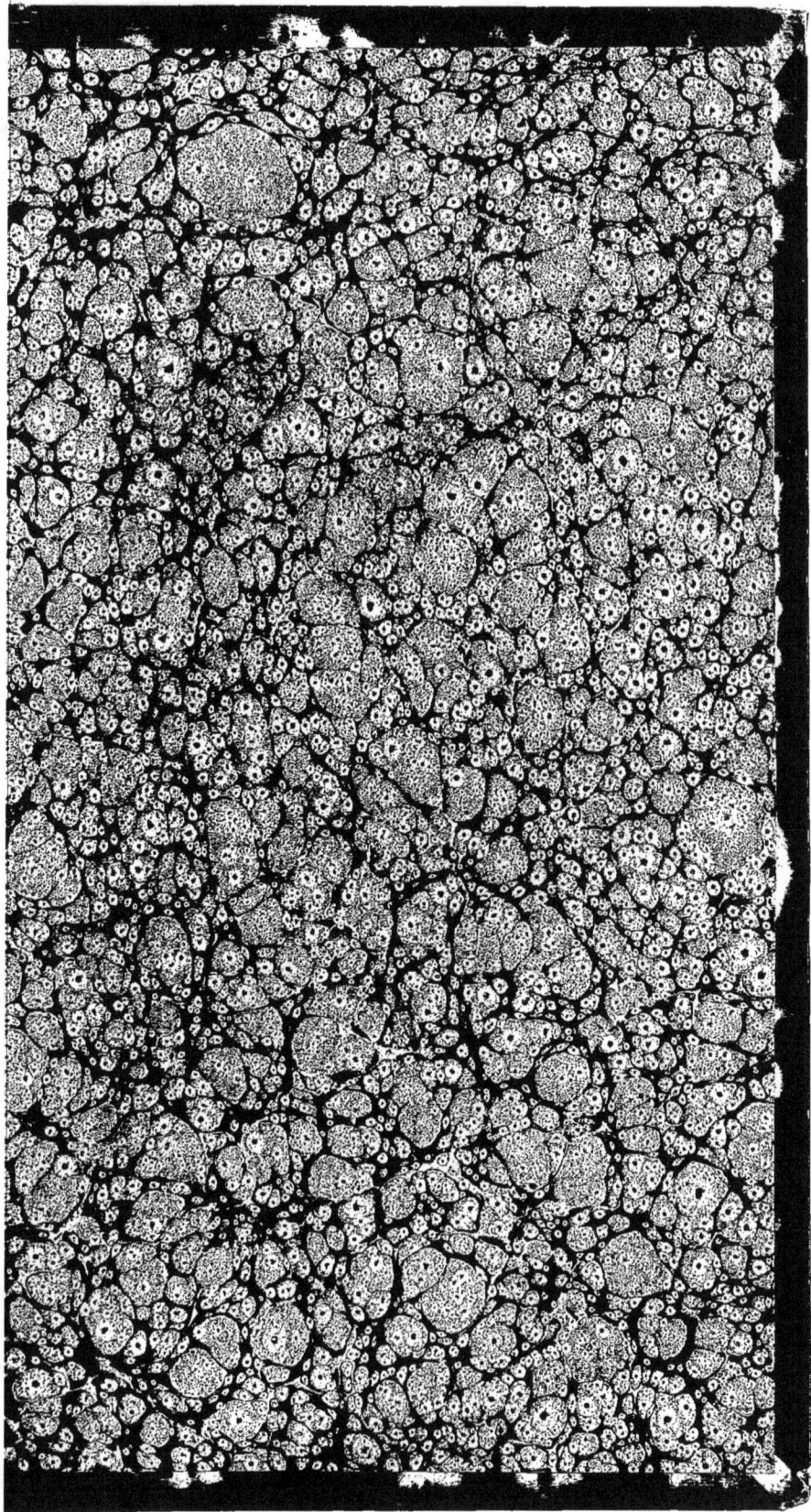

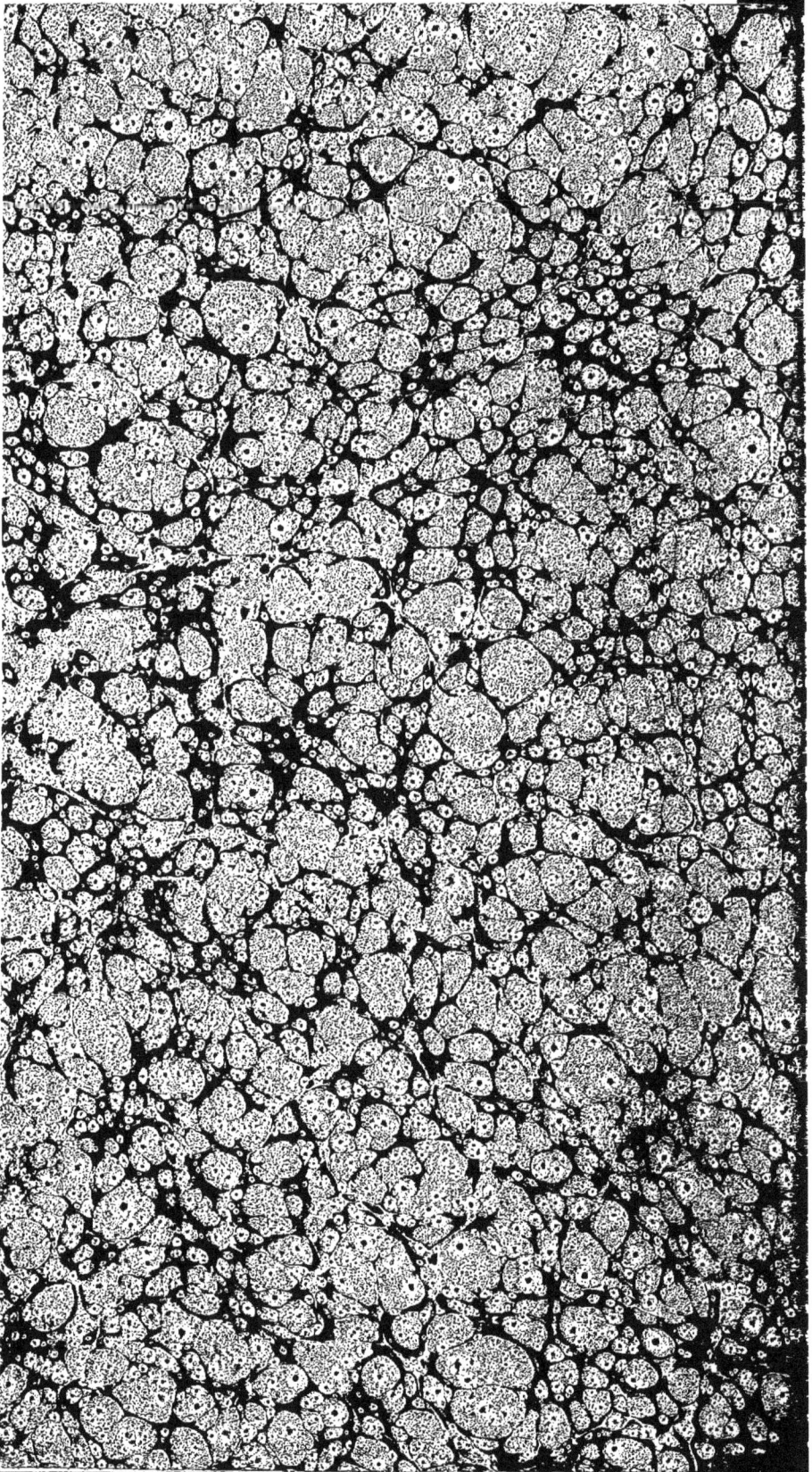

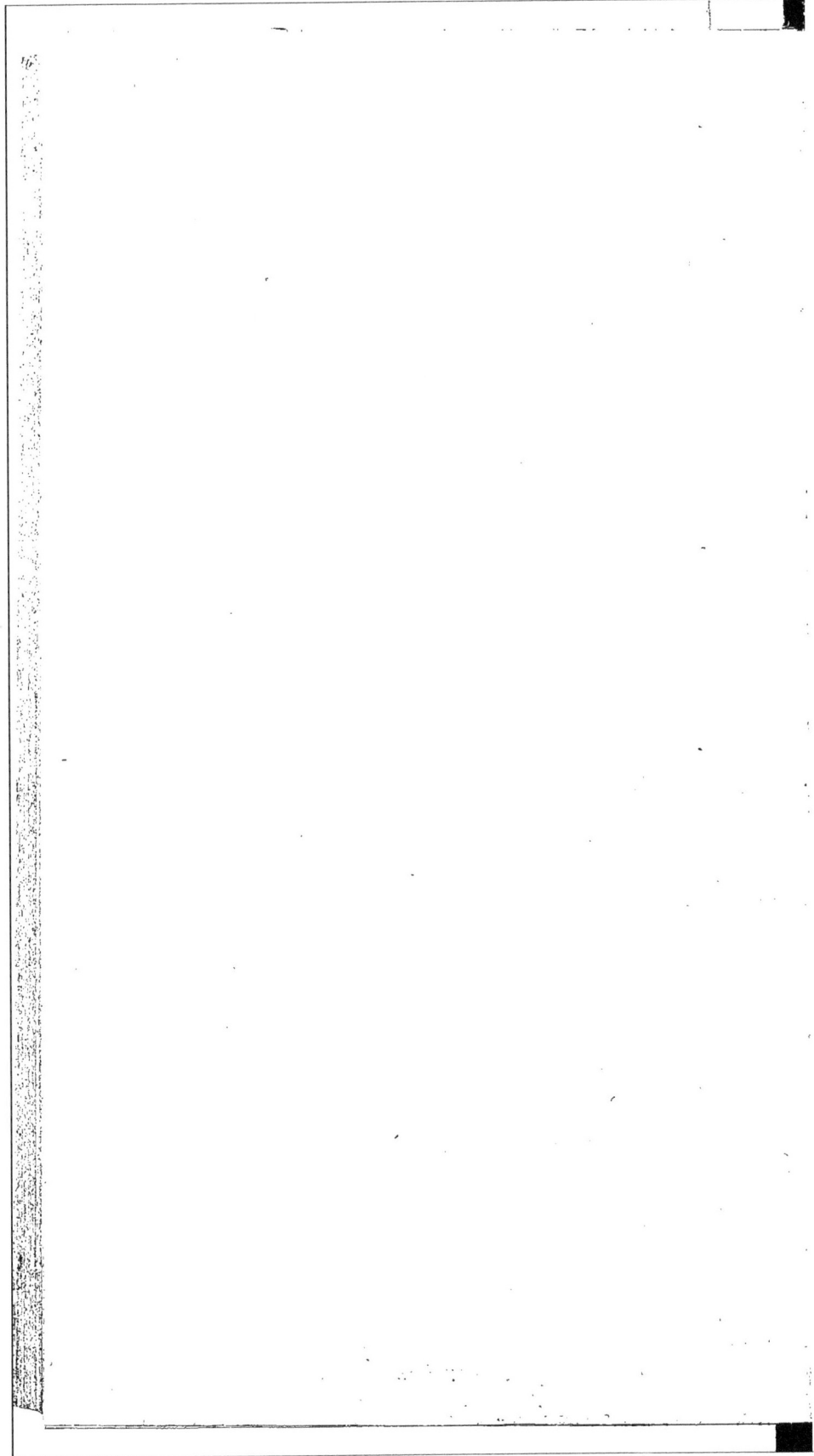

MÉCANIQUE

DES SOLIDES.

COURS COMPLET

DE

PHILOSOPHIE NATURELLE

A L'USAGE

DES PERSONNES LES MOINS VERSÉES DANS LES MATHÉMATIQUES.

PREMIÈRE PARTIE.

INTRODUCTION.
CONSTITUTION DE LA MATIÈRE.
STATIQUE et DYNAMIQUE.
Application à l'art médical ou MÉCANIQUE ANIMALE.
} Formant la MÉCANIQUE DES SOLIDES. } MÉCANIQUE, TOME I.

DEUXIÈME PARTIE.

HYDROSTATIQUE et HYDRODYNAMIQUE.
PNEUMATIQUE.
ACOUSTIQUE.
Application de ces quatre parties à l'ART MÉDICAL.
} Formant la MÉCANIQUE DES FLUIDES. } MÉCANIQUE, TOME II.

TROISIÈME PARTIE.

CALORIQUE.
LUMIÈRE.
ÉLECTRICITÉ et MAGNÉTISME.
Application à l'art médical ou PHYSIQUE ANIMALE.
} PHYSIQUE PROPREMENT DITE.

QUATRIÈME PARTIE.

ELÉMENS D'ASTRONOMIE . . . . ASTRONOMIE.

MÉCANIQUE
DES SOLIDES,

RENFERMANT UN GRAND NOMBRE

DE DÉVELOPPEMENS NEUFS,

ET D'APPLICATIONS USUELLES ET PRATIQUES,

A L'USAGE

DES PERSONNES LES MOINS VERSÉES DANS LES MATHÉMATIQUES,
DES GENS DE LETTRES, DES MÉDECINS, ET DE TOUS CEUX QUI
NE SE SONT PAS LIVRÉS D'UNE MANIÈRE SPÉCIALE A L'ÉTUDE
DES SCIENCES;

PAR NEIL ARNOTT.

TRADUIT DE L'ANGLAIS SUR LA TROISIÈME ÉDITION

AUGMENTÉE DE NOTES ET D'ADDITIONS MATHÉMATIQUES,

PAR T. RICHARD.

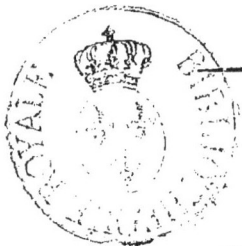

PARIS,

ANSELIN, SUCCESSEUR DE MAGIMEL,

LIBRAIRE POUR L'ART MILITAIRE, RUE DAUPHINE, N° 9.

1829.

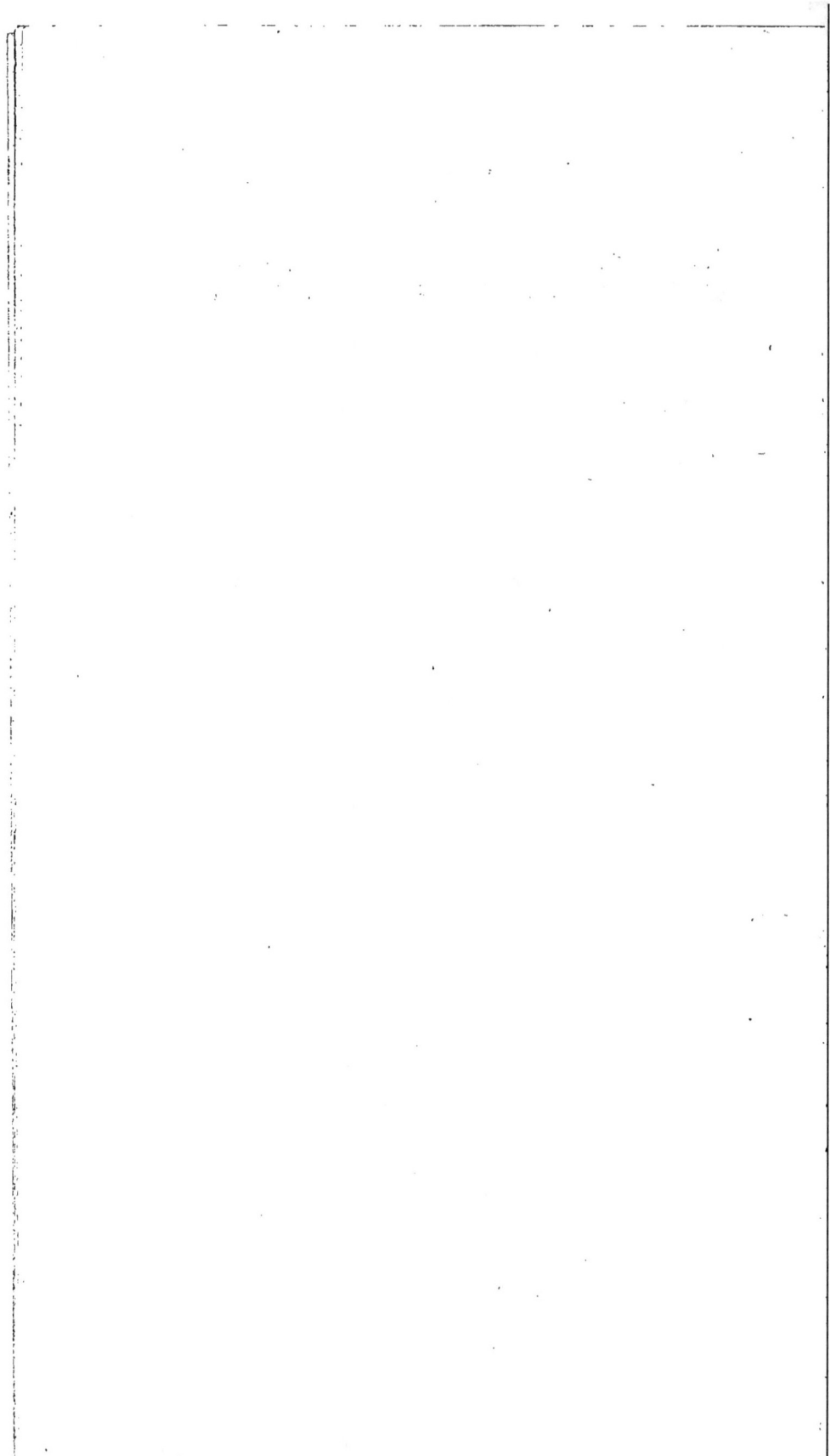

PRÉFACE

DU TRADUCTEUR.

En publiant cette traduction d'un Cours complet de Philosophie naturelle à l'usage de ceux qui n'ont reçu que l'instruction toute littéraire de nos colléges, nous tentons de remplir une lacune trop réelle, et nous croyons satisfaire à un besoin très-généralement senti.

Il n'est personne à qui un tel ouvrage ne puisse offrir des vérités utiles et des méditations intéressantes, mais celui-ci semble, surtout par sa forme, par le mélange heureux de plaisant et de sublime qui distingue le style de l'auteur, enfin, par les chapitres spéciaux et neufs qu'on chercherait en vain dans les Traités de Mécanique ou de Physique publiés jusqu'ici, appartenir à la bibliothèque des GENS DE LETTRES, à celle de l'HOMME DU MONDE et à celle du MÉDECIN.

On reproche aux littérateurs (et ce n'est point réellement sans raison) leur ignorance des théories scientifiques, mais on ne réfléchit point assez qu'il n'existe pas d'ouvrage de science à leur portée; et pour ne parler que de la Mécanique, qui est l'objet des deux premiers volumes de ce Traité, on ne peut raisonnablement exiger d'eux qu'ils l'étudient, ni même qu'ils prennent au moins une idée générale de la science dans les excellens ouvrages que nous possédons en France sur la matière. Personne n'ignore, sans doute, que les savans auteurs français qui ont écrit sur cette science des ouvrages élémentaires si remarquables à tous égards, que les Francœur, les Poisson, les Prony, etc., supposent tous que le lecteur est suffisamment préparé sur l'analyse différentielle et intégrale, etc.: or, cette branche d'analyse n'est point encore assez cultivée pour que les théories mécaniques puissent être aussi généralement comprises qu'elles le pourraient être, disons même qu'elles le devraient être, à une époque où l'attention publique semble être absorbée dans le mouvement

1.   a

industriel qui s'opère. Il en résulte que la très-grande majorité des hommes, et la classe des gens de lettres en particulier, abandonnent complètement l'étude de cette science,
et trop souvent celle de toutes les autres; que faute d'un
traité *philosophique* où les théories soient développées indépendamment de toute espèce de calcul, ces derniers s'ex-
posent à entacher leurs écrits d'hérésies scientifiques qui leur
font perdre de jour en jour une utile influence; que malheureusement incapables, pour la plupart, d'emprunter aux
sciences les idées vastes et sublimes qui sont de leur domaine, ils sont réduits à imiter, à retourner sans cesse les
idées des anciens. En vain ils sentent le besoin de débarrasser la langue de toutes ces figures surannées et inexactes qui,
comme on l'a dit avec justesse, ne sont plus que de véritables
haillons qui la surchargent sans la vêtir; en vain ils savent
que les connaissances acquises par les modernes ont rendu ces
figures aussi fausses que ridicules, une instruction purement
littéraire ne leur permet point de les remplacer par de nouvelles images prises dans la nature, et dont la force et la
vérité seraient senties dans tous les lieux et dans tous les
temps? C'est dans le but de les initier sans fatigue aux mys-
tères de la science, que cette traduction a été entreprise.

La classe la plus nombreuse de lecteurs, et la plus in-
fluente, peut-être, après celle des gens de lettres, se compose
de ces hommes qui, se laissant aller au courant de la vie, ne
sont sérieux que dans les intérêts de fortune et dans les projets de plaisir, mais qui, en matière de sciences, s'étour-
dissent de peur d'avoir à réfléchir. Or, ceux-là même trouveront de l'attrait dans la manière dont l'auteur s'empare de
l'attention pour éclaircir les questions abstraites et pour les
associer aux connaissances acquises par de profondes recherches. Nous avons lieu d'espérer que la lecture de cet ouvrage leur épargnera ces désagrémens toujours si pénibles
pour l'amour-propre, auxquels l'ignorance des principes
scientifiques ne les expose que trop souvent dans la société
des gens instruits; elle contribuera à détruire chez eux une

foule de préjugés dont l'instruction du collége ne pouvait les préserver ; elle les rendra plus circonspects dans les projets de perfectionnemens *mécaniques* auxquels leur loisir leur permet quelquefois de rêver, elle les mettra souvent à même d'apprécier à leur juste valeur les inventions mécaniques dont ils font l'éloge d'après les rédacteurs de quelques journaux littéraires ou politiques, aussi familiarisés qu'eux-mêmes avec ces sortes de matières. En un mot, cet ouvrage, pour me servir d'une expression originale de l'auteur anglais, est destiné à transformer le coin de leur feu en une école, où ils pourront se familiariser nonchalamment avec les théories les plus élevées de la mécanique, de la physique et de l'astronomie.

Enfin, il est une troisième classe de lecteurs à laquelle l'auteur s'adresse plus spécialement, nous voulons parler des MÉDECINS.

Partisan de la doctrine du vitalisme, il a cru cependant devoir rassembler dans des chapitres spéciaux, sous le titre de *Mécanique animale*, de *Physique animale*, etc., tous les faits qui pouvaient rattacher les phénomènes de l'économie des êtres vivans aux lois physiques générales. Appliquées à l'étude de l'homme en particulier, ces lois indiquent ses rapports matériels avec la nature extérieure, et l'on conçoit facilement quel haut intérêt peut offrir l'étude de ces phénomènes pour toutes les classes de lecteurs, si, comme le docteur Arnott a eu soin de le faire, les détails trop techniques en sont exclus. La *Mécanique* des *solides* et des *fluides*, considérée sous le rapport physiologique, est une des parties les plus intéressantes de l'ouvrage. On trouvera, sans doute, dans la physique proprement dite, lors de l'étude de l'*électricité*, du *magnétisme*, etc., d'autres chapitres spéciaux (intelligibles pour tout le monde) et qui ne le céderont en rien à ces derniers. Le tableau qui précède le titre de l'ouvrage, montre l'ordre dans lequel ils se succéderont ; un coup-d'œil sur la table des matières en apprendra d'ailleurs plus que nous n'en pourrions dire à ce sujet.

Les PROFESSEURS de mécanique et de physique, trouveront

a^*

aussi dans ce Traité une foule d'applications usuelles propres à frapper l'esprit des élèves, qui ne s'endort que trop
souvent sur des détails techniques, et ces élèves eux-mêmes
liront ce Traité avec fruit, avant de passer à l'étude d'ouvrages
plus difficiles à entendre.

Il nous reste un mot à dire sur les additions mathématiques
faites à cet ouvrage : c'est qu'elles nous ont paru le complé-
ment indispensable des leçons de l'auteur. Les relations données par ces formules générales sont faciles à calculer; il n'est
nullement nécessaire d'être mathématicien pour les appliquer
au besoin. Au surplus, on trouvera à la fin de l'Introduction,
page lxj, une note qui mettra tout lecteur attentif et passablement intelligent, en état de les employer.

INTRODUCTION

AU

TRAITÉ DE PHILOSOPHIE NATURELLE.

⸻◦◦◦◦◦⸻

Afin de bien apprécier toute l'importance que peut avoir l'étude de la philosophie naturelle pour les hommes qui se livrent aux recherches scientifiques et pour ceux qui prétendent aujourd'hui à une éducation libérale, il n'est peut-être pas inutile de jeter un coup-d'œil sur la nature des connaissances générales que l'homme peut acquérir, et sur leur influence dans l'état social; cet examen se composera pour nous :

De la comparaison des diverses conditions de l'homme avec celle des animaux moins bien organisés;

Des rapports qui lient l'accroissement du bien-être de l'humanité avec celui des connaissances.

Nous reconnaîtrons :

Que ces accroissemens sont plus rapides aujourd'hui que jamais.

Passant ensuite à l'examen

De la dépendance mutuelle des différentes parties de nos connaissances,

Nous essaierons de prouver que

La physique, ou plutôt la philosophie naturelle, doit former la base sur laquelle toutes les autres sciences reposent.

Tandis que les races inférieures d'animaux

semblent avoir subi, depuis le commencement de nos annales, aussi peu de changemens que les arbres ou les plantes des forêts qui leur servent d'asile, la condition de l'homme a éprouvé sur cette terre un grand nombre de fluctuations dont il est résulté en définitive une amélioration très-remarquable. Les animaux, en effet, paraissent avoir reçu du Créateur la faculté de parvenir en une seule génération à toute la perfection dont leur nature était capable ; ou leurs besoins avaient été prévenus d'avance,—c'est-à-dire que la nature s'était chargée d'y pourvoir immédiatement, en accordant aux uns des plumes, aux autres une enveloppe fourrée, destinées à les protéger contre les intempéries des saisons, — ou ces besoins étaient si peu nombreux et si simples, qu'il était extrêmement facile de les satisfaire. — Il faut excepter toutefois quelques cas particuliers, celui des abeilles, par exemple, qui construisent leurs alvéoles avec une adresse aussi remarquable que celle déployée par les oiseaux dans l'architecture de leurs nids, car ces actes indiquent, sans aucun doute, une aptitude spéciale et un instinct tout particulier qu'on ne remarque point dans la généralité des animaux. Mais prenons le crocodile pour exemple ; à peine sorti de l'œuf qui le renferme, il se trouve pour ainsi dire jeté par la nature sur le sable brûlant dans lequel il semble avoir pris naissance ; livré à ses seules forces, il ne reçoit aucune assistance des êtres qui lui ont donné le jour, et cependant il se développe, il croît, il grandit, il arrive à toute la perfection dont son organisation le rend susceptible; il ne diffère point du crocodile qui l'a précédé, il ne diffère point de celui qui lui succédera. — Telle n'est point l'histoire de l'homme! C'est à sa naissance le plus faible et le plus misérable de tous les êtres, et cet état précaire dure encore long-temps après son entrée dans la vie; est-il abandonné de bonne heure par ses parens, — ainsi que le furent quelques individus qui ont atteint la maturité de l'âge dans les forêts ou les déserts, — son expérience, ses idées se réduisent à celles qu'il peut acquérir par lui-même, c'est-à-dire à l'expérience et aux idées qui sont le produit d'une seule vie; il se place alors dans l'échelle des êtres fort au-dessous des animaux les plus distingués. Si nous ouvrons l'histoire du genre humain, nous trouvons d'abord les premiers habitans de contrées aujourd'hui célèbres, dans un état d'ignorance et de barbarie fort approchant de cette limite de la dégradation intellectuelle. C'est un spectacle que l'homme de la civilisation moderne tremble de contempler. Des régions peuplées dans l'origine par des hordes de misérables sauvages,—à peine en état de se défendre contre les bêtes qui partageaient avec elles les forêts, en butte à l'inclémence des saisons, affaiblies par le besoin et la fatigue, se détruisant l'une l'autre avec toute la férocité de cannibales, — sont aujourd'hui couvertes d'une population paisible, civilisée, dont les rapports mutuels sont fondés sur l'amitié et l'avantage réciproque;

enfin des campagnes cultivées, de riches jardins,
des cités opulentes, ont remplacé des forêts dé-
sertes et impénétrables.

C'est à l'intelligence supérieure de l'homme,
au langage qu'il lui a été permis de se créer, qu'il
faut attribuer un changement aussi prodigieux
dans sa condition, changement qui d'ailleurs n'a
pu être que graduel. Le langage créé, les pères
transmirent à leurs enfans leur expérience et
leurs idées, et cet héritage en passant de génération en génération, toujours grossi des progrès
de la génération précédente, devint enfin un tré-
sor que la mémoire ne put plus conserver. Ce
trop plein d'expérience (qu'on me passe l'expression), cette suraccumulation de faits à retenir,
donna naissance à l'écriture, et de là à l'imprimerie, chargées toutes deux de rendre la pa-
role perceptible à la vue, de la saisir pour la
fixer irrévocablement, reculant ainsi indéfiniment les limites de notre capacité intellectuelle.
On peut dire qu'à l'époque où nous sommes
arrivés, le langage a en quelque sorte transformé les millions d'hommes qui couvrent la
surface de la terre, en un être unique, gigan-
tesque, et purement rationnel, dont la mémoire
embrasse tous les faits, tous les événemens qui
ont pu être observés depuis le commencement
de nos annales, et qui les conserve à jamais; —
dont le jugement analysant les trésors de la mémoire, les comparant entr'eux, en a déduit les
lois sublimes et invariables de la nature, a fondé

sur elles tous les arts de la vie, et dont l'œil, sûr et perçant, plonge hardiment dans l'avenir, pour y lire les événemens que ces lois lui révèlent; — véritable argus intellectuel, il n'est point de lieu dans l'univers qui échappe à son investigation, il n'est point d'instant où il n'épie et ne recueille quelque nouveau phénomène, où il ne surveille la nature dans ses fonctions les plus cachées.

Ce serait sans doute un tableau fort intéressant que celui qui nous montrerait la marche progressive et simultanée de la civilisation et des sciences, le rapport constant des progrès des arts et de l'étude de la nature; mais ce tableau nous écarterait beaucoup trop du sujet principal pour que nous osions entreprendre de le dérouler aux yeux du lecteur. Remarquons toutefois que ces progrès n'ont pas atteint leur limite, et qu'à la gloire des temps modernes, la marche des sciences y a été incomparablement plus rapide qu'à toute autre époque de l'histoire de l'homme. Aujourd'hui même on pourrait dire qu'elles s'avancent d'un mouvement accéléré.

C'est en effet par milliers d'années que se compte l'âge du monde, et il y a à peine deux siècles que notre immortel BACON enseigna le premier la véritable méthode d'investigation dans les sciences; un siècle plus tard parut NEWTON, qui appliquant les principes développés par le premier, en fit jaillir les découvertes les plus sublimes qu'il ait été permis à l'homme de mettre au jour; — deux siècles seulement se sont écoulés

depuis la découverte de la circulation du sang
par HARVEY. — ADAM SMITH, le docteur BLACK,
JAMES WATT, furent contemporains et amis, et le
dernier, dont les machines changent aujourd'hui
les relations des empires, est à peine refroidi
dans la tombe. HUNTER, si célèbre par ses expériences sur le cours de la lymphe et l'absorption
des lymphatiques, est mort en 1783; et les Mé-
moires d'HERSCHELL sur les nouvelles planètes et
sur la structure sublime des cieux, font partie
des derniers cahiers de nos journaux de sciences.
— Mais ne craignons point de l'avouer, les pertes
douloureuses que la science a pu faire par la
mort de ces hommes illustres, ne sont point irré-
parables, ils ont laissé des successeurs dignes de
marcher sur leurs traces. — Le continent euro-
péen brillait, hier encore, de l'éclat d'un génie
non moins sublime; LAPLACE était, il n'y a que
peu d'instans, l'astre dont la lumière éclairait
l'avenir et le passé.

Mais un changement plus important encore
que les découvertes scientifiques, s'opère de jour
en jour; ce changement, qui dépend de ces découvertes, en est distinct cependant, et mérite·
d'être considéré à part. — Nous voulons parler
de la *diffusion des connaissances acquises*, de leur
propagation dans les masses. Ces connaissances
autrefois renfermées entre les murs d'universités
ou de couvens, étaient de plus consignées dans
des recueils écrits en langues mortes, ou si parfois
le langage usuel était employé, elles étaient pré-

sentées sous des points de vue tellement singu-
liers, qu'il n'était donné qu'à un très-petit nombre
d'individus de les comprendre; dès-lors, considérant toute la race humaine comme un être intellectuel unique, formé de la masse des intelligences individuelles, on pourrait dire que
l'exercice n'était accordé qu'à un très-petit nombre
de ses facultés, et que le plus souvent elles de-
meuraient oisives, faute de motifs suffisans pour
entrer en action. Il ne faut donc point s'étonner
de la lenteur des progrès de la science et de la
raison dans ces malheureux siècles, et des maux
qui furent la suite de l'ignorance des masses ou de
leurs préjugés. Il n'en est plus de même aujour-
d'hui, les barrières qui défendaient l'approche des
trésors de l'intelligence ont été brisées à jamais;
un déluge d'idées saines inonde la terre entière;
les vieilles institutions cèdent de jour en jour la
place à des institutions plus sages, les vieux établissemens osent enfin se ployer à l'esprit et aux
besoins du siècle; de nouveaux établissemens
s'élèvent; les écoles primaires adoptent des
méthodes d'instruction et plus sûres et plus
promptes, et chaque jour de bons ouvrages viennent transformer le *coin du feu* en une école où
il est permis à tout homme de prendre sa part du
bon sens ou des découvertes de la masse sociale.
Il se forme donc *une opinion publique et éclairée*,
qui hâte, dirige la marche des arts et des sciences, et qui, aidée de la plus puissante machine
humaine, *la presse*, s'empare rapidement du pou-

voir suprême pour ne plus le laisser échapper, qui
bientôt enfin, maîtresse du gouvernail, dirigera
le vaisseau pour le plus grand bien du plus grand
nombre. Mais c'est surtout dans la Grande-Bretagne que l'opinion publique paraît avoir fait les
progrès les plus sensibles, ce qu'il faut sans doute
attribuer en partie à sa position géographique.
—Les premiers fruits de cette amélioration furent
des institutions publiques plus raisonnables, et
qui conduisirent graduellement à des résultats
qui firent de la Grande-Bretagne la reine des nations. Une colonie de ses enfans, imbus des principes de la mère-patrie, occupe aujourd'hui une
des plus belles et des plus vastes parties du nouveau monde; et bien que l'indépendance de cette
colonie ne date guère que d'un demi-siècle, sa
population dépasse déjà celle de l'ancienne et
malheureuse Espagne; quelque temps encore,
et elle ne le cèdera sous nul rapport à aucune
nation européenne.

L'exemple des Anglo-Américains a fait de leur
hémisphère occidental un berceau pour la liberté;
des nations puissantes et libres s'élèvent en marchant sur leurs traces. Mais sans remonter même
à des époques aussi éloignées, qu'on jette les yeux
sur ce nouveau continent, sur cette Australasie
dont la surface, plus grande que celle de toute
l'Europe, était naguère dépourvue d'habitans; la
colonisation est à peine formée que la population
s'y multiplie dans une progression dont on n'avait
point encore été témoin; bientôt cette belle et riche

portion du globe sera couverte par les descendans libres et éclairés de la nation anglaise, qui
répandront à leur tour la liberté et la civilisation
dans les îles délicieuses du vaste archipel de l'O-
céan pacifique. — Tel est le moment extraordinaire où nous sommes parvenus, telle est la révolution bienfaisante qui s'opère, — laissons donc
aller nos cœurs à la joie et à l'espérance, mais
n'oublions point que c'est au progrès des connaissances humaines que nous sommes redevables
de ce bien-être, et que sans ces progrès quelques
centaines d'ignorans sauvages se disputeraient
encore les misérables produits d'un sol qui nourrit aujourd'hui des millions d'hommes, dont l'instruction augmente l'aisance et le bonheur.

La science, prise dans le sens le plus général,
ne nous a conduits que graduellement de la barbarie des premiers âges jusqu'à la civilisation
moderne. Il nous paraît utile de jeter ici un coup-
d'œil sur ces progrès : cet examen nous découvrira peut-être la nature des connaissances humaines, les rapports et l'importance de leurs
différentes branches; il facilitera d'ailleurs nos
études, et pourra préparer des progrès ultérieurs.

L'homme, après avoir dirigé son attention sur
la variété presqu'infinie des objets au milieu desquels il se trouva jeté, ne dut point tarder à
reconnaître entr'eux quelques ressemblances,
quelques rapports qui le conduisirent à des clas-
sifications plus ou moins parfaites; il s'aperçut
bientôt sans doute que l'infinité était pour ainsi

dire composée d'un certain nombre d'espèces. Il
distingua, par exemple, le mouton, le chien, le
cheval, du chêne, du sapin ou du hêtre, et ceux-ci
du silex, de la chaux, des métaux, etc. ; il dut
même former assez promptement ces trois classes
d'êtres, qu'il appela classes animale, végétale et
minérale; et l'étude d'un individu de chacune de
ces classes suffit d'abord pour donner une idée
générale de l'ensemble. Cette première recherche, entreprise d'abord dans le but de distinguer
quelle substance pourrait être utile à l'homme,
et quelle autre pouvait lui être nuisible, fut
naturellement suivie d'autres recherches diri-
gées dans le même but, et le temps forma enfin
ces collections, à peu près complètes, des matériaux constitutifs de l'univers, qui furent classés en
trois grandes divisions : MINÉRAUX, VÉGÉTAUX, ANI-
MAUX, et dont la description est l'objet de L'HISTOIRE
NATURELLE; il existe aujourd'hui des muséums
d'histoire naturelle qui contiennent un spécimen
de la plus grande partie des produits de la nature,
classés sous ces trois points de vue, de sorte qu'on
peut dire avec assez de vérité, que l'étudiant de
nos jours trouve dans les limites d'un jardin ordinaire un monde entier en miniature.

En étudiant la *forme* et les qualités diverses de
la multitude de corps qui l'entourait, l'homme ne
put manquer de remarquer en même temps leurs
mouvemens et les changemens qui s'opéraient
entr'eux. Ici encore, il se trouva conduit à cette
importante observation, qu'il existait quelques

analogies, quelques ressemblances dans ces phénomènes. L'intérêt personnel suggéra sans doute,
comme pour les corps eux-mêmes, des classifica-
tions, et enrichis aujourd'hui de la multitude d'observations et d'expériences des siècles précédens,
nous sommes assurés que tous les *mouvemens*, que
tous les *changemens*, tous les *phénomènes* de l'univers ne sont qu'une répétition, qu'une combinaison de quelques modes simples de variations, que
les effets de quelques lois simples qui se reproduisent aussi constamment et aussi régulièrement que
la nuit succède au jour, ou que l'hiver succède à
l'été. Ces *mouvemens*, ces *variations*, ces *phénomènes* (car ces mots sont ici synonymes), se rappor-
tent à quatre classes distinctes, dont l'étude est
l'objet de la *physique*, de la *chimie*, de la *physiologie* et de l'*idéologie*; et les simples expressions de
ces effets forment ce qu'on appelle les *vérités
générales* ou les *lois de la nature*, dont la réunion
en corps de doctrine constitue la *science* proprement dite, ou la *philosophie*, partie de nos connaissances, bien distincte. comme on le voit, de
l'HISTOIRE NATURELLE. Or puisque, indépendamment de la révélation, l'homme ne peut rechercher que : 1° l'état présent, passé ou futur de sa
race ou des objets qui l'entourent; 2° que la *manière* dont le passage d'un état à l'autre peut
s'opérer, l'*histoire naturelle* et la *science*, dans le
sens que nous avons donné à ce mot, constituent
toute la somme des connaissances qu'il ait à acquérir.

Prenons pour exemple la loi de *l'attraction* ou de la *gravité*, pour montrer comment on a pu parvenir à la découverte d'une vérité générale. D'abord on remarqua que la généralité des corps que l'on élevait au-dessus de la surface de la terre, et qu'on cessait ensuite de soutenir ou de supporter, y retombaient, tandis que la flamme, la fumée, les vapeurs, dont on ne gênait point le mouvement, s'éloignaient naturellement de la surface terrestre. On regarda donc cette expression, les corps ont un poids, comme une loi très-générale, dont on devait excepter quelques substances, qui de leur nature étaient *légères* ou ascendantes. 2° On découvrit que le globe était plongé dans un océan d'air, dont le pied cube pesait environ une once à la surface terrestre, et qui pouvait avoir une cinquantaine de milles en profondeur. On s'aperçut alors que la flamme, la fumée, les vapeurs, etc., s'élevaient dans l'air de la même manière que l'huile au-dessus du niveau de l'eau, c'est-à-dire parce que ces substances étaient plus légères que le fluide dans lequel elles se trouvaient plongées. — On en conclut qu'il n'y avait rien sur la terre d'absolument *léger*, dans le sens qu'on avait donné primitivement à cette expression. 3° On remarqua que les corps flottans à la surface d'une eau tranquille, se rapprochaient les uns des autres et adhéraient avec une certaine force ; — que les corps librement suspendus s'attiraient mutuellement, de manière à dévier de la direction suivant laquelle ils tendaient à descendre vers la terre ;

— qu'un fil à plomb suspendu auprès d'une montagne, était attiré par cette montagne avec une force d'autant moindre que le poids du fil à plomb, que la montagne était elle-même plus petite que la terre. Il demeura constant dès-lors que le poids des corps n'était qu'un effet de cette *attraction mutuelle* qu'exercent entr'eux tous les élémens constitutifs du globe; vérité que confirmait encore la sphéricité de la terre, résultant de cette loi elle-même, et une infinité d'autres phénomènes. On s'expliqua ainsi comment toutes les parties d'une masse solide, d'une pierre, d'un métal, étaient retenues, adhéraient les unes aux' autres, tant que le calorique, en vertu de sa répulsion, ne les éloignait point assez pour leur donner l'apparence de liquide ou de gaz; 4° l'observation fit enfin reconnaître dans les corps *célestes* cette forme sphérique de notre globe; d'où l'on conclut que la matière qui les composait obéissait à la même loi; et le soulèvement périodique des eaux de l'Océan, toujours en rapport avec le mouvement de la lune, — extrêmement sensible lorsque la lune et le soleil agissaient dans le même sens, conduisit à cette vérité sublime annoncée au monde par l'immortel Newton, que cette attraction liait entr'eux tous les corps de notre système au moins, mais que probablement elle s'étendait à tous les corps de l'univers, et n'avait d'autres limites que cet univers lui-même.

Qui pourrait ne pas admirer cette puissance dont est doué l'esprit humain, de parvenir ainsi

à la découverte d'un seul principe au milieu de
la variété infinie des phénomènes qui en sont
l'effet! Cette méthode d'analyse des faits recueil-
lis par l'observation et l'expérience, pour en déduire ensuite la qualité, la circonstance, l'état
qui leur est commun, est la méthode d'*induction*,
et cette circonstance est la vérité, la loi, le principe scientifique sous lequel ces faits doivent être
classés. Cette méthode, qui conduit aux vérités
les plus sublimes, est employée tous les jours
par les esprits les plus ordinaires. L'enfant qui a
découvert dans quelques fruits la qualité de dou-
ceur qui le flatte, porte à ses lèvres les objets
qu'on lui présente qui ont quelque ressemblance
avec eux; s'il reconnaît la couleur et la forme, il
en conclut, avant l'expérience, que le goût ne
peut différer. L'extrême simplicité de ce procédé
fut sans doute ce qui le fit rejeter comme instrument scientifique par le génie puissant et hardi
d'ARISTOTE; au lieu de déduire les lois de la nature d'une grande accumulation de faits, il pré-
féra les *suppositions*, les *hypothèses*, et ne vou-
lut plus ensuite admettre que les faits qui ca-
draient avec ces hypothèses. Cette malheureuse
méthode retint pendant deux mille ans l'esprit
humain dans l'esclavage et les ténèbres, jusqu'à
ce qu'enfin les efforts d'une tête non moins fortement organisée, l'eussent renversée pour jamais.
C'est à notre illustre BACON qu'on est redevable
d'une révolution aussi difficile à opérer que fé-
conde en heureux résultats.

Si l'étude des lois de la nature n'a marché qu'à pas lents, il faut l'attribuer à la complication des phénomènes ordinaires, qui résultent du concours de plusieurs lois agissant ensemble, et dans des circonstances très-variées. En chimie et en physiologie, par exemple, les hommes ne sont guère plus avancés qu'ils l'étaient en physique du temps où ils avaient reconnu que les corps pesans tendaient vers le centre de la terre; cependant ils ont assez acquis pour remarquer que ce vaste univers est régi par des lois aussi simples que peu nombreuses, et que la variété infinie de phénomènes ne dérive que d'un petit nombre de principes. Dans les temps d'ignorance, les hommes attribuaient les phénomènes qu'ils ne comprenaient point, c'est-à-dire qu'ils ne pouvaient faire dériver de quelque loi générale, à une action directe et spéciale de la puissance suprême; c'est ainsi que pendant un grand nombre de siècles, on regarda comme de véritables miracles, les tremblemens de terre, les éclipses, certaines maladies, certains vents, certains états de l'atmosphère. Ce préjugé subsiste même encore parmi quelques nations peu éclairées: de là, naquirent chez les païens ces nombreuses cérémonies, ces sacrifices barbares par lesquels ils s'imaginaient apaiser des divinités offensées; cérémonies ou sacrifices qu'on comparerait, avec raison, aux prières que nous pourrions faire aujourd'hui pour éloigner une éclipse, pour prolonger ou raccourcir ou le jour ou l'année. Ils

*b**

ne s'étaient point encore élevés jusqu'à la con-
ception sublime d'un Dieu qui créa la lumière,
et qui, en soumettant toute la nature à des lois
permanentes, permit à l'homme de les découvrir
pour en faire son profit ; — lois tellement invariables et fixes, que nous calculons, à une seconde
près, sur une durée de plusieurs siècles, les
éclipses et futures et passées, et que nous pré-
voyons avec la même précision une multitude
d'autres phénomènes. Le vent, la pluie elle-même,
que dans le langage familier on prend pour types
de l'incertitude, sont les effets de lois non moins
immuables que celles qui dirigent le cours des
astres ; ajoutons même qu'à l'époque où nous
sommes arrivés, l'homme, pour quelques parties
de la terre, peut les annoncer d'avance sans
crainte d'être démenti par les faits ; il prépare
ses voyages d'après le temps des *moussons*, et se
met en garde contre les déluges de la saison des
pluies.

Celui qui connaît bien les lois de la nature,
c'est-à-dire qui est à la hauteur des connaissances
actuelles, lit donc assez clairement dans l'avenir ;
il prévoit avec assez de certitude les effets qui
résulteront de certaines causes, pour pouvoir le
plus souvent combattre ces effets s'ils lui sont
nuisibles, ou, au contraire, les faire servir à ses
desseins ; il commande donc en quelque sorte à
la nature, et, comme BACON, il peut s'écrier :
science, c'est puissance ! De plus, comme tout
corps, tout état actuel d'un corps est le résultat

d'opérations précédentes, celui qui se livre à l'étude des lois de la nature, se trouve étudier d'avance la plus grande partie des corps qu'il soumettrait à son examen dans l'étude de l'*histoire naturelle*, de sorte qu'il acquiert, comme par intuition, la connaissance de cette partie du savoir humain. L'homme instruit, de nos jours, renferme pour ainsi dire dans sa tête un univers en miniature; il reproduit à son gré les événemens passés, il étudie le présent, il entrevoit l'avenir; mais qu'il ne se laisse point égarer par un orgueil auquel des considérations aussi élevées peuvent donner naissance. Tous ses calculs sont fondés sur cette présomption, que le cours des choses, telles qu'il les connaît, est invariable, qu'il sera toujours ce qu'il fut. Or, quoique des milliers d'années rendent cette présomption fort probable, qu'il y prenne garde cependant, ces milliers d'années ne sont rien en comparaison de l'éternité, c'est un des points d'une ligne qui n'a ni commencement ni fin. — Sans doute il peut prédire avec certitude le retour des saisons, l'époque exacte d'une éclipse, mais les montagnes s'affaissent de jour en jour sous ses yeux par l'action des vents, des pluies, et d'une infinité de causes sans cesse en action, les profondeurs de l'Océan se remplissent, les étoiles, dont ses aïeux admiraient encore l'éclat il y a quelques siècles, ont perdu aujourd'hui leur lumière, ou même ont disparu.—Voilà des changemens dont, avec ses connaissances fondées sur l'expérience de quelques jours, il ne peut entrevoir ni le commencemeut ni la fin!

L'étude des lois générales de la nature, ainsi que nous l'avons vu plus haut, est l'objet de quatre sciences distinctes : 1º de la *physique*, qu'on appelle souvent aussi *philosophie naturelle*; 2º de la *chimie*; 3º de la *physiologie*, ou *science de la vie*; 4º de l'*idéologie*. Ces quatre classes forment en quelque sorte la pyramide de la science; la physique en est la base, les autres parties s'élèvent au-dessus de celle-ci dans l'ordre où nous venons de les présenter, et il existe entre chacune d'elles des dépendances, des rapports mutuels parfaitement représentés par les parties d'une pyramide, ainsi que nous allons le montrer.

PHYSIQUE. Les lois de la *physique* gouvernent tous les phénomènes de la nature dans lesquels nous remarquons un changement de lieu sensible; elles entrent seules dans la plus grande partie de ces phénomènes, et dans les actes chimiques et physiologiques elles conservent leur influence. — Les vérités générales de la physique se réduisent aujourd'hui à quatre, que rappellent les mots *atomes*, *attraction*, *répulsion* et *inertie*. Il est un fait aussi indubitable que surprenant, et qui donne une idée de l'importance extrême de la méthode dans les sciences, c'est que celui-là comprend la plus grande partie des phénomènes naturels, qui peut expliquer comment les ATOMES

matériels, en vertu de leur ATTRACTION réciproque,
se rapprochent et adhèrent les uns aux autres
pour former des masses liquides, solides ou aériformes, selon la quantité du calorique dont elles
jouissent, c'est-à-dire selon la plus ou moins
grande RÉPULSION de cet agent; — masses qui,
en vertu de leur INERTIE, acquièrent ou perdent
le mouvement proportionnellement à la force
d'attraction ou de répulsion qui agit sur elles.
Les corps *solides* dont l'existence est une consé-
quence de ces lois, nous offrent tous les phénomènes de la *mécanique;* appliquées aux *liquides,*
ces mêmes lois forment toutes les théories de la
mécanique des liquides; aux gaz, celles de la
pneumatique. (*Voyez* le tableau ci-dessous). Cet
ouvrage présente l'ensemble des phénomènes les
plus intéressans, classés dans l'ordre que nous
venons d'établir.

CHIMIE. S'il n'y avait eu dans la nature qu'une
seule substance, qu'une matière unique, les lois
de la physique auraient suffi pour expliquer tous
les phénomènes; mais nous avons le *fer,* le *soufre,*
le *charbon,* et une cinquantaine d'autres substances qui, dans l'état actuel de la science,
paraissent tout-à-fait distinctes l'une de l'autre.
Or, ces substances isolées obéissent bien aux lois
physiques, mais mises en contact, rapprochées
les unes des autres, suivant diverses méthodes
et selon certaines circonstances, elles donnent
lieu à un nouvel ordre de phénomènes: le fer et

le soufre, par exemple, chauffés ensemble, disparaissent comme individus, ils s'unissent, se combinent, comme on le dit, en une masse métallique de couleur jaune, dont presque toutes les propriétés diffèrent de celles des élémens qui la composent : — dans d'autres circonstances, ces deux substances se séparent et récupèrent leurs qualités primitives, la masse est alors décomposée. Ces actions se nomment actions *chimiques* (d'un mot arabe qui veut dire *brûler*). Remarquons, encore une fois, qu'elles ne soustraient point les corps qui les éprouvent à l'influence des lois physiques; — leur poids, leur inertie, par exemple, ne sont nullement altérés; et, on peut le dire, ces phénomènes ne sont que des modifications de l'*attraction* et de la *répulsion*. De plus, un grand nombre d'actions chimiques ne sont que le commencement d'actions purement physiques. C'est ainsi que la chaleur, qui donne naissance à une nouvelle combinaison entre les atomes de la poudre à canon, est la cause de son expansion soudaine ou de l'explosion. Enfin, toutes les manipulations chimiques, le transvasement des gaz, les pesées, les pulvérisations, etc., ne s'effectuent que sous l'influence des lois physiques; la chimie repose donc sur la physique, comme nous l'avons annoncé plus haut, et celui qui se livrera à l'étude de cette science sans avoir passé par celle de la physique, ne fera jamais de grands progrès. Nous verrons dans le tableau ci-dessous les différentes divisions de cette science.

Physiologie. L'état le plus compliqué de la matière est, sans aucun doute, celui où, sous l'influence de la vie, elle constitue ces corps qu'on nomme *organisés*, et dans lesquels, à l'aide de tubes et de cavités, les fluides se meuvent incessamment pour y produire les changemens nécessaires à l'existence même de ces corps. Ils forment deux classes distinctes, les individus qui sont fixés au sol, et qu'on nomme *végétaux*, et ceux qui jouissent de la locomotion, qu'on appelle *animaux*. Les phénomènes d'accroissement, de nutrition, de génération, de reproduction, de mort, de sensibilité, de locomotilité, etc., etc., caractérisent la vie; ils sont l'objet spécial de la science appelée *physiologie;* mais comme ces phénomènes se passent dans des êtres matériels, et par conséquent soumis aux lois de la physique et de la chimie, la physiologie repose évidemment sur ces deux sciences; on ne peut se livrer à son étude indépendamment de celles-ci. Disons-le, même la plus grande partie des phénomènes de la vie ne sont autres que des phénomènes physiques et chimiques, modifiés toutefois par un principe additionnel. Embrassant ainsi toutes les autres lois, toutes les autres actions, les actions physiologiques sont donc infiniment plus complexes, et l'on ne doit point s'étonner que l'étude de ce genre de *lois vitales* ait marché avec une telle lenteur, bien que ces lois ne soient ni moins fixes ni moins immuables que celles de la physique ou de la chimie. Il est, sans aucun doute, un très-grand nombre de points qu'il ne nous est point encore permis d'expliquer ; on ne sait encore ni ce qui limite la vie des animaux ou des végétaux, ni comment certaines qualités ou certains vices d'organisation se transmettent des pères aux enfans, ni pourquoi les diverses espèces se perpétuent sans se confondre, etc., etc. ; mais l'attention se dirige aujourd'hui sur ces théories importantes, un grand nombre d'hommes distingués (parmi les médecins surtout, que ces questions intéressent principalement) se livrent à ce genre de recherches, et il est permis d'espérer d'importans résultats ; des faits nombreux, des observations et des expériences faites avec autant de soins que de talens, sont déjà, jusqu'à un certain point, méthodiquement classés, la science attend un NEWTON, qui démêlera parmi eux le principe qui les enchaîne. La science de la vie se divise en *physiologie animale* et *physiologie végétale.* (*Voyez* le tableau ci-dessous.)

IDÉOLOGIE. La partie la plus importante du savoir humain, est la connaissance des lois qui régissent les opérations de l'ESPRIT. Cette branche du système scientifique est essentiellement distincte de toutes les autres, sous plusieurs rapports : bien différente de la physiologie, dont les progrès dépendaient de ceux de la physique et de la chimie, elle fit de bonne heure des pas immenses, ainsi que le prouvent les écrits des philosophes de la Grèce. Cependant il faut l'avouer,

les plus brillantes découvertes étaient réservées
aux modernes ; le lecteur se convaincra de la vérité de cette assertion, à l'inspection du tableau
ci-dessous, si aux différentes divisions du sujet
principal il associe les noms justement honorés
des hommes célèbres qui ont fait de ces divisions
l'objet de leurs écrits. On ne saurait se lasser
d'admirer cette analyse moderne qui déduit de
quelques lois simples de l'esprit toutes les théories de l'idéologie, comme elle a déduit, de quelques lois physiques, la mécanique, l'hydrostatique, la pneumatique, etc., etc. Nous devons
remarquer ici que les lois de l'esprit que l'homme
est parvenu à découvrir, ne sont point celles de
l'esprit isolé, mais de l'esprit lié aux corps et in-
fluencé par lui. On a prétendu que l'esprit sé-
paré du corps jouissait de la faculté de connaître,
que de sa nature propre il était doué d'intellect, c'est ce que nous n'examinerons pas; ce
qu'il y a de certain, c'est que réuni aux corps il
n'acquiert d'idées que lentement, à l'aide des organes des sens, et que sa perfection dépend de
celle de ces organes mêmes et du cerveau. Celui
qui vient au monde aveugle et sourd, et qui par
conséquent reste muet toute sa vie, comme l'enfant *Mitchel*, par exemple, n'est autre chose
qu'un automate; et un cerveau mal conformé ou
trop petit, est une cause certaine et permanente
d'idiotie. L'enfant, l'homme mûr, l'imbécille, présentent des différences dans les facultés intellectuelles correspondantes au développement du

cerveau dans chacun d'eux. La fièvre, un coup
sur la tête, etc., transforment en un idiot l'homme
le plus distingué, fait proférer à la bouche virgi-
nale les obscénités les plus révoltantes, et rendent
le plus dévot coupable d'horribles blasphèmes ;
enfin, il n'y a jamais d'altération du moral, dé-
lire ou manie, sans qu'il y ait coincidemment
une altération directe ou sympathique du cerveau. L'homme est sans doute convaincu que son
âme est quelque chose de distinct de son corps
et qu'elle est appelée à d'autres destinées ; mais
si l'on fait abstraction des lumières de la révélation, les notions qu'il a pu se former à ce sujet
sont extrêmement vagues, comme le montrent
trop bien les écrits des philosophes de l'antiquité.

QUANTITÉ. Dans l'expression de la plupart des
faits ou des lois physiques, chimiques, physiologiques, nous sommes obligés d'avoir recours aux
quantités; c'est ainsi que nous disons : l'attraction
s'exerce en raison directe des masses, et en raison
inverse du quarré des distances ; de là, la nécessité d'avoir certaines bases, certaines quantités
fixes auxquelles nous puissions comparer toutes
les autres. On a employé, dans ce but, le pouce,
le doigt, le pied, la coudée, le pas, etc. ; mais
plus récemment la longueur du pendule à secondes, ou, comme l'ont fait les Français, le
mètre (qu'ils ont déduit de la grandeur du globe);
— pour les surfaces, on a choisi les formes les

plus simples, le cercle, le quarré, le triangle, etc.,
et pour les volumes, les solides correspondans,
la sphère, le cube, la pyramide, le cône, etc. —
Les règles pour appliquer ces mesures fixes à tous
les cas possibles, l'étude des rapports de grandeur
des directions, constitue un corps de science,
la *science des quantités* ou les *mathématiques.*
Cette science, aussi vaste que sublime, peut être
considérée comme un cinquième département
des connaissances humaines, qui prête aux autres
son assistance. On voit dans le tableau ci-dessous
ses principales divisions.

En ajoutant la *description des détails*, ou l'*his-*
toire naturelle, aux différentes parties du système
scientifique esquissé dans ce tableau, on pourra
prendre un aperçu de l'ensemble des connaissances que l'homme peut acquérir par l'exercice de
ses propres facultés, c'est-à-dire indépendamment
de la *révélation.* Tous les arts reposent sur ces bases :
les uns sur la physique seule, comme ceux du
mécanicien, de l'architecte, du constructeur, du
charpentier ; et les autres sur la chimie et la physique, comme ceux du mineur, du verrier, du
teinturier, du brasseur ; d'autres, enfin, sur la
physiologie et les deux sciences précédentes,
comme ceux du botaniste, de l'agriculteur, du
zoologiste, et... L'industrie des gouverneurs de
toute espèce, des avocats, des grammairiens, etc.,
dépend principalement de la science de l'entendement.

ESQUISSE DU SYSTÈME DES SCIENCES ET DES ARTS,

DANS L'ORDRE DE LEUR ÉTUDE.

I. PHYSIQUE.

Mécanique des solides.
Mécanique des fluides.
Acoustique.
Optique.
Électricité.
Astronomie.
Etc., etc.

2. CHIMIE.

Corps simples.
Minéralogie.
Géologie.
Pharmacie.
Art de la distillation.
— de la teinture.
Etc., etc.

3. SCIENCE DE LA VIE.

Physiologie végétale.
Botanique.
Horticulture.
Agriculture.
Etc., etc.

Physiologie animale.
Zoologie.
Anatomie.
Pathologie.
Médecine.
Etc., etc.

4. IDÉOLOGIE.

Intellect.
Raisonnement.
Logique.
Langues.
Éducation.
Etc., etc.

Puissances actives.
Émotions et plaisirs.
Justice.
Morale.
Gouvernement.
Économie publique.
Etc., etc.

5. SCIENCES MÉTRIQUES.

Arithmétique.
Algèbre.
Géométrie.
Etc., etc.

Les connaissances qu'on acquiert dans l'enfance sont nécessairement fort mélangées, et le hasard surtout en détermine la nature; mais la dépendance mutuelle que nous avons indiquée entre les différentes parties de la science, et dont le tableau précédent donne une idée, montre dans quel ordre on devra procéder à la recherche des lois de la nature ou seulement à leur étude, pour diminuer autant que possible le travail, ou pour éviter les répétitions et les anticipations.

On peut affirmer que l'éducation commence pour l'homme à sa naissance : — Certains objets sont sans cesse présentés à l'enfant, qui ne tarde point à les reconnaître et à les distinguer les uns des autres; le nombre de ces objets s'accroissant de jour en jour, il les associe bientôt dans son esprit et les classe suivant les rapports de ressemblance qui le frappent. Ainsi les bonbons, les joujous, les vêtemens, forment de très-bonne heure dans son esprit des choses qu'il distingue parfaitement. — Un peu plus tard, mais toujours à un âge très-tendre, l'enfant distingue sans effort une pierre ou un *minéral* d'une plante ou d'un *végétal*, et celui-ci d'un *animal*; son esprit a donc déjà remarqué les trois grandes divisions de la nature matérielle, et l'on peut dire qu'il a fait le premier pas dans l'étude de l'HISTOIRE NATURELLE. Puisqu'en même temps il parvient à comprendre le sens de ces expressions : « Un corps qui tombe, la force d'un corps qui se meut. » Il est donc initié aux grandes lois physiques de la gravité et de l'inertie, mais il voit encore le sucre se dissoudre dans l'eau, il voit brûler la mèche de la bougie, il en voit fondre la cire, il a donc aussi quelques notions de la chimie; et comme sans aucun doute il a remarqué aussi la conduite des animaux domestiques ou des personnes qui l'entourent, on peut dire qu'il a acquis quelque chose en physiologie et dans la science de l'entendement. Enfin ses progrès en arithmétique et en géométrie ne peuvent être mis en doute, car il a appris à compter ses doigts ou ses dragées, et il juge assez bien de l'*étendue* ou de la portion de gâteau qui lui revient dans le partage entre lui et ses frères. C'est ainsi qu'en quelques années l'enfant le moins précoce acquiert nécessairement quelques notions sur toutes les parties du savoir humain; — de plus, il dénomme les objets, il exprime ses sentimens par les sons fixes, déterminés, qui constituent le langage. — Telles sont donc les bases sur lesquelles l'expérience ou un système d'éducation méthodique devra élever l'édifice immense des connaissances qu'on s'attend à trouver aujourd'hui dans tout homme d'une éducation libérale.

L'éducation la plus complète, sous le rapport intellectuel, ne peut se composer que de la somme des connaissances acquises en *histoire naturelle* et en *philosophie*, dans le sens que nous avons donné à ce mot, plus des *signes* représentatifs des idées. Quant au corps, elle se compose des divers moyens d'exercer l'action musculaire, des exercices gymnastiques, de la danse, de l'équitation, des jeux d'adresse, de l'usage des armes à feu, des instrumens de musique, du dessin, de la peinture, et d'autres exercices utiles ou amusans.

Il résulte donc de tout ce que nous venons de voir, que la *science de la nature* n'est qu'un système continu et étroitement enchaîné qu'on ne peut parfaitement comprendre qu'autant que l'étude en sera faite dans l'ordre naturel des parties qui le composent; de même qu'on ne peut saisir le fil d'une histoire qu'en procédant à sa lecture dans l'ordre des événemens. Mais, il faut l'avouer, ou cette vérité si simple n'est pas assez connue, ou l'on n'en tient en général aucun compte, car il n'y a peut-être point d'objets, de systèmes, dont on ait tracé des plans plus dissemblables et plus incohérens que pour l'éducation. La plus grande partie des déviations à l'ordre que nous avons esquissé ci-dessus, doivent paraître des erreurs si évidentes, qu'il n'est point nécessaire de nous étendre davantage sur cet objet; passons donc maintenant à l'examen de cette importante question : l'étude des *mathématiques* et de la *logique* doit-elle précéder ou terminer un cours d'études scientifiques?

Les mathématiques sont aujourd'hui le commencement de toute étude scientifique; on donne pour raison de l'ordre adopté, qu'il n'est presque point de phénomènes, de théories physiques, chimiques, etc., etc., qu'on puisse décrire ou établir sans être forcé d'emprunter le secours de la *science des quantités*, sans employer les expressions mathématiques. C'est une vérité incontestable, mais il n'est pas moins certain que les connaissances mathématiques acquises dans l'enfance ou dans la jeunesse, par la seule expérience et sans études spéciales, suffisent parfaitement pour permettre aux jeunes gens l'intelligence de toutes les grandes lois de la nature ; — de même à peu près que la connaissance qu'ils ont acquise dans le même temps de la langue de leur pays, leur suffit pour exprimer leurs idées sur les sujets les plus ordinaires, sans que d'ailleurs ils aient fait aucune étude spéciale de la grammaire. Dans une société civilisée, il existe fort peu d'individus assez ignorans pour ne point savoir qu'un quarré a quatre côtés égaux et quatre coins ou angles égaux ; que tous les points d'une circonférence de cercle sont également éloignés du centre, etc., etc. ; or, l'unité, la simplicité, l'harmonie de l'univers est telle, que des vérités aussi simples suffisent pour donner des notions exactes sur les phénomènes les plus remarquables de la nature, sur les états les plus importans de la matière. D'ailleurs, la science des quantités, même dans les parties les plus élevées, ne se compose que de l'évaluation des rapports entre les unités fixes, dont nous avons parlé plus haut, et comme ces unités sont à chaque instant offertes à nos yeux, il n'est personne qui n'en ait une idée assez nette, et qui n'ait réellement acquis, sans étude spéciale, quelques-unes des vérités fondamentales des mathématiques. Lorsque les lois générales de la nature ont été une fois bien saisies par l'esprit, lorsqu'il s'est familiarisé avec le plus grand nombre des réalités matérielles de l'univers, l'étude des hautes mathématiques devient pour lui extraordinairement attrayante; c'est qu'alors il aperçoit immédiatement les utiles applications des nombreuses vérités de cette science. Au contraire, les jeunes gens qui se livrent d'abord à l'étude des mathématiques pures et abstraites, trouvent le plus souvent cette étude d'une aridité excessive, elle devient pour eux aussi fatigante que le serait pour d'autres la lecture du vocabulaire d'une langue qu'ils seraient certains de ne jamais parler, dont ils ne liraient point les ouvrages, ou tout au moins dont ils seraient convaincus de n'avoir jamais l'occasion d'employer la moitié des mots. Ceci explique pourquoi, avec le système ordinaire d'instruction, on forme un si petit nombre de bons mathématiciens, et pourquoi, lorsque les mathématiques sont la seule route ouverte pour parvenir à la philosophie naturelle, on néglige cette dernière science. —Toutefois reconnaissons que, bien que la généralité des hommes ait fait dans la *science des mesures*, des progrès assez sensibles pour comprendre sans effort les grandes lois de la nature, il est cependant nécessaire que celui qui fait l'application de ces lois,— qui doit déterminer la meilleure courbure d'une arche ou la hauteur d'une montagne au moyen du baromètre, —reconnaissons, dis-je, que celui-là doit s'aider de connaissances mathématiques

spéciales. Il existe peut-être un obstacle à l'étude
de la science des mathématiques, ou du moins une
cause qui en détourne la plus grande masse des
hommes; c'est le mystère dont on l'a entourée
dans les premiers siècles, et le jargon barbare
qu'on en a conservé, en empruntant les mots de
cette science de toutes les langues; les esprits ordinaires, et c'est le plus grand nombre, s'effraient
de ces termes : *arithmétique*, *algèbre*, *fluxions*,
géométrie, *mathématiques*, etc.; espérons que
les hommes qui marchent à la tête de la science
continueront à en faciliter l'accès, à en débarrasser l'entrée, et qu'en traduisant les vieilles expressions de cette sorte dans le langage ordinaire, en
mêlant surtout aux abstractions de cette science
ses applications à des faits intéressans, ils la met-
tront à la portée des intelligences communes, et
réduiront le temps employé à cette étude à la
durée des loisirs de chacun. Cette réforme si nécessaire est commencée depuis quelque temps,
et l'on peut dire aujourd'hui avec vérité que,
quoiqu'on n'ait pas encore atteint le degré
de simplicité possible, la science des mesures
est cependant à la portée du plus grand nombre,
et qu'elle fait partie de toute éducation ordinaire.
Lorsque l'esprit est entré dans cette carrière par
une bonne route, il est tellement charmé de cette
rigueur dans le raisonnement, de la puissance
extraordinaire de cette méthode qui poursuit et
saisit la vérité au milieu de tous les obstacles

derrière lesquels elle semble se retrancher, qu'il n'a plus besoin d'aiguillon.

Il existe entre la logique abstraite, qui n'est qu'une branche de l'idéologie, et cette logique du sens commun, que tout homme raisonnable emploie sans s'en douter, à peu près les mêmes rapports qu'entre les mathématiques abstraites et celles qu'on acquiert par l'expérience de tous les jours ; — les mêmes motifs (dont nous avons apprécié la valeur), ont fait de son étude la base de toutes les autres ; on l'a assimilée à celle des mathématiques, mais sans autre raison valable.

Les idées les plus générales sur l'éducation étaient, il n'y a encore que quelques années, tout aussi absurdes que celles qu'on s'était formé sur l'importance relative des différentes branches de nos connaissances, eu égard à l'ordre suivant lequel on devait les parcourir. Ainsi dans la plupart de nos écoles célèbres, dans nos universités, on dirige presqu'uniquement l'attention des jeunes gens sur l'étude des *langues,* de la *logique* et des *mathématiques ;* les précepteurs semblent oublier que ces sciences n'ont de valeur réelle que par leur application à la *physique,* à la *chimie,* à la *physiologie* et à l'*entendement.* Le motif qu'on pouvait donner il y a quelques siècles pour consacrer la plus belle partie de la jeunesse à l'étude des langues grecque et latine, était sans doute fondé ; c'est qu'alors les ouvrages vraiment estimables étaient écrits dans l'une ou l'autre de ces langues ; le cas n'est plus le même, aujourd'hui tout le contraire a lieu, et celui qui irait chercher la science dans les vieux livres de ce temps, n'y trouverait que des erreurs, ou tout au moins des connaissances bien inférieures à celles qu'il puiserait dans les ouvrages de notre époque. Quant aux théories les plus élevées des mathématiques, elles honorent le génie de l'homme, j'en conviens; c'est l'instrument qui a fourni un grand nombre de découvertes utiles, qui a prouvé la vérité des conjectures hardies de ce génie lui-même, mais la majeure partie des hommes n'a point le loisir nécessaire pour s'élever aux sommités de cette vaste science, et l'aurait-elle, je demande si cette étude lui serait bien utile?—Suivre un tel système, c'est permettre l'entrée ou accorder la possession d'un jardin, à la condition qu'on trouvera le moyen d'en ouvrir la porte, et qu'on fera un dénombrement exact des richesses qu'il contient, après avoir évalué toutes les relations de distances des divers points du terrain; la vie se passe à forger une clef convenable, à se procurer tous les instrumens nécessaires à ces opérations, etc., etc., et la mort vous saisit avant que vous ayez pu commencer votre travail. Cette erreur, et tant d'autres viennent sans doute de ce que l'esprit ne se forme point d'avance une idée nette du domaine de la science, ni de l'importance relative de ses différentes subdivisions; — cette idée est peut-être la plus utile que celui qui se livre à l'étude des sciences puisse acquérir.

Celui dont la vue est bornée par les limites d'un

ou deux départemens de la science, n'en pourra probablement prendre que des aperçus assez faux quant aux autres départemens ; quant à l'ensemble, surtout, il ne s'en formera que des idées certainement fort étroites, qui l'exposeront à des erreurs de plus d'un genre ; — semblable à celui qui jugerait du monde entier par la ville ou la province qu'il habite, ses idées rétrécies sont à celles de l'homme dont l'horizon intellectuel n'a d'autres limites que la science, ce qu'est le corps des malheureux artisans toujours courbés sur le même travail, aux formes gracieuses et imposantes de ces modèles de perfection physique dans la nature humaine.

En ordonnant ainsi les différentes parties de la science, selon leurs relations naturelles, et par conséquent de manière à éviter toute répétition et toute anticipation, il nous semble qu'on parviendrait à réduire considérablement le système scientifique pris dans toute son étendue, à cinq volumes, par exemple, qui auraient pour titre : Ier *Physique*, IIe *Chimie*, IIIe *Physiologie*, IVe *Idéologie*, Ve *Mathématiques*. S'il existait un tel ouvrage, il n'est point d'homme qui ne pût se familiariser avec les vérités importantes de la science, en moins de temps qu'il ne lui en faut aujourd'hui pour apprendre une seule langue ; et telle est la dépendance intime de toutes les vérités scientifiques, qu'il est infiniment plus facile d'obtenir un rang distingué comme savant, en commençant par une étude générale de l'ensemble, pour se

livrer ensuite aux spécialités, que de suivre la
marche inverse. C'est ainsi que l'étude de l'anatomie devient facile pour celui qui a étudié la
mécanique.

Cet ouvrage, en cinq volumes, aurait pour
titre : *Livre de la Nature ;* il n'aurait jamais
toute la perfection désirable, s'il n'était que le
produit du travail d'un seul homme; ce serait
aux académies, aux sociétés savantes que la rédaction en appartiendrait de droit, et même alors
je ne voudrais point que chacun de leurs membres se chargeât de parties distinctes, il n'en ré-
sulterait qu'une compilation assez semblable à
nos encyclopédies ; ces parties seraient confiées à
une réunion, à une commission, dont tous les
membres coopéreraient à la rédaction, mais y
coopéreraient de telle sorte, par exemple, que
celui qui concevrait le mieux la distribution des
sous-divisions entreprendrait l'esquisse du plan ;
que celui dont l'érudition serait la plus vaste,
remplirait en quelque sorte le cadre déjà tracé ;
que celui dont la plume serait plus exercée et qui
aurait plus de rectitude dans le jugement, corrige-
rait les détails; enfin celui qui aurait plus de goût
serait chargé de les embellir, de les orner, etc., etc.
— L'homme de talent pourrait alors se dispenser d'écrire un *ouvrage neuf,* — qui aurait nécessairement tous les défauts du travail d'un seul
individu ; — mais sous la direction d'un conseil
supérieur, il viendrait perfectionner le *Livre de la
Nature,* digne objet de rivalité entre les diffé-

rentes nations! l'absence d'un tel ouvrage laisse
se consommer en pure perte la plus grande partie des efforts de l'esprit humain. Les jeunes gens,
livrés à eux-mêmes, entrent presque toujours par
une fausse route dans le labyrinthe de la science,
leur esprit se perd dans les recherches, ou bien il
est subitement arrêté par des obstacles insurmon-
tables. Ils ont recours alors aux autres ouvrages
écrits sur le même sujet; mais la différence de
méthode, un nouvel ordre causent souvent une
telle confusion, que s'ils ne se soumettent point
à la tâche laborieuse d'en faire une analyse complète, ils n'acquièrent que des notions très-im-
parfaites, ou ne retiennent rien; viennent alors
les dégoûts, les découragemens et la plus grande
partie de ces jeunes gens renoncent à l'étude; —
mais si par les soins d'un gouvernement éclairé,
les académies, les universités, les sociétés savantes s'étaient une fois entendues pour la rédaction de l'ouvrage dont nous avons esquissé
le plan, le jeune homme studieux verrait dès le
commencement de ses études toute la route qu'il
doit parcourir, il entreprendrait ce voyage avec
la confiance et la gaîté qu'inspire l'assurance
d'arriver à la limite qu'on découvre. Comme il
aurait au moins une idée générale de l'ensemble,
il serait plus à même de juger quelle serait la
spécialité la plus en harmonie avec ses goûts et
ses moyens; et partant toujours ainsi du point
où l'aurait élevé tout le travail des siècles précédens, il est plus que probable que jouissant en-

core de toute la vigueur du jeune âge ; il ferait de
lui-même quelques pas de plus dans la carrière :
c'est pendant la jeunesse, en effet, que se forment,
et souvent s'accomplissent les grandes entreprises tracées par le génie humain. Il y aurait
encore à ce projet ce résultat moral, que tout
homme pouvant ainsi comprendre de bonne
heure toute la beauté et toute la grandeur de la
nature, acquerrait une élévation d'esprit qui le
détournerait probablement de l'indolence, et le
soustrairait à l'ennui, causes de tant de vices.
On conçoit, enfin, qu'il serait facile de complé-
ter ces traités élémentaires par une publication
périodique des nouvelles découvertes. Ce *Livre
de la Nature* deviendrait alors d'une utilité inappréciable, et sous le rapport de l'éducation des
masses, il est impossible de concevoir une insti-
tution équivalente ; car il convertirait plusieurs
millions d'hommes en organes intellectuels d'a-
vancement et de civilisation, parmi lesquels se
trouverait très-probablement dans chaque siècle un plus grand nombre de ces génies en quelque sorte créés pour les découvertes, que la
succession des siècles ne nous en a donné jusqu'ici.

Cette grande facilité d'acquérir des connaissances ne renverserait point les limites qui séparent le *savant* de l'*ignorant*, comme quelques-
uns pouvaient le craindre. Ce plan, comme on
le voit, ne débarrasserait d'obstacles que la route
principale du domaine de la science, si l'on peut

ainsi s'exprimer; mais il laisserait encore le champ illimité des spécialités ouvert aux recherches des plus hardis ou des plus studieux. Il est vrai que l'intelligence, prise en masse, de toute la société s'en accroîtrait d'autant, que le talent ne manquerait point alors de se développer, que chacun pourrait le juger et le sentir avec plus ou moins de justesse; mais ce résultat s'accorde parfaitement avec les intérêts généraux de la société.

Dans le cours des recherches auxquelles nous venons de nous livrer, on a dû se convaincre que la *physique* ou *philosophie naturelle*, qui fait l'objet de cet ouvrage, était la base fondamentale de toutes les autres sciences; c'est donc de toutes les sciences la plus indispensable, elle est donc bien, comme le voulait Bacon, « la racine des sciences et des arts. » Si elle n'a point obtenu dans les systèmes ordinaires d'éducation la place naturelle qu'elle devait occuper, la faute en est, 1° à un préjugé que nous avons réfuté, à la nécessité faussement admise d'études mathématiques préliminaires; 2° à cette opinion non moins erronée, que la commune expérience nous enseigne en physique tout ce qu'il nous est important de connaître dans la vie sociale. Il est vrai que les joujous de l'enfance, la balle, le cerceau, la toupie et cent autres, nous montrent des applications continuelles des lois de la physique, qu'ils peuvent être regardés comme de véritables

appareils scientifiques; mais à moins qu'on ne
fasse remarquer aux enfans cette continuelle application, ils n'acquerront par eux-mêmes que
des idées extrêmement vagues, et dès lors sans
utilité aucune pour la pratique (1). — Si l'étude
de la physique est aussi facile que nous le ferons
voir; si l'importance qu'on lui accorde est réelle,
il ne restera plus d'excuse pour la négliger.

Telle est la simplicité, la fécondité, la généralité des lois de la physique, que par elles seules
on acquiert dans le moindre temps possible la
plus grande masse de connaissances. Pour celui
qui les possède, la plus grande partie des phénomènes que l'ignorant regarde comme des
prodiges, ne sont plus que de sublimes applications des bases fondamentales de son savoir;—
il les porte avec lui, non comme un poids, non
comme une charge qu'il s'efforce de supporter,
mais, au contraire, comme un instrument qui
facilite le transport de toutes les autres connaissances, et leur disposition pour n'en être point
gêné. Le plan de l'édifice une fois sagement arrêté, les matériaux qui d'abord ne formaient
qu'un amas confus, se disposent chacun à la place
qui convient le mieux pour assurer la solidité
de l'ensemble.

---

(1) Voyez l'ouvrage intitulé *Introduction à l'étude de la
Mécanique et de la Physique par les jeux d'enfans*, traduit
de l'anglais par T. Richard, 2 vol. in-12. Paris, Roret, 1829.

On a prétendu que l'étude des lois générales
en divisant beaucoup trop l'attention, était un
obstacle à l'acquisition de connaissances réelles;
mais c'est précisément le contraire qui est vrai:
les connaissances générales facilitent le classe-
ment des détails, elles permettent de généraliser
les lois de la spécialité. On peut dire que l'homme
ignorant se charge l'esprit d'un certain nombre
de faits, d'un certain nombre d'idées auxquelles
il lui devient impossible d'en lier d'autres, tandis
que l'homme instruit, en classant ses idées méthodiquement, les lie entre elles, les ajoute les
unes aux autres, de manière à former en tous
sens des chaînes infinies qu'il porte sans effort.
Les lois de la philosophie peuvent se comparer
aux clefs qui ouvrent les jardins les plus délicieux
que l'imagination puisse créer, ou bien encore à
un pouvoir magique qui dévoile l'univers et met
à découvert les charmes infinis de la nature.
L'homme instruit ne rencontre dans ce monde
que des objets connus et amis, l'ignorant y est
comme sur une côte inhospitalière, habitée par
des ennemis ou des étrangers. Un homme peut
lire des milliers de volumes comme passe-temps
agréable, qui ne laisseront en lui que de vagues
impressions; mais celui qui entreprendra l'étude
du *Livre de la Nature*, y trouvera des sujets de
méditation aussi sublimes qu'attrayans, et qui
occuperont noblement son attention pendant sa
vie entière.

Nous avons déjà dit que les lois de la physique

régissaient les grands phénomènes *naturels* de l'astronomie, les marées, les vents, les courans, etc.;
examinons maintenant le parti que l'homme a tiré
de la connaissance de ces lois, jetons un coup
d'œil sur leur usage *artificiel*. Presque tous les travaux de l'ingénieur civil dépendent de la physique,
prenons pour exemple les admirables spécimen
de ces travaux qu'on rencontre sur tous les points
des îles britanniques : — les nombreux canaux
qui facilitent le commerce intérieur ; — les bassins chargés de recevoir à leur arrivée les richesses que nos vaisseaux apportent de toutes
les parties du monde ; — ces rades qui offrent un
abri au navire chassé par la tempête ; — ces ponts
majestueux qui établissent des communications
aujourd'hui si nécessaires ; — ces routes ouvertes
au commerce dans les entrailles même des montagnes ; — ces canaux qui traversent les vallées
et même les rivières sur des ponts, nous offrant
çà et là le singulier phénomène d'embarcations
qui passent les unes par-dessus les autres ; — le
desséchement de marais mal sains convertis aujourd'hui en campagnes fertiles ; — ces nobles
phares qui lèvent la tête contre l'orage et guident
le pilote au milieu des dangers, etc., etc.

La même puissance créatrice, la science, a re-
pris à la mer la plus grande partie des provinces
hollandaises ; et de riches cités, de rians jardins,
sourient au voyageur là où, comme César nous
l'apprend, il n'y avait autrefois que des fondrières
ou de mornes solitudes. Enfin, et pour terminer

cette esquisse, là où le sauvage abruti contemplait avec frayeur et étonnement la cataracte qui roulait de roc en roc, là où le vent courbait les arbres de la forêt, chassait les nuages contre le sommet des montagnes, blanchissait la surface de l'Océan, nous retrouvons ses descendans instruits par l'étude des lois de la nature, dirigeant ces mêmes eaux sur des canaux en pente jusqu'aux machines qui travaillent pour eux ; subjuguant les vents eux-mêmes qu'ils arrêtent dans leur course, et qu'ils forcent de contribuer au travail social, soit en leur faisant tourner le moulin qui prépare la nourriture de leur maître, l'homme, soit que saisis par la voile, ils soient contraints de le transporter avec ses trésors par-dessus les profondeurs de l'Océan, pour son plaisir ou son profit.

En architecture, nous retrouvons encore toute l'importance de la physique : ne sont-ce point ses lois suprêmes qui règlent la construction des temples, des pyramides, des dômes, des palais qui embellissent la surface du globe ?

Mais cette science n'est-elle point aussi la lumière qui guide les recherches du mécanicien ? Ne sont-elles point le produit des travaux en physique, ces puissantes machines à vapeur, ces autres machines qui tissent nos étoffes, celles qui donnent aux autres corps les formes qui nous conviennent le mieux, qui moulent le fer lui-même presque aussi facilement que l'argile ? N'est-ce point, enfin, à la physique que nous devons nos instrumens d'agriculture, nos appa-

reils de guerre, etc., etc.; et ces ballons qui
élèvent l'homme comme en triomphe au-dessus
des nuages; et cette cloche à plongeur, à laquelle
il se confie pour aller explorer les cavernes de
l'Océan, et tous les instrumens des arts intellectuels, de l'imprimerie, du dessin, de la peinture,
de la sculpture, etc., et nos instrumens de musique, d'optique, de mathématiques, d'astronomie, et tant d'autres, qu'il est impossible de les
compter ?

Voilà, sans doute, des applications bien nombreuses et bien utiles de la physique; ce n'est
point tout encore cependant, et nous allons nous
arrêter un moment sur l'importance dont elle est
pour celui qui se livre à l'art de guérir. Le médecin, en effet, est l'ingénieur par excellence,
car c'est, sans contredit, dans les animaux qu'on
retrouve la véritable perfection mécanique, réunie à la plus grande variété. Où trouvera-t-on
un système de gonds, de leviers, de parties mobiles, mieux disposé que dans les animaux; qu'on
me montre une machine hydraulique qui approche du cœur et des vaisseaux sanguins, un
appareil pneumatique comparable à celui de la
respiration, un instrument d'acoustique comme
l'oreille ou le larynx; un instrument d'optique
comme l'œil; où trouverai-je, enfin, la profondeur et la simplicité, la variété de toute l'anatomie visible? Or, je le demande, la structure, le
mécanisme de ces organes, doivent-ils, peuvent-
ils être ignorés du médecin; l'horloger ne doit-

il point connaître l'instrument qu'il est appelé à ré-
parer, quelle confiance aurai-je en lui s'il est incapable de discerner où il manque une cheville, ce
qui fait qu'une roue marche mal, où il faut mettre
l'huile, d'où il doit ôter la poussière? Le croira-
t-on cependant, il existe des médecins qui ne
comprennent encore que bien confusément les
lois de la mécanique, de l'hydraulique, de la
pneumatique, de l'optique, de l'acoustique, et
l'on trace encore aujourd'hui des plans d'études
médicales qui ne comprennent point l'étude de
la physique! C'est, au surplus, une nouvelle
preuve de ce que nous avons avancé ci-dessus:
que les arts et les sciences ne marchent que graduellement, et que les méthodes, comme toute
autre chose, ne se perfectionnent qu'avec le
temps. Il est permis d'espérer que les médecins sentiront bientôt toute l'importance de ces
études pour leur art; il n'y a pas encore bien
long-temps que les lois de l'économie politique,
de cette science qui forme la base fondamentale
de l'art de gouverner, que ces lois qui nous ga-
rantissent des malheurs publics, de la guerre,
de la famine, étaient rejetées par nos hommes
d'état comme des chimères.

Outre les sections médicales proprement
dites de cet ouvrage, nous avons çà et là pré-
senté quelques aperçus que le médecin lira peut-
être avec plaisir, mais il est encore d'autres parties de la physique qui ont des rapports intimes
avec sa profession, la *météorologie*, par exemple,

1. d

la *ventilation*, le *chauffage* des habitations, etc.,
etc...... Selon moi, du reste, il n'est point une
seule théorie physique à laquelle un homme qui
prétend à une éducation libérale, puisse rester
étranger : dans nos villes, dans nos maisons, ne
sommes-nous point entourés d'une multitude de
prodiges des arts mécaniques; devrons-nous, avec
notre raison superbe, faire usage de ces instrumens, de ces produits, sans étudier leur structure,
sans nous en expliquer le mécanisme; ce serait s'assimiler au cheval qui, pourvu que l'avoine tombe
dans sa mangeoire, s'inquiète fort peu par quel
moyen. Mais non, chacun contribuera, autant
qu'il est en lui, à cette diffusion des connaissances
qui changent la condition de l'homme sur la terre,
et élève le caractère de toutes les classes de la
société. Nos aïeux étaient en général séparés en
petites communautés, qui n'avaient entre elles
presque aucune relation ; leurs pensées et leurs
intérêts étaient, pour ainsi dire, limités par les
bornes restreintes de leurs territoires, le temps
réunit graduellement ces petites sociétés ; l'hep-
tarchie anglaise, par exemple, se fonda d'abord
en un royaume qui resta long-temps ignoré des
autres parties du monde, qu'il ne connaissait
guère, ou dont les intérêts lui étaient étrangers.
Quel contraste aujourd'hui, où chaque habitant
du globe se considère comme citoyen d'un vaste
et unique royaume : la terre. En Angleterre, par
exemple, l'homme qui ne jouit même que d'une
fortune médiocre, ne peut-il pas affirmer avec vé-

rité que le monde entier travaille pour lui ; il peut
dire avec orgueil : j'habite une maison plus commode que tel roi qui, il y a quelques siècles, op-
primait mes aïeux ; des vaisseaux croisent les mers
dans tous les sens pour m'apporter, de toutes les
parties du monde, les produits utiles ou agréables
qu'il me plaît de me donner. — En Chine, on recueille pour moi le thé ; en Amérique, on cultive
pour moi le coton ; aux Indes occidentales, on me
fabrique du sucre et l'on prépare mon café ; en Ita-
lie, on nourrit pour moi des vers à soie ; en Saxe,
c'est de la laine qu'on recueille pour me faire un
habit : ici, des machines puissantes me font du
linge, des couteaux ; elles pompent l'eau des mines, parce qu'il existe dans les entrailles de la
terre quelques minéraux dont j'ai besoin. J'ai peu
de fortune, il est vrai, néanmoins, comme il est
important que je puisse donner de mes nouvelles
à mes amis, comme il n'est pas moins nécessaire
que je sache comment ils se portent, des chaises
de poste courent jour et nuit sur toutes les routes
pour ma correspondance. Enfin, l'on a construit
quelques milliers de routes, de canaux ou de
ponts, afin que je ne manquasse point de houille
pour mon hiver ; puis, des flottes veillent sur les
mers, à ce qu'on ne trouble ni mon repos ni mes
plaisirs. J'ai des éditeurs et des imprimeurs qui
m'envoient, jour par jour, le compte de ce qui
se passe sur tous les points du globe, chez tous
ces peuples qui travaillent pour moi. L'ennui
me surprend-il, j'ai dans un coin de ma maison

*d**

des LIVRES, le plus merveilleux de mes trésors, qui non-seulement me transportent dans tous les lieux, mais même me reportent à tous les temps. Avec mes livres, j'évoque en ma présence, je fais revivre pour le temps qui me plaît tous les hommes de l'antiquité qui se sont distingués par leurs talens ou leurs vertus. Ils reviennent alternativement jouer leurs rôles respectifs; l'orateur m'émeut de nouveau, l'historien me raconte, le poète reprend la lyre, et de l'équateur jusqu'au pôle, depuis l'origine des temps jusqu'à ce jour, mes livres me portent où je veux être. — Ce tableau n'est point outré, et il serait facile de l'étendre davantage. Tel est le résultat des progrès de la civilisation, que chaque homme jouit à peu de chose près des mêmes avantages que s'ils eussent été créés pour lui seul.

Revenant à l'importance de la philosophie naturelle, comme objet d'études générales, nous remarquerons qu'il n'est point de science plus propre à former le jugement. Je sais fort bien que cet honneur est ordinairement conféré aux mathématiques, mais je sais aussi que dans les siècles de ténèbres, l'étude des mathématiques n'a point suffi pour étouffer des absurdités révoltantes. L'étude de la philosophie naturelle, jointe à celle des mathématiques, paraît, au contraire, incompatible avec des absurdités frappantes, et la première de ces sciences permet d'ailleurs des développemens intéressans pour les vérités abstraites de la seconde. Celui dont les facultés intellectuelles sont aiguisées par cette double étude, dont le jugement s'est exercé à la recherche de *rapports réels*, est bien plus propre à découvrir la vérité dans les autres questions, il est bien mieux en garde contre les sophismes de toute sorte. L'histoire des sciences nous offre une preuve bien frappante de cette assertion, depuis que la méthode de Bacon a remplacé les hypothèses des temps qui l'ont précédée. Jusqu'à cette époque, les génies les plus puissans admirent sans répugnance les théories les plus absurdes ; l'astronomie resta confondue avec l'astrologie, la chimie avec l'alchimie, la physiologie avec les hypothèses au moins singulières qui précédèrent la découverte de la circulation du sang ; enfin, la politique elle-même, avec l'absurde monopole, les absurdes prohibitions, l'absurde balance du commerce, etc., etc. — Mais la religion elle-même a ressenti l'influence des progrès scientifiques, et le ministre chrétien, le ministre éclairé, recommande aujourd'hui avec chaleur l'étude de la nature. Il comprend en effet que rien n'est plus propre à exciter l'admiration et la reconnaissance pour un Dieu tout puissant, que de découvrir aux yeux des masses les beautés infinies de la création ; il comprend aussi que, vu la nécessité absolue de prouver la révélation par les miracles, il est indispensable que les masses aient une parfaite connaissance des lois de la nature, pour mieux sentir toute la puissance de celui qui les établit et y déroge à volonté.

Il nous reste maintenant à dire quelques mots de l'ouvrage que nous livrons au public. Dans la conviction où nous sommes que les sociétés savantes ne sont point encore à la veille de se livrer à la rédaction du *Livre de la Nature*, dont nous venons d'esquisser le plan, nous n'hésitons point à publier ces Élémens de Philosophie naturelle, dont on reconnaîtra sans doute l'utilité. Nous espérons même que ceux qui prétendent à une éducation libérale, que les gens de lettres, les gens du monde, les médecins, pour lesquels nous avons plus spécialement écrit, ne liront point ce Traité comme un roman, mais qu'ils le consulteront souvent comme un guide, comme un manuel, où ils trouveront la solution des difficultés qu'ils pourraient rencontrer. Si nous nous sommes éloignés de la forme ordinaire des élémens, c'est qu'en général ils sont d'une aridité repoussante ; nous avons fait tous nos efforts pour éviter ce défaut, et la lecture de l'ouvrage prouvera peut-être qu'on peut donner aux théories scientifiques des développemens moins secs moins abstraits, sans leur rien faire perdre de leur rigueur. Voici, au surplus, le résumé des conditions que nous nous sommes imposées dans la composition de ce Traité, et dans lesquelles nous nous sommes strictement renfermé : 1° mettre la science à la portée des masses, c'est-à-dire des personnes qui, sans s'être livrées d'une manière spéciale à leur étude, ont cependant reçu l'éducation de nos colléges.

2° Suivre une marche rigoureuse et méthodique dans la disposition des parties; emprunter aux mathématiques leur méthode, en laissant de côté leur langage, qui n'est point toujours intelligible pour la majorité des hommes.

3° (Et ceci est un des traits caractéristiques de l'ouvrage.) Remplacer dans le développement des lois de la science les expériences *artificielles* et les raisonnemens secs et abstraits, par l'examen des phénomènes si variés et si nombreux que nous offre la nature.

4° Faire entrer dans notre plan les découvertes les plus modernes, de manière à préparer des progrès ultérieurs.

Les sections dans lesquelles nous avons traité de la *physique animale*, sont naturellement écrites plus spécialement pour les médecins, (et l'auteur croira avoir rendu un service important s'il a pu les convaincre de toute l'importance qu'avait pour eux l'étude de la physique); cependant si nous n'eussions écrit que pour les gens du monde, il n'y eût eu que fort peu de détails à en retrancher. — En effet, il n'y a peut-être rien de plus admirable que la structure et les fonctions du corps humain, pourquoi donc des hommes éclairés négligeraient-ils cette étude? Pourquoi ne prendraient-ils pas au moins une idée générale de ce système sublime? — Nous avons, autant que possible, évité les détails et même les termes *par trop anatomiques* ; ces parties de l'ouvrage peuvent donc être comprises de tout le monde. — Dans la nécessité où nous nous sommes placé de renfermer la plus grande somme de connaissances dans le plus petit espace possible, nous n'avons pu admettre qu'un petit nombre de détails historiques, et dès-lors nous avons dû choisir les plus importans. L'histoire des sciences est une partie fort intéressante de nos études, mais elle est tout-à-fait distincte de la science même. Au surplus, nous donnerons avec la dernière partie de cet ouvrage, c'est-à-dire avec la section d'*astronomie*, une liste des meilleurs auteurs qui ont traité les différentes parties de la science.

L'auteur terminera par cette observation en faveur de ceux qui désirent pousser plus loin leurs études, c'est qu'il n'est point de traité de philosophie naturelle qui puisse les dispenser d'expériences directes; ils ne pourront donc mieux faire que de suivre des cours publics, et de chercher à voir en quelque sorte par leurs yeux. Tout ce qui frappe les sens laisse des impressions bien plus profondes que le discours, quelque animé, quelque coloré qu'il puisse être. Il n'est point d'homme, enfin, qui se soit distingué par ses connaissances en physique, en chimie ou en physiologie, sans avoir acquis une certaine *familiarité pratique* avec les objets eux-mêmes. Le conseil que nous donnons ici est facile à suivre à l'époque où nous sommes arrivés, car jamais peut-être on n'eût plus de facilités pour acquérir des connaissances utiles; une multitude d'institutions scientifiques sont élevées et s'élèvent encore de toutes parts, non-seulement en Angleterre, mais chez presque toutes les nations civilisées.

On ne trouvera peut-être point dans cet ouvrage tout le poli, toute la perfection de style qu'on pourrait désirer ; mais les sujets qui y sont traités sont assez intéressans par eux-mêmes pour faire fermer les yeux sur ces défauts, si l'on rencontre d'ailleurs dans l'exposition des faits la clarté et la précision indispensables dans un ouvrage de science.

ÉLÉMENS

DE

PHILOSOPHIE NATURELLE.

COUP-D'OEIL GÉNÉRAL SUR LES DIVISIONS DE L'OUVRAGE.

Nous nous étonnons que les matériaux d'un vaste édifice, d'une grande cité même, aient pu être extraits d'une seule et même carrière ; mais il est bien plus surprenant encore que la structure sublime de l'univers, avec tous les phénomènes qu'il nous présente, ne soient que le résultat de la combinaison d'élémens peu nombreux.

En effet, les quatre mots *atomes*, *attraction*, *répulsion*, *inertie*, rappellent les quatre vérités très-générales qui suffisent à l'explication de la plus grande partie des phénomènes naturels. Ces vérités, à cause de leur généralité même, ont reçu le nom de vérités *physiques*, du mot grec qui signifie *nature*. Cette dénomination sert à les distinguer des vérités *chimiques*, qui sont beaucoup moins générales, et des vérités *physiologiques*, qui ne s'appliquent qu'aux corps vivans.

Ces actions chimiques ou physiologiques peuvent bien modifier les actions physiques, mais elles ne les anéantissent jamais.

Les quatre vérités que rappellent les mots *atome*,

attraction, *répulsion* et *inertie*, sont donc fondamentales ; ce sont des flambeaux qui éclairent
les secrets de la nature, ce sont les clefs qui en
ouvrent les trésors. Donnons une idée de ces
expressions :

1° ATOME. (D'un mot grec qu'on appliquait
à ce qui ne pouvait plus être divisé.) Nous appelons atomes les dernières particules d'un corps.
L'univers visible n'est qu'un composé d'atomes
retenus les uns aux autres sous forme de masses, par l'influence de la force que nous nommons attraction.

2° ATTRACTION. C'est la force en vertu de laquelle les atomes isolés ou réunis en masses,
tendent vers d'autres atomes ou d'autres masses ;
cette force dépend de leur rapprochement : —
la chute des graves, les marées, sont, comme
nous le verrons plus loin, les effets de l'attraction.

3° RÉPULSION. C'est la force en vertu de laquelle les atomes, sous l'influence de certaines
circonstances, comme la chaleur, par exemple,
tendent à se séparer, font des efforts pour
vaincre l'attraction qui les avait réunis : — l'action de la vapeur, l'explosion de la poudre,
sont des effets de la répulsion.

4° INERTIE. Dire que la matière est inerte,
c'est dire qu'elle est indifférente au repos comme
au mouvement. L'inertie est donc la propriété
en vertu de laquelle les atomes matériels persistent dans leur état actuel, quel qu'il soit ; —

d'où l'on voit que les corps n'acquièrent ou ne perdent du mouvement que proportionnellement à la force qui agit sur eux. — La rotation continuelle de la terre est une suite de l'inertie de la matière.

Cet ouvrage tout entier peut être considéré comme le développement de ces quatre expressions, développement qui donne naissance aux divisions suivantes :

PREMIÈRE PARTIE.

CONSTITUTION DE LA MATIÈRE.

STATIQUE et DYNAMIQUE.

Application à l'art médical ou MÉCANIQUE ANIMALE.

} Formant la MÉCANIQUE DES SOLIDES. } MÉCANIQUE, TOME I.

DEUXIÈME PARTIE.

HYDROSTATIQUE et HYDRODYNAMIQUE.

PNEUMATIQUE.

ACOUSTIQUE.

Application de ces quatre parties à l'ART MÉDICAL.

} Formant la MÉCANIQUE DES FLUIDES. } MÉCANIQUE, TOME II.

TROISIÈME PARTIE.

CALORIQUE.

LUMIÈRE.

ÉLECTRICITÉ et MAGNÉTISME.

Application à l'ART MÉDICAL ou PHYSIQUE ANIMALE.

} PHYSIQUE PROPREMENT DITE.

QUATRIÈME PARTIE.

ELÉMENS D'ASTRONOMIE . . . . ASTRONOMIE.

NOTE DU TRADUCTEUR

On donne le nom de formule à l'indication générale des opérations numériques à faire pour trouver les quantités inconnues dans toutes les questions de même espèce, c'est-à-dire dans celles qui ne diffèrent que par les nombres qui entrent dans ces questions.

Ainsi, page 81,

$$ e = \frac{1}{2}\, g\, t^2 \qquad\qquad v = g\, t\, \ldots\, $$

sont des formules.

Or, il n'est point indispensable de savoir l'algèbre pour faire usage de ces expressions, c'est-à-dire pour arriver par leur emploi au même résultat que le mathématicien le plus habile, il suffit de savoir les *lire*, et cela est assez facile. Faisons d'abord connaître les signes dont on fait usage pour indiquer les opérations arithmétiques à effectuer.

1° L'*addition* de plusieurs quantités s'écrit en plaçant le signe $+$ entre les nombres qu'on veut ajouter; on l'énonce *plus*. Remarquons toutefois que lorsqu'une quantité n'est précédée d'aucun signe, elle est censée précédée du signe $+$.

2° Toute quantité précédée du signe $-$ (qu'on énonce *moins*) indique qu'elle doit être soustraite.

3° Il y a plusieurs manières d'indiquer la *multiplication*: ou l'on place le signe $\times$ (qu'on énonce *multiplié par*) entre les quantités; ou l'on rapproche ces quantités l'une de l'autre sans interposition de signe. Ainsi dans la formule ci-dessus $v = g\, t$, on voit que la quantité g doit être multipliée par la quantité t; c'est comme s'il y avait $g \times t$.

4° Il y a aussi plusieurs manières d'indiquer la *division*, mais plus ordinairement on se contente de séparer le dividende du diviseur par un trait, ce dividende occupant le rang supérieur. Ainsi, $\dfrac{12}{4}$; $\dfrac{a}{b}$ indiquent qu'il faut, dans le premier exemple, diviser douze par quatre; dans le second qu'il faut diviser a par b.

5° Le signe $=$ interposé entre deux quantités ou deux séries de quantités, indique que tout ce qui se trouve à gauche est *égal* à tout ce qui se trouve à droite. Ainsi, $v = g\, t$, signifie que la quantité v est égale au produit de g par t.

De même (page 119)

$$ u = \frac{2\, M V}{M + M'}\,, $$

indique que la quantité u égale le double du produit de M par V, divisé par la somme des quantités M et M'.

On donne le nom d'*équation* à ces expressions $v = g\,t$; $u = \dfrac{2\,M\,V}{M+M'}$ dans lesquelles entre le signe de l'égalité $=$. Toutes les quantités situées à gauche du signe, forment ce qu'on appelle le *premier membre* de l'équation; toutes celles qui sont à droite forment le *second membre*.

6° Lorsqu'une quantité se multiplie elle-même une ou plusieurs fois, on est convenu, au lieu de répéter le signe de la multiplication ainsi que la quantité, de n'écrire cette quantité qu'une seule fois, et de placer à sa droite et un peu au-dessus d'elle, un petit chiffre nommé *exposant*, qui indique combien de fois cette lettre est facteur. Ainsi, au lieu de $2 \times 2 \times 2$, on écrirait 2^3; au lieu de 2×2, on écrirait 2^2; au lieu de $4 \times 4 \times 4 \times 4 \times 4$, on écrirait 4^5; de même, au lieu de $t \times t$, on écrit t^2, comme dans la formule déjà citée $e = \dfrac{1}{2}\,g\,t^2$, qui revient dès-lors à celle-ci : $e = \dfrac{1}{2} \times g \times t \times t$.

7° Enfin, pour indiquer l'opération inverse de cette dernière, c'est-à-dire une extraction de racine, on place la quantité dont on veut extraire la racine sous le signe $\sqrt{\ }$, qu'on nomme *radical*; de plus, on met entre les branches de ce signe, un chiffre qui marque le degré de la racine à extraire.

$\sqrt[2]{36}$ signifie racine quarrée de 36.

$\sqrt[3]{a\,b}$ signifie racine troisième ou cubique, du produit de a par b. .

$\sqrt[4]{\dfrac{a}{bc}}$ signifie racine quatrième de la quantité a divisée par le produit de b par c. Lorsque le radical ne porte point d'indice, c'est qu'on a sous-entendu l'indice 2.

Ainsi, $\sqrt[2]{36}$ ou $\sqrt{36}$, signifie la même chose.

$\sqrt{2\,g\,e}$, page 81, est la même chose que $\sqrt[2]{2\,g\,e}$.

8° Remarquons, enfin, qu'un signe qui précède une série de quantités comprises entre parenthèses, affecte toutes les quantités comprises entre ces parenthèses; mais il est souvent plus commode dans le calcul d'évaluer d'abord le résultat des opérations indiquées dans la parenthèse, et de l'affecter ensuite du signe qui la précédait. Ainsi, par exemple, si l'on avait cette expression :

$$(34 - 8) \times (6 + 4),$$

on ne multiplierait point immédiatement $34 - 8$ par $6 + 4$; mais on dirait $34 - 8 = 26$, $6 + 4 = 10$, et l'expression $(34 - 8) \times (6 + 4)$, se trouverait ainsi transformée en celle-ci : 26×10, qui équivaut à 260.

Mais quelques exemples éclairciront tout ceci; reprenons l'équation ou la formule

$$e = \frac{1}{2} g t^2,$$

qui (page 81) indique d'une manière générale la suite des opérations à faire pour trouver, après un temps quelconque, l'espace parcouru par un corps qui tombe librement en vertu de la pesanteur.

e, ainsi qu'il est indiqué dans la note, représente cet espace.

t est le temps en secondes.

g la gravité, dont la même note donne la valeur pour Paris, qui est, en mètres, 9.8 approximativement, ou en pieds 30 . 19. . . .

Cela posé, demandons-nous quel espace parcourrait un corps qui tomberait pendant quatre secondes.

On voit que pour le cas particulier dont il s'agit, l'expression générale

$$e = \frac{1}{2} g t^2,$$

devient $e = \frac{1}{2} \times 9 . 8 \times 4 \times 4$, qui, en effectuant les opérations indiquées se change en

$$e = (4.9..) \times 4 \times 4 = (4.9..) \times 16 = \text{enfin } 78^m . 4,$$

c'est-à-dire que l'espace parcouru en 4 secondes par un corps qui tombe librement, est 78 mètres $\frac{4}{10}$. On peut voir plusieurs autres exemples de l'emploi des formules à la page 83. En voici encore quelques-uns :

On veut élever une pierre pesant 968 livres, au moyen d'un treuil dans lequel le rayon du cylindre est au rayon de la roue comme 2 est à 9; quel poids faut-il appliquer à la roue?

On a, page 168, pour la relation d'équilibre :

$$P r = R r', \text{ qui revient à } P = \frac{R r'}{r},$$

dans laquelle *P* est la puissance (c'est la quantité que nous cherchons ici), *R* la résistance, qui, pour le cas actuel, est 968 livres, *r* le rayon de la roue, qui est ici 9; enfin, *r'* est le rayon du cylindre, dont la valeur est 2; la formule devient donc, en remplaçant les lettres par leurs valeurs :

$$P = \frac{968 \times 2}{9} = \frac{1936}{9} = 215 \frac{1}{9}.$$

Ainsi, un poids de 215 livres $\frac{1}{9}$ ferait équilibre à un poids de 968 livres, au moyen d'un tel système, et 216 livres suffiraient pour mettre les 968 livres en mouvement.

On voit ici que de l'expression $P r = R r'$, nous avons tiré $P = \frac{R r'}{r}$.

Ces transformations sont toujours permises, car on ne fait ainsi que faire subir à deux quantités égales des changemens qui, en se compensant de part et d'autre, ne détruisent point l'égalité. Ainsi, l'on a divisé le premier membre $P\,r$ par r, et le second membre $R\,r'$ par la même quantité, ce qui n'a pu détruire la relation d'égalité qui existait. C'est ainsi que (page 173) de l'équation $P\,l = R\,h$, on tirerait toutes celles-ci :

$$P = \frac{R\,h}{l} \qquad\qquad l = \frac{R\,h}{P}$$

$$R = \frac{P\,l}{h} \qquad\qquad h = \frac{P\,l}{R},$$

qui feraient connaître l'une des quatre quantités qui entrent dans la formule, lorsqu'on connaît les trois autres.

Voici, au surplus, quelques-uns des changemens qu'on peut faire subir aux équations sans altérer l'égalité.

1° On peut changer de membre un terme quelconque, pourvu qu'on change le signe de ce terme. Ainsi, si l'on avait :

$a + b - d = h + g$, on pourrait le transformer en

$a = h + g - b + d$, ou bien encore en $h = a + b - d - g$, moyen commode, comme on le voit, pour isoler la quantité dont on cherche la valeur, c'est-à-dire pour réduire l'équation à ne contenir dans un membre que le terme inconnu, tous les termes connus étant dans l'autre.

2° Lorsque l'inconnue ou la quantité dont on cherche la valeur est affectée d'un multiplicateur, on la dégage de ce multiplicateur en divisant les deux membres de l'équation par ce facteur. C'est ainsi que de

$$P\,l = R\,h, \text{ nous avons tiré } P = \frac{R\,h}{l}$$

et toutes les valeurs ci-dessus.

3° Quand une équation a des fractions, on peut, en multipliant tous les termes par le nombre qui peut servir de dénominateur commun à toutes ces fractions, chasser ce dénominateur.

Il est encore d'autres transformations qu'on peut faire subir à ces expressions, et pour lesquelles nous renvoyons aux Traités d'Algèbre; celles-ci suffisent à notre but.

MÉCANIQUE
DES SOLIDES.

PREMIÈRE PARTIE.

EXAMEN DES QUATRE VÉRITÉS FONDAMENTALES QUI EXPLIQUENT LA NATURE OU LA CONSTITUTION DES MASSES MATÉRIELLES DONT SE COMPOSE L'UNIVERS, LEUR MOUVEMENT ET LES PHÉNOMÈNES QUE PRODUISENT LEUR INFLUENCE MUTUELLE.

SECTION PREMIÈRE.

CONSTITUTION DES MASSES MATÉRIELLES.

ANALYSE DE LA SECTION.

L'Univers matériel se compose d'ATOMES excessivement petits et indestructibles, qui, par leur ATTRACTION mutuelle, adhèrent les uns aux autres, et forment des masses de grandeur et de forme diverses. Les atomes sont plus ou moins rapprochés, selon la quantité de calorique qui leur est communiquée, ou la moins ou plus grande RÉPULSION de cet agent; d'où dérivent les trois états principaux de la matière : l'état solide, l'état liquide, et l'état gazeux ou aériforme, par lesquels elle peut successivement passer.

C'est encore par suite de certaines modifications d'attraction et de répulsion, que les corps sont cristallins, denses, durs, élastiques, cassans, malléables, ductiles et tenaces.

⁎ Atomes excessivement petits et indestructibles (1). ⁎

La dernière parcelle de matière que l'œil humain puisse percevoir est encore une masse composée d'un grand nombre de particules, qui peuvent être séparées, qu'on peut placer dans un ordre différent, mais qu'il est cependant impossible d'anéantir jamais.

Une particule de marbre en poussière, à peine visible à l'œil nu, paraît encore, à l'œil armé d'un microscope, un bloc susceptible de divisions indéfinies; cependant, qu'à l'aide d'instrumens convenables, on réduise encore cette particule en particules infiniment petites, dont toutes les ressources de l'optique ne pourront que difficilement indiquer la présence, et chacune d'elles pourra encore être divisée en une infinité d'autres, être dissoute dans un acide, et se partager entre toutes les parties d'un liquide, sans en troubler la transparence.

Une petite masse d'or pourra être réduite en une feuille extrêmement légère, étirée en un fil délié, ou coupée en parties presqu'invisibles, ou liquéfiée dans un creuset, ou dissoute dans un acide, ou dissipée et réduite en vapeur par une chaleur intense; et cependant, après avoir passé par l'un de ces états, par tous même successivement, il serait possible de recueillir ces atomes, et de reformer la masse primitive sans la plus légère diminution dans son poids. Il en est de même

---

(1) Les différens titres imprimés en italique et ainsi placés entre des astérisques, dans tout le cours de l'ouvrage, sont des fractions de l'analyse qu'on lit en tête de la section, et qu'on isole pour être étudiées séparément. Le lecteur devra parcourir cette analyse à chaque interruption, s'il veut avoir une idée bien nette du rapport des parties entre elles. *L'analyse* est comme une carte générale, et les fractions comme les cartes particulières des différens domaines de la science:

de toutes les substances, de tous les élémens dont se compose notre globe; qu'on les brise, qu'on les déchire, qu'on les dissolve, qu'on les pulvérise mille et mille fois, et il serait encore possible de recueillir la substance entière qui en formait la masse.

Il n'est pas jusqu'aux combinaisons délicates de ces élémens, dans les matières végétales ou animales, dont le chimiste habile ne puisse aujourd'hui recueillir les moindres particules. C'est en vain que par leur décomposition et leur destruction apparente, elles penseraient échapper à son art; bien qu'il ne lui soit point donné de les construire de toutes pièces, bien qu'il lui soit même souvent impossible de les imiter, pas un atome ne lui échappe. Tout périt donc, mais tout se renouvelle; les élémens se dissolvent, se séparent, mais pour aller former de nouveaux composés, pour entrer dans de nouvelles combinaisons; et depuis la houille qui nous chauffe, en ne laissant qu'un peu de cendres, jusqu'à la bougie qui nous éclaire, et dont il ne reste aucune trace, rien n'est perdu; et séparées ou combinées, le chimiste pourrait en recueillir toutes les parties.

Ces bûchers funéraires de l'antiquité, sur lesquels les amis du défunt se plaisaient à consumer l'enveloppe matérielle d'une âme noble et chérie, ne remplissaient donc que bien imparfaitement l'objet auquel ils étaient destinés, et le feu qui semblait avoir dévoré tout ce qui n'était point cette âme elle-même, n'avait servi, pour ainsi dire, qu'à séparer les matériaux d'un ancien édifice, pour les faire entrer dans la construction d'un nouveau.

* Ténuité des atomes. *

Les batteurs d'or réduisent ce métal en feuilles tellement minces, qu'il en entre 360,000 dans l'épaisseur d'un

1 *

pouce. — Si l'on en formait un livre, 1800 n'auraient pas plus d'épaisseur qu'un feuillet de papier commun ; de sorte qu'un volume de l'épaisseur d'un pouce aurait autant de pages que tous les volumes d'un cabinet de lecture bien monté, en accordant à ce dernier 1800 volumes de 400 pages : et cependant, ces feuilles sont parfaites, sans aucun trou ; et il suffit d'en appliquer une seule sur une surface, pour lui donner l'apparence de l'or pur.

Mais plus fine encore est l'enveloppe dorée des fils d'argent de nos galons, épaulettes, etc., et rien ne nous indique cependant que cette enveloppe n'ait que l'épaisseur d'un atome.

Le platine et l'argent s'étirent en fils bien plus fins que les cheveux.

Un seul grain de carmin suffit pour teindre plus de quatre litres d'eau, de manière à ce que chaque goutte de la liqueur soit très-distinctement colorée.

Un grain de musc qui, pendant vingt années, aura embaumé une chambre, n'aura perdu qu'une très-petite partie de son poids.

Le corbeau sent à plusieurs milles de distance la charogne sur laquelle il doit se repaître.

Les fils du ver à soie sont d'une telle ténuité, qu'il en entre un grand nombre dans la plus fine soie à coudre ; mais cette ténuité n'est rien, comparée à celle du fil de l'araignée. Un poids de quatre grammes de ce fil pourrait être étendu de Londres à Édimbourg, c'est-à-dire sur une longueur de 400 milles.

L'œil armé du microscope découvre dans la laite d'une morue, dans l'infusion de certains végétaux, des milliers d'animalcules qui, rapprochés, n'occuperaient point l'espace d'un grain de sable ; et ces animaux ont leur sang et leurs organes comme les plus gros animaux ; il semble même que la nature, par une prodigalité singulière, se soit plu à les doter d'organes plus complexes que ceux de l'éléphant ou de la baleine. Eh bien ! le corps de ces animaux microscopiques se compose des mêmes substances, des mêmes atomes que le corps humain.

Il peut donc y avoir, dans une livre de matière, un nombre de créatures vivantes qui surpasse la population de la terre toute entière. Quelles scènes intéressantes le microscope ne présente-t-il pas au philosophe !

L'eau, le mercure, le soufre, une substance quelconque soumise à une chaleur suffisante, se résout en une vapeur invisible, ou, si l'on veut, se gazéifie. Une chaleur énorme suffirait donc pour faire disparaître l'univers, et transformer toutes les matières qui le composent, en un fluide invisible et pénétrable, comme l'air que nous respirons. Ne semble-t-il pas que, de degré en degré, on arriverait ainsi à l'anéantissement complet de la matière !

* Matière. *

L'excessive petitesse des derniers atomes a fait concevoir à quelques philosophes des doutes sur l'existence de la matière, c'est-à-dire qu'ils se sont demandé si la matière existait ou n'existait pas. On a répondu à ces doutes par l'indestructibilité des atomes, propriété assez concluante en faveur de cette existence ; mais on peut y ajouter la propriété que possède un corps d'occuper un espace, à l'exclusion de tout autre corps, et c'est peut-être la notion la plus simple et la plus complète qu'on puisse avoir de la matière. On a exprimé cette propriété d'occuper un certain espace, par le mot *impénétrabilité*, qui ne peut, à la rigueur, s'appliquer qu'aux atomes, et non point aux réunions d'atomes, c'est-à-dire aux corps. Quelques exemples éclairciront ces principes.

On ne peut faire entrer une bille dans la substance d'une autre bille, ni une seconde, ni une troisième, ni......; car alors tout l'univers se réduirait à un seul point.

Une masse de fer posée sur un support, résistera à la pression de plusieurs milliers de livres placées au-dessus d'elle, et qui chercheront, pour ainsi dire, à venir occuper sa place; et, bien qu'en augmentant ce poids, la masse de fer puisse être écrasée, réduite en poudre même, il n'en est pas moins vrai que chaque particule de la masse occupera un espace, et qu'elle ne pourra être anéantie : des milliers de livres ne pourraient abaisser le piston de la presse de Bramah, à moins qu'on ne laisse échapper l'eau située au-dessous de ce piston.

Un poids placé sur des vessies remplies d'air, ou sur le manche du piston d'une pompe de condensation, se trouve supporté de la même manière, en vertu de l'impénétrabilité.

Un tube de verre qu'on ferme d'un côté avec le pouce, et dont on plonge l'autre extrémité dans l'eau, ne se remplit point de liquide, parce que l'air qu'il contient résiste ou ne se laisse point pénétrer; si l'on ôte le pouce, le liquide monte jusqu'à la hauteur de son niveau dans le vase.

Il en est de même d'un gobelet qu'on renverserait sur l'eau, le liquide n'y pénétrerait point, et si au-dessous de ce gobelet on plaçait une chandelle allumée sur une pièce flottante, cette chandelle y brûlerait pendant un temps proportionné à la grandeur du vase; mais elle y brûlerait à quelque profondeur que le gobelet fût plongé, présentant ainsi l'emblême du plongeur dans sa cloche : car la cloche à plonger n'est autre

chose qu'un énorme gobelet, qui renferme un homme
au lieu d'une chandelle.

* *Attraction mutuelle.* *

Toute masse de matière se compose, comme nous
l'avons vu, d'une poussière d'atomes, s'il est permis de
s'exprimer ainsi, qui adhèrent les uns aux autres avec
une certaine force. Or, ces atomes ne sont sans doute
point crochus, ce ne sont point non plus des clous qui
les retiennent, ni de la colle ; car leur connexion peut
être rompue des milliers de fois, et ils sont toujours
disposés à une nouvelle adhérence ; la force qui les retient ne pouvant pas plus s'épuiser qu'on n'épuiserait
le poids d'un corps en le soulevant perpétuellement et
le laissant retomber sur la terre. Quelle est donc cette
cause ? Nous n'en connaissons point la nature ; nous
en voyons les effets, et nous la nommons *attraction ;*
c'est là toute la définition que nous pouvons en donner.
Les phénomènes d'attraction et de répulsion qui se
passent entre des corps situés à de grandes distances,
sont peut-être les plus extraordinaires que l'esprit humain puisse contempler. Les lois qui régissent ces phénomènes sont aujourd'hui bien connues, comme les
faits nous le prouveront. Donnons une idée des effets de
l'attraction, et de l'étendue, de la portée de son influence.

Deux bûches, flottant à la surface d'une eau stagnante,
se rapprochent et ne se quittent plus.

Les débris d'un vaisseau naufragé se rassemblent souvent en une seule masse, lorsque le calme a succédé à
la tempête.

La balance de torsion (que nous décrirons plus loin),
prouve invariablement que deux balles suspendues à
une petite distance l'une de l'autre, s'attirent mutuel-

lement, et se rapprochent de sorte que les fils de suspension ne sont point parfaitement verticaux.

Un fil à plomb, suspendu auprès d'une montagne, dévie de la verticale d'une quantité proportionnelle à la masse de cette montagne : c'est ce qu'ont prouvé les célèbres expériences du docteur Maskelyne, au pied des monts Schehalliens, en Ecosse.

Et ce qui fait que le fil à plomb tend avec plus de force vers la terre que vers la montagne, c'est que la terre a plus de masse que celle-ci.

A la Nouvelle-Galles, située à la surface du globe, en un point presque diamétralement opposé à l'Angleterre, les fils à plomb tendent comme ici vers le centre du globe, et les habitans ont leurs pieds opposés aux nôtres. Nous sommes donc situés les uns aux autres comme deux mouches qui marchent, l'une sur la face antérieure d'un carreau, et l'autre sur la face postérieure ; c'est-à-dire que nous sommes les antipodes les uns des autres. Le poids des corps n'est donc qu'un effet de l'attraction générale, qui s'exerce en tous lieux.

Mais c'est encore à cette attraction que notre globe doit sa forme ; toutes les parties tendant vers un point unique, il en devait résulter une sphère.

Mais la lune aussi est sphérique et toutes les planètes, et le soleil lui-même, dont la masse est si énorme comparativement à celle de notre globe : ces corps ont donc été fluides, ils sont donc tous soumis à la même loi.

Descendons sur la terre, et nous trouverons une infinité d'exemples de formes sphériques dérivant de la même cause ; nous citerons et les globules vésiculaires du brouillard, qui s'attirent mutuellement et se résolvent en pluie ; et les gouttelettes de rosée, et l'eau qui roule sur l'aile du cygne, et la larme qui s'échappe de l'œil, et les globules de mercure qui, semblables à des perles argentées , se rapprochent pour se transformer en globules plus gros ; le plomb en fusion , enfin , qu'on laisse tomber d'un crible élevé , se refroidit en descendant , et conserve la forme sphérique de ses gouttelettes liquides , qui deviennent une arme dans les mains du chasseur.

Le pouvoir de l'attraction s'étend à toute distance ; car c'est encore en vertu de l'attraction que la lune , d'une distance de 85,928 lieues , soulève les eaux de l'océan , et offre à nos yeux le singulier spectacle des marées ; que le soleil , réunissant sa puissance attractive à celle de notre satellite , conspire avec lui à la production de ces marées extraordinaires de l'équinoxe ; et les planètes , qui ne nous paraissent que de petits points errans dans l'espace , affectent le mouvement de notre globe dans son orbite , l'accélèrent lorsqu'il s'approche d'elles , le retardent lorsqu'il s'en éloigne.

L'attraction , de même que l'intensité de la lumière , est d'autant plus forte , que les corps sont plus rapprochés.

Une planche d'un pied quarré , située à une certaine distance d'un point lumineux , intercepte toute la lumière que ce point pourrait projeter sur une planche de deux pieds en quarré, située à une distance double; mais la planche de deux pieds en quarré a quatre fois plus de surface que celle qui n'a qu'un pied , et par conséquent la même lumière répandue sur la grande surface (qui est quatre fois plus grande) n'aurait que le quart de son intensité. La figure (1) explique ces notions d'une manière fort simple. *C* est le point lumineux , *AB* est la planche d'un pied placée, à quelque distance de ce point, *ED* est la planche qui reçoit l'ombre ; elle est située à une distance double, et le côté de son quarré est double;

un quart de cette surface *FD* est donc égal à la surface entière de la première planche *AB*; c'est ainsi qu'il faut quatre fois plus de papier pour recouvrir un globe de deux pieds de diamètre, que pour un globe d'un pied.

L'intensité de la lumière, l'intensité de l'attraction, et toutes les actions en général qui s'exercent d'un point central, décroissent dans la même proportion, c'est-à-dire, comme la surface des quarrés qui s'interceptent la lumière dans notre figure, ou, comme on le dit, *en raison inverse du quarré de la distance*. Ainsi les distances étant 1   2   3   4   5
Les intensités sont où l'action des forces sont . . . . 1 $\frac{1}{4}$ $\frac{1}{9}$ $\frac{1}{16}$ $\frac{1}{25}$.

Puisque le poids des corps n'est qu'un effet de l'attraction, puisque cette attraction s'accroît avec la distance, les corps peseront donc de moins en moins à mesure qu'ils s'élèveront ou qu'ils s'éloigneront du centre de la terre; c'est en effet ce qui a lieu, et ce que l'expérience a prouvé: un poids de mille livres au niveau des mers ne pèse plus que 995 livres au sommet d'une montagne suffisamment élevée, ou dans la nacelle d'un ballon; il est clair que cette expérience n'a pu être faite avec une balance ordinaire, on y a employé un peson à ressort.

A la distance de la lune ce poids de mille livres, ou la force avec laquelle il tendrait vers la terre, serait réduit à cinq onces, ainsi que le prouve l'astronomie.

L'attraction a reçu des noms divers, suivant les circonstances dans lesquelles elle agit, tels que ceux de gravitation, de cohésion, de capillarité, d'attraction chimique ou d'affinité.

Elle prend le nom de *gravitation* lorsqu'elle agit à des distances sensibles; c'est donc par l'effet de la gra-

vitation que la lune soulève l'océan dans les marées ; —
que le soleil et la terre s'attirent réciproquement ; — la
chute d'une pierre en est un autre exemple, ainsi que la
plupart des faits énumérés page 8.

Elle a reçu celui de *cohésion* , lorsque son action s'exerce
à des distances excessivement petites, comme celle
qui sépare les atomes les uns des autres dans une
masse matérielle.

Il peut paraître surprenant au premier abord, que ce
soit la même cause qui attire vers le globe une masse de
fer avec la force modérée, qu'on appelle son poids, et
celle qui en fait adhérer les atomes avec une force si extraordinaire ; mais si l'on se rappelle que l'attraction est
d'autant plus forte que les substances qui y sont soumises sont plus rapprochées, toute difficulté disparaît.
Les atomes, en contact absolu, se trouveraient des millions de millions de fois plus rapprochés qu'à la distance
de trois lignes seulement, et dès-lors si le calorique
répandu dans les atomes d'une masse cohérente ne les
écarte que modérément, ils doivent adhérer les uns
aux autres avec une grande force.

Si la surface des corps n'était point, en général, si
rude et si inégale, que lorsqu'on les applique l'une sur
l'autre, il n'y a peut-être pas six points qui se touchent
sur un million, un contact accidentel les ferait adhérer
les uns aux autres avec une force qu'il serait difficile de
vaincre. Les exemples suivans montreront l'influence du
poli des surfaces sur la cohésion ; nous verrons cependant un peu plus loin, que les aspérités ne sont point
les seules causes qui s'opposent à la cohésion.

Si, au moyen d'un couteau bien propre, on coupe
dans deux balles de plomb des portions semblables, et
qu'on applique l'une contre l'autre les surfaces fraîche-

ment découvertes , en donnant un léger mouvement de torsion , on trouvera que ces balles adhéreront avec une force presque aussi grande que si elles eussent été fondues ensemble.

Les surfaces fraîchement coupées dans un morceau de gomme élastique , adhèrent de la même manière. On a mis cette loi à profit pour construire avec cette substance des tubes imperméables. Il suffit de couper des bandelettes qu'on enroule en spirale sur une tige cylindrique , et de rapprocher les différentes parties de l'hélice , de manière que les bords de ces bandelettes se touchent bien parfaitement ; on les maintient ainsi pendant quelque temps avec un ruban de fil qu'on enroule par-dessus la bandelette , le long des sections.

Deux plateaux de verre ou de marbre , parfaitement polis , adhèrent avec une grande force lorsqu'on les applique l'un sur l'autre ; il en est de même de toutes les surfaces sans aspérités.

Les faits suivans offrent des exemples de cohésion entre un liquide et un solide , et entre les particules d'un liquide.

Un plateau de verre suspendu à l'extrémité d'une romaine , et équilibré par un contre-poids , étant mis en contact avec la surface de l'eau , adhère à cette surface avec une force supérieure au poids de l'eau qu'il retient lorsqu'on est parvenu à le soulever. S'il n'y avait point de cohésion ou d'attraction entre les molécules de l'eau , il suffirait d'ajouter au contre-poids le poids de l'eau retenue à la surface du verre.

Lorsqu'on verse l'eau retenue dans un vase qui n'a point de goulcau , au lieu de tomber verticalement , elle coule le long de sa paroi , en vertu de l'attraction qui s'exerce entre elle et le liquide.

Les molécules aqueuses ont une cohésion telle, qu'on peut faire flotter à la surface du liquide de petites aiguilles, en les y posant avec précaution. — Le poids de ces aiguilles n'est point assez fort pour vaincre la cohésion des molécules liquides.

Ce fait explique comment les petits insectes peuvent marcher à la surface de l'eau sans se mouiller.

C'est principalement la différence de force de cohésion dans les différens liquides, qui détermine le volume de leurs gouttes. — Soixante gouttes d'eau occupent le même espace que cent gouttes de laudanum versées par un même goulot.

Dans une grande masse de liquide, l'attraction qui tendrait à grouper les molécules autour d'un centre, c'est-à-dire, à donner au groupe une forme sphérique, est vaincue par la force attractive qui s'exerce du centre de la terre; la masse liquide prend alors ce qu'on appelle un niveau, c'est-à-dire que sa surface n'est plus que le prolongement de la surface rationnelle de la terre.

L'attraction se nomme capillaire, lorsqu'elle s'exerce entre un liquide et un solide poreux ou tubuleux.

Lorsqu'on plonge partiellement dans l'eau un tube de verre percé d'un canal étroit, ce liquide y monte au-dessus du niveau extérieur, et cette hauteur d'ascension est d'autant plus grande que le diamètre du tube est plus petit. — Le verre attire le liquide qui s'en trouve très-voisin, et celui-ci agissant sur ses propres molécules, les entraîne et les force à monter.

Entre deux lames de verre parallèles et très-rapprochées, l'eau s'élève par la même cause; et si l'on fait faire aux deux lames un petit angle, en joignant deux arêtes verticales et maintenant un peu écartées les

deux arêtes opposées, ce liquide s'élance dans l'intervalle à une hauteur d'autant plus grande que la distance
d'un point pris dans une lame, au point correspondant
dans l'autre, est plus petite.

Il forme ainsi une courbe que les mathématiciens appellent hyperbole, et dont les asymptotes sont les arêtes verticales contiguës, et le niveau de l'eau dans le
vase.

Une éponge, un morceau de sucre, dont on expose
une petite surface au contact de l'eau, se remplissent
bientôt totalement de liquide.

La mèche de la lampe pompe l'huile nécessaire à la
combustion, à une profondeur de deux et trois pouces.

Lorsqu'on fait plonger un faisceau de coton en fil,
dans le liquide qui remplit un vase, et que ce faisceau
passant par-dessus le bord se reploie en dehors, on voit
le liquide stiller et dégoutter à l'extérieur, et se vider à
la longue comme si l'on avait employé un syphon. — Un
morceau de linge peut quelquefois vider un vase d'un
seul coup.

Si l'on mouille des coins de bois bien sec, introduits
avec force dans une rainure pratiquée autour d'une colonne, ils renfleront assez pour la briser. C'est par un
procédé semblable qu'on exploite quelques carrières en
Allemagne.

On peut élever un poids énorme, d'une petite quantité
il est vrai, en le suspendant à un cordage sec, et qu'on
mouille ensuite. — L'eau qui pénètre les pores du cordage le fait renfler, c'est-à-dire, augmente son diamètre
aux dépens de sa longueur.

On croyait, à une certaine époque de l'histoire des
sciences, que la sève des végétaux montait de la racine à
la partie supérieure de la plante, en vertu de l'attraction
capillaire ; on a reconnu depuis que cette ascension

était un effet principalement dû à l'action organique, qu'elle était un des phénomènes de la vie végétative.

L'attraction a reçu le nom *d'attraction chimique* ou *d'affinité*, lorsqu'elle réunit les atomes de plusieurs substances distinctes, ou lorsqu'elle forme des composés parfaits.

Dans l'état actuel de la science, on reconnaît dans la nature une cinquantaine de substances distinctes, tels que les quarante métaux, le soufre, le phosphore, etc., qu'on appellera élémens aussi long-temps qu'on ne sera point parvenu à les décomposer ; mais on ignore encore si ces substances sont originairement et essentiellement différentes, ou si, au contraire, elles ne sont que des modifications d'une matière simple, unique et primordiale. — Le diamant, malgré son éclat, est exactement la même substance que le carbone pur, dont la couleur est noire, ou plutôt il ne diffère de ce dernier que par la disposition, l'arrangement des atomes. — La chimie ne découvre de différence entre l'acier mou, dont le graveur coupe la surface avec autant de facilité que celle du cuivre, et l'acier qui a reçu la trempe, que la dureté de ce dernier peu inférieure à celle du diamant. On sait, sans doute, que cette trempe ne consiste qu'à exposer l'acier à une chaleur rouge, et à le refroidir subitement. Cependant, ces différences sont plus grandes encore que celles que nous offrent d'autres substances, que l'on regarde aujourd'hui comme essentiellement distinctes.

On remarque cependant, que les atomes de ces dernières substances n'adhèrent point, ne s'unissent point les uns aux autres indifféremment. — Il existe entre eux des sympathies et des antipathies singulières ; il n'est pas moins digne de remarque, que de la combinaison de ces atomes, il résulte des composés qui ne ressemblent plus en rien aux élémens qui les ont formés. — Ainsi :

L'acide sulfurique, en se combinant avec le cuivre, forme un sel bleu translucide, d'une superbe couleur; avec le fer, c'est un sel d'un vert tendre; et si l'on introduit une lame de fer dans une dissolution du sel de cuivre ci-dessus, l'acide abandonne le cuivre, s'attache au fer et le dissout ; ce même acide ne s'unit point à l'or, et ne le dissout pas. — Le mercure et le soufre se combinent, selon certaines proportions, pour produire cette belle couleur connue sous le nom de vermillon. — Dans d'autres proportions, ils forment l'éthiops mercuriel, dont la couleur est noire. — Le plomb et l'oxigène de l'atmosphère, forment ensemble le rouge de plomb de nos peintres. — Le verre, cette substance dont l'usage est si commun qu'on remarque à peine son utilité, est le produit de la fusion du sable de mer, ou des cailloux siliceux avec la soude. — Certaines proportions de soufre et de fer, forment ces beaux cubes de pyrites qui brillent comme une masse d'or au milieu de l'ardoise. L'attraction chimique dans tous ses effets, ne soustrait rien à l'action de la gravité, car le poids du composé est toujours précisément égal à la somme des poids des corps composans.

L'histoire de ces faits, leur classification, les combinaisons et les analyses des substances diverses sont l'objet de la chimie, science aussi intéressante qu'utile. — Elle montre comment une cinquantaine d'élémens se combinent entre eux, pour former l'immense variété de substances que l'homme rencontre sur le globe. — Mais les causes de ces diverses modifications d'attraction sont encore bien voilées pour nous.

Il est une vérité importante que nous ne devons pas

omettre, c'est que dans la combinaison de ces substances les atomes conservent toujours entre eux certains
rapports numériques, rapports toujours très-simples et
toujours constans. Il semble que pour un atome d'un
des élémens, il se présente toujours exactement, un,
deux ou trois, etc. atomes de l'autre; ainsi, pour dix
atomes du premier, on aura exactement, dix, vingt,
trente atomes du second, mais jamais un nombre irrégulier pour ainsi dire, comme par exemple, treize ou
vingt-trois. — En effet, s'il en était ainsi, une particule
du composé serait formée d'un atome du premier élé-
ment, plus d'un atome et trois dixièmes, de deux atomes
et trois dixièmes du second, ce qu'on ne peut jamais
supposer, puisque l'atome est indivisible. — Ainsi, par
exemple, un poids de vingt-cinq grains d'atomes de mercure, se combine avec un poids de deux grains d'a-
tomes de soufre, et forme un composé noir, l'éthiops
mercuriel ou sulfure noir de mercure; mais si, au lieu
de prendre ces poids pour opérer la combinaison, on
augmentait un peu la quantité de l'un ou de l'autre élé-
ment, cet excès demeurerait dans la masse de sulfure
sans se combiner, et pour ainsi dire sans emploi. — Cependant, qu'on augmente encore cet excès, qu'on ajoute,
par exemple, une fois plus de soufre qu'il ne s'en trouvait dans la première combinaison, on aura deux atomes
de soufre là où d'abord il n'y en avait qu'un; alors, mais
alors seulement, la combinaison des atomes s'opère en
totalité, et l'on obtient un composé nouveau, le vermillon.
— Beaucoup d'élémens ne s'unissent qu'en une seule
proportion; combinés un à un, ils ne formeront donc
qu'un seul composé. — Il en est d'autres, au contraire,
qui s'unissent en plusieurs proportions; on pourrait donc
obtenir plusieurs composés différens, en combinant deux
élémens de cette dernière classe.

1. 2

Dès-lors, bien que nous ne connaissions point le nombre exact d'atomes renfermés dans une quantité donnée de substance quelconque ; que nous ignorions, par exemple, si dans un grain de sulfure de mercure il s'en trouve plus ou moins d'un million, nous savons cependant qu'il y a précisément autant d'atomes de soufre que d'atomes du mercure; or, puisque le poids du premier est au poids du second comme deux est à vingt-cinq, nous en concluons que les atomes isolés ont entre eux la même relation, ou que l'atome de soufre pesant 2, l'atome de mercure pèse 25.

On a formé des tables qui donnent le poids relatif des atomes des différentes substances; le nombre qui correspond à chacune d'elles, est son nombre *équivalent* ou *proportionnel*, — c'est-à-dire le poids de son atome, par rapport au poids de quelque autre atome pris pour unité.

Le nombre *équivalent* d'un composé dépend évidemment des *équivalens* des corps composans, et de leur proportion. C'est ce qu'on exprime en disant que la somme des nombres proportionnels, ou des proportions des corps simples qui se combinent, est le nombre proportionnel, ou la proportion du composé qui en résulte.

Outre les cas d'attraction que nous venons d'examiner, il existe deux modifications curieuses de cette force, connues sous le nom d'attraction *magnétique* et d'attraction *électrique*, dont les phénomènes variés feront l'objet de la deuxième partie de cet ouvrage (la physique proprement dite).

Les atomes sont plus ou moins rapprochés, selon la quantité moins ou plus grande de calorique qui leur est communiquée, ou la moins ou plus grande RÉPULSION de cet agent; d'où dérivent les trois états principaux de la matière, l'état solide, l'état liquide, et l'état gazeux ou aériforme par lesquels... (Voy. l'analyse de la section.)

S'il n'existait que des atomes et une force d'attraction, la création tout entière se grouperait à l'instant en une seule masse solide de repos et de mort. Mais la chaleur, ou le calorique si l'on veut, vient combattre cette attraction, et en modifier singulièrement les résultats. Quelques-uns regardent le calorique comme un fluide excessivement subtil, qui pénètre tous les corps comme l'eau pénètre une éponge. Selon d'autres, il ne serait qu'une pure vibration parmi les atomes. — La vérité est que nous n'en savons guère plus sur le calorique, comme cause de répulsion, que sur la gravité comme cause d'attraction; cependant, nous pouvons étudier et classer parfaitement les phénomènes qui dérivent de l'action de ces divers agens.

Si l'on soumet une substance quelconque à l'action du calorique, la distance respective des atomes constituans augmente graduellement, ou, comme on le dit, le corps se dilate. — Si cette substance est solide, elle se ramollit d'abord; puis, l'action du calorique l'emportant sur la cohésion, elle se fond ou se liquéfie. Prolonge-t-on cette action? les atomes se repoussent à des distances encore plus grandes, et la substance prend la forme gazeuse ou aériforme, jusqu'à ce que ce gaz ou cette vapeur venant, par une cause quelconque, à abandonner son calorique, elle repasse à l'état liquide,

2*

et enfin à l'état solide. — La glace, l'eau, la vapeur en sont un exemple ; elles sont les trois formes, les trois états d'une seule et même substance répandue avec profusion dans la nature, et qui compose la masse de l'océan.

Les autres substances sont altérées de la même manière par le calorique, mais non également.—Quelques-unes exigent beaucoup de chaleur pour être liquéfiées, d'autres en exigent fort peu ; de là cette variété de solides, de liquides et de gaz que nous offre la nature.

Dilatation. Une barre de fer qui pourra, lorsqu'elle est froide, passer par une certaine ouverture, ou mesurer exactement la distance entre deux points fixes, ne le pourra plus lorsqu'elle aura été chauffée.

Il est donc nécessaire, pour une opération exacte d'arpentage, que les instrumens qui servent de mesure, les chaînes ou les règles, soient toujours employées à une température convenue, ou du moins leur longueur doit y être ramenée par le calcul.

Il y a quelques années, on s'aperçut au Conservatoire des arts et métiers, à Paris, que les deux murailles d'une galerie s'écartaient l'une de l'autre, et tendaient ainsi à se renverser en dehors par l'effort des planchers qu'elles supportaient. On perça de part en part dans ces murailles, des trous opposés, également espacés, et l'on y introduisit de fortes barres de fer terminées par des vis que l'on serra en dehors avec de gros boulons; on chauffa avec des lampes la moitié du nombre des barres, de deux une; elles s'allongèrent, et leurs boulons ne touchant plus contre le mur, on put les serrer facilement de nouveau; cela fait, on ôta les lampes; les barres en se refroidissant se contractèrent, et ramenèrent avec elles les murs opposés. — Par l'effet de ce rapprochement, les autres barres qui n'avaient pas été chauffées, se trouvèrent trop longues, et l'on put serrer leurs boulons. Alors on recommença de nouveau à échauffer les premières barres, ce qui permit de rapprocher les murs un peu davantage; et, d'expérience en expérience, on aurait pu, si on l'avait voulu, les renverser en dedans, par un mouvement contraire à celui que la pesanteur du plafond tendait d'abord à leur imprimer.

Les cercles de fer d'une seule pièce qu'on emploie pour bander les roues des voitures légères, y sont appliqués encore chauds, et par conséquent dilatés; la roue y passe alors très-facilement; mais en se refroidissant, ils la serrent avec force, et lui donnent une solidité remarquable.

Les liens de fer pour les mâts, les cercles pour les barriques, s'appliquent de la même manière, et servent au même usage.

On a encore mis à profit la dilatation des liquides dans la construction des thermomètres. On sait que cet instrument se compose d'un réservoir en verre, rempli de mercure, d'esprit de vin, etc., terminé par un tube étroit, que le liquide parcourt, s'élevant d'autant plus haut que la température est plus élevée.

Une vessie, en partie remplie d'air froid, se distend à la chaleur, et crève même si la chaleur est assez intense.

Liquides et Gaz. Une pièce d'argent, un morceau de plomb, de poix, de soufre, de glace, une substance quelconque enfin, se liquéfie, si la chaleur est assez forte; mais chacune de ces substances exige des températures différentes pour passer à l'état liquide. L'argent fond à 538 degrés centésimaux, le plomb à 260, le soufre à 109, la glace à 0. — Mais si l'on augmente encore l'intensité de la chaleur, il est peu de substances qui ne se résolvent en gaz, à certaines températures fixes pour chacune d'elles. Elles occupent alors un grand nombre de fois le volume liquide qu'elles avaient en second lieu.

La conversion de l'eau en vapeur en est un exemple bien connu. Une pinte d'eau chassée sous forme de vapeur, de la chaudière d'une machine à basse pression, occupe un espace de près de deux mille pintes, et soulève le piston de toute cette quantité, avec une force de plusieurs milliers de livres ; et ces deux mille pintes de vapeur se retrouvent ensuite sous la forme et le volume d'une pinte d'eau dans le condenseur.

Il ne faut, pour convertir une pinte d'eau en vapeur, que six fois la quantité de chaleur qu'elle exige pour passer de la température moyenne au point d'ébullition, et cependant cette vapeur occupe un espace près de deux mille fois plus grand qu'à l'état liquide. Le calorique cause donc simplement une répulsion parmi les molécules, sans remplir les interstices laissés entr'elles. — La vapeur qui s'élève de l'eau bouillante marque au thermomètre précisément la même température que le liquide qui la produit ; le docteur Black a donné à l'excès de chaleur insensible qu'elle contient, le nom de *chaleur latente*.

La chaleur latente de l'air atmosphérique est rendue sensible dans le *briquet pneumatique*. On sait sans doute que cet instrument se compose d'un petit corps de pompe fermé par le bas, dans lequel glisse à frottement un piston ; l'extrémité de ce piston est creusée d'une petite cellule où l'on met un peu d'amadou, on pousse rapidement ce piston, et on le retire aussitôt ; on trouve alors que l'amadou a pris feu ; il semblerait que la compression a chassé pour ainsi dire le calorique retenu dans les molécules de l'air, et que l'amadou s'en est emparé.

Ce ne sont point seulement les esprits, les éthers, les huiles essentielles qui se convertissent en vapeur à la manière de l'eau; le soufre, le phosphore, le mercure, les métaux, et à la rigueur on peut le dire, tous les élémens sont susceptibles de se vaporiser, si l'action du calorique est assez forte et suffisamment prolongée.

L'état divers des différens corps que nous offre le globe terrestre n'est donc qu'accidentel, il dépend de la température de ce globe lui-même.

Dans Mercure, qui est plus rapproché du soleil que nous ne le sommes, la résine, le suif, la cire seraient liquides comme l'huile l'est chez nous. — Un mélange d'étain, de zinc et de plomb, dans certaines proportions, qui à la surface de notre globe se fond dans l'eau bouillante, y serait constamment liquide comme le mercure des baromètres; notre eau, nos huiles, nos esprits n'existeraient qu'à l'état aériforme; on ne les obtiendrait liquides que par des mélanges frigorifiques ou par de fortes compressions, c'est-à-dire en imitant les procédés que nous avons employés nous-même pour liquéfier nos gaz.

Dans la froide planète Herschel, au contraire, dont la distance au soleil est dix-neuf fois plus grande que celle de la terre; l'eau, si elle y existe, doit être semblable au cristal, et il faut, pour l'obtenir liquide, la faire fondre comme nous fondons le verre; nos huiles y auraient la consistance du beurre ou de la résine, et le mercure pourrait y être laminé comme on lamine le plomb ou l'argent sur notre globe.

Mais sans aller si loin, dans nos régions équatoriales, la cire à cacheter ne conserve pas les empreintes; le beurre est liquide pendant le jour, la nuit c'est un solide très-mou. — On ne peut y faire usage de nos chandelles de suif, tandis que dans les régions polaires le

mercure d'un baromètre brisé se solidifie pendant l'hiver; l'eau ne se trouve qu'à l'état de glace, les huiles
sont solides, etc., etc.

Nous devons donc toujours, dans l'étude de la matière,
examiner les faits d'une manière générale, d'un point
de vue élevé, et nous mettre en garde contre la force
du préjugé; la méthode inverse nous rapprocherait de
ce potentat de l'Orient, qui fit condamner à mort le
voyageur qui avait eu l'audace de soutenir que, dans les
contrées septentrionales, il avait souvent vu l'eau aussi
solide que le cristal, quelquefois même blanche et co-
tonneuse comme la plume. — Les anciens croyaient que
les élémens dont se compose notre globe étaient au nombre de quatre, *la terre*, *l'eau*, *l'air* et *le feu*. Quel
contraste entre nos connaissances et les leurs !

Répulsion sans chaleur sensible.

De même que dans un des paragraphes précédens,
nous avons remarqué qu'outre les phénomènes d'attraction classés sous les noms de gravitation, de cohésion,
de capillarité et d'affinité, il existait des modifications
de cette force générale sous ceux d'attractions magnétiques et d'attractions électriques; de même, nous devons observer qu'outre la répulsion du calorique, il
existe d'autres causes répulsives qui deviendront plus
tard l'objet de nos études, nous voulons parler des ré-
pulsions magnétiques et électriques. Nous ignorons encore cependant si ces effets dépendent de causes différentes, ou s'ils ne sont que les modifications d'une seule.

C'est un fait digne de remarque, que la surface de
tous les corps soit pour ainsi dire recouverte d'une tunique répulsive qui s'oppose à leur contact absolu, bien
que ce contact paraisse tel aux yeux de la multitude.
S'il n'en était pas ainsi, les corps qui viendraient à

se toucher, s'attacheraient l'un à l'autre avec une force qui gênerait considérablement les opérations de la nature ou de l'art dont nous avons une idée.

Newton a trouvé qu'une balle de verre, un verre de montre posé sur un plan de la même substance, ne touchait réellement pas ce plan, et qu'on ne pouvait même opérer le contact avec une force de mille livres par pouce quarré.

On conçoit dès-lors pourquoi l'on ne peut rétablir la cohésion des fragmens d'un verre, d'un vase de porcelaine brisés, en les poussant l'un contre l'autre; — et pourquoi il est absolument nécessaire d'avoir recours à d'autres moyens pour réunir d'une manière permanente les fragmens isolés d'une substance quelconque. Nous avons indiqué, page 11, quelques cas où la cohésion s'établit assez facilement, les suivans sont des exemples d'une autre sorte.

Si l'on applique une feuille d'or sur un plan d'acier bien propre, et qu'on la frappe ensuite avec le marteau, la cohésion s'établit, et la feuille dore l'acier d'une manière permanente.

Mais on ne peut établir la cohésion entre deux barres de fer qu'en chauffant ces deux barres jusqu'au rouge avant de les frapper; c'est ce qu'on appelle forger.

Le fer et le platine sont les seuls métaux qu'on puisse soumettre à la forge.

L'étain et le plomb en feuilles, pressés avec une force énorme entre les rouleaux d'un laminoir, s'attachent l'un à l'autre.

Les autres métaux exigent d'être fondus avant que la répulsion superficielle permette à leurs masses séparées de se réunir. C'est ainsi qu'on traite l'or, l'argent, le plomb, etc., etc. Mais il est des substances qui ne peu-

vent être fondues, le bois, le marbre par exemple : il
faut donc employer alors une substance intermédiaire,
la colle, la soudure, le ciment, et l'on voit que ces substances doivent posséder, non seulement une forte affinité pour celles qu'elles réunissent, mais encore une
certaine ténacité lorsqu'elles sont sèches ou refroidies.

*C'est encore par suite de certaines modifications d'at-
traction et de répulsion, que les corps sont cristallins, poreux, denses, etc., etc. (Voyez l'analyse,
page 1.)*

Il est une circonstance fort remarquable dans les phénomènes qui nous occupent : les atomes en se réunissant
les uns aux autres pour former un corps solide, paraissent exercer leur attraction mutuelle par certains côtés
plutôt que par d'autres, de sorte que lorsqu'on les laisse
obéir à leur tendance naturelle, ils se disposent toujours suivant certaines lois, et prennent toujours une
forme régulière que nous appelons cristalline ; à cause
de ce rapport avec les aimans qui ne s'attirent que par
leurs poles, on a nommé cette propriété, polarité des
atomes ; — elle est la cause de quelques phénomènes
curieux dont nous avons déjà donné une idée ; l'élasticité, par exemple.

Cristallisation. L'eau, lorsqu'elle commence à geler,
lance pour ainsi dire à sa surface une multitude de pe
tites aiguilles qui bientôt augmentent d'épaisseur, s'en-
trecroisent et forment enfin une masse complètement so
lide ; mais l'arrangement, la disposition cristalline se
conserve toujours. Il est facile de la reconnaître à la
cassure dans la plupart des substances.

L'humidité qui s'attache aux vitres de nos habitations
pendant l'hiver, y forme des arborisations qui n'échappent point à l'attention des enfans.

Un flocon de neige, vu au microscope, paraît formé avec la même symétrie que la feuille de fougère ou la plume du cygne.

Si l'on projette un morceau de cuivre dans une dissolution d'argent dans l'acide nitrique, l'acide abandonne l'argent et attaque le cuivre qu'il dissout; mais l'argent, pendant cette opération, se précipite et forme une espèce d'arbuste d'un dessin magnifique sur la masse de cuivre qui en est comme la racine; c'est ce qu'on connaît sous le nom d'*arbre de Diane*.

Si on laisse refroidir doucement un métal quelconque en fusion, il se solidifie d'abord à la surface, de sorte qu'on peut facilement reconnaître la structure cristalline intérieure, en brisant la masse avant que le refroidissement complet se soit opéré. — Ce qu'on appelle le grain d'un métal est le résultat de cette cristallisation.

Le salpêtre, le sel de glauber, la couperose (pour nous servir de termes populaires), ou tout autre sel neutre dissous dans l'eau, reparaissent en cristaux réguliers de formes diverses pour chaque sel, lorsqu'on vaporise lentement l'eau qui les retenait en dissolution.

Toutes les pierres précieuses sont cristallines, et on ne divise leur masse avec facilité, que selon les plans parallèles à leurs faces naturelles.

Les colonnes de basalte de la chaussée des Géans, en Irlande, ou celles de l'île de Staffa, qui surgit du milieu de l'océan comme un jardin magique, sont des cristallisations naturelles, qui surpassent en grandeur et en majesté tous les travaux des hommes, sans excepter ces pyramides de l'Egypte, qui font depuis des siècles l'admiration de l'univers.

Mais il serait impossible d'énumérer toutes les formes cristallines que nous offre la nature, car toutes les substances inorganiques, et même beaucoup de corps

organisés, sont réguliers et symétriques; et ce que nous
voyons de continens brisés, d'îles, de rocs arrachés,
sont les effets de convulsions qui ont altéré l'ordre premier et naturel.

On a fait des recherches extrêmement ingénieuses,
dans le but de déterminer les formes particulières qu'affectent les différens corps; mais ces recherches n'ayant
amené rien de bien précis, nous ne hasarderons point
d'en présenter les résultats dans un ouvrage élémen-
taire. Ces faits sont cependant extrêmement curieux,
et leur étude ne pourra qu'offrir beaucoup d'attraits à
ceux qui voudront s'y livrer, elle conduira sans doute
à des résultats aussi féconds qu'intéressans.

Poreux. Les aiguilles cristallines ou les lames des
corps cristallins, en se croisant et s'entremêlant, laissent dans ces corps de petits espaces vides, et causent
la porosité. Ces pores sont quelquefois visibles à l'œil
nu, plus souvent ils ne le sont qu'au microscope, et
dans tous les autres cas on en prouve toujours l'existence.

La porosité qui résulte du nouvel arrangement des
atomes, lorsque l'eau ou quelques autres substances
viennent à se solidifier, en augmente très-sensiblement
le volume; l'eau se dilate alors avec assez de force pour
briser les vaisseaux les plus solides que les arts puissent
nous donner. En hiver, elle fend le roc qui l'a laissée
s'infiltrer dans ses crevasses, et l'eau qui se gèle produit alors des effets plus surprenans encore que l'explosion de la poudre à canon.

Cette action de l'eau contribue à abaisser graduellement les sommets des chaînes de montagnes qui comblent
de plus en plus les vallées.

La pierre qu'on appelle hydrophane (agate) est naturellement opaque : elle devient translucide après son

immersion dans l'eau, pendant laquelle elle absorbe par ses pores un sixième de son poids du liquide.

Il entre une grande quantité d'eau dans le suc cristallisé, et dans diverses pierres, sans que leur volume se trouve augmenté. Tout le monde sait que l'eau traverse parfaitement le grès dans les fontaines dépuratoires. Une compression très-forte peut faire passer l'eau à travers les pores d'un métal; de l'or, par exemple. — C'est ce qu'a prouvé la fameuse expérience de Florence, où l'eau renfermée dans une sphère qu'on comprima avec une grande force, transsuda à travers le métal.

Les règnes animaux et végétaux offrent cependant les exemples les plus remarquables de porosité.

L'os est un tissu de cellules et de compartimens aussi peu solides qu'un amas de caisses vides.

Le bois n'est autre chose qu'une réunion de tubes parallèles, semblables à un faisceau de tuyaux d'orgue. —On a récemment proposé de rendre le bois propre à certains usages; à faire, par exemple, ces immenses chevilles qu'on emploie dans la construction des vaisseaux, en réduisant son volume de moitié; pour cela on le fait passer entre des rouleaux d'une grande force, qui le compriment assez pour lui donner le poids et la force du métal.

Un morceau de bois plongé dans l'océan à une grande profondeur s'y trouve soumis à une pression telle, que ses pores sont pénétrés par le liquide; il devient alors presqu'aussi pesant que la pierre. On conçoit donc l'illusion de ces pêcheurs baleiniers qui, en retirant de l'eau leur chaloupe qui avait été entraînée à une grande profondeur par une baleine, s'imaginaient remonter avec elle un fragment de roc.

Si l'on renferme un morceau de liége dans un vaisseau de verre solide, et à peu près plein d'eau, on le
voit flotter à la surface du liquide ; mais si au moyen
d'une pompe de condensation on comprime encore de
l'eau dans le vase, avec une force suffisante, le liége
se contracte, il gagne en poids ce qu'il perd en volume,
et bientôt il tombe au fond du liquide. — Si on laisse
l'eau s'échapper, le liége reprend son volume et remonte
à la surface. — Le même morceau de liége qu'on descendrait à 200 pieds au-dessous de la surface de l'eau
ne remonterait plus de lui-même.

Une bouteille d'eau pure, fermée par un bouchon de
liége et qu'on descend à trente ou quarante pieds de
profondeur dans la mer, a acquis, lorsqu'on la remonte,
une saveur saline, bien que le bouchon soit toujours à
sa place. Il paraît donc que le liége est soumis, à cette
profondeur, à une compression assez forte pour diminuer
de volume ; il laisse alors entrer et sortir l'eau le long
de ses côtés, et reprend graduellement son volume primitif à mesure qu'il remonte.

Densité. La quantité d'atomes qui se trouve dans un espace donné, varie avec les différentes substances.

Un pouce cube de plomb est quarante fois plus pesant que le même volume de liége. Le mercure, sous
un même volume, est près de quatorze fois aussi pesant que l'eau.

La densité dépend de trois circonstances : 1° de la forme
et du poids des atomes respectifs des différentes substances ; 2° du degré de porosité ; 3° du rapprochement
des atomes dans les parties solides qui se trouvent entre
les pores.

On a de fortes raisons de croire que, même dans les

corps les plus denses , les atomes ne sont nulle part en contact parfait ; la place qu'ils occupent est déterminée par l'action combinée de l'attraction et de la répulsion. —Ainsi ,

Un corps se dilate ou se contracte en raison du calorique qu'on lui donne ou qu'on lui soustrait.

Un poids placé sur une tige verticale la raccourcit , il l'allonge au contraire s'il est suspendu à sa partie inférieure. — La tige , dans les deux cas , revient à sa position première lorsque l'action du poids vient à cesser.

La même tige étant placée horizontalement et chargée d'un poids en son milieu, se courbe ; les atomes du côté concave se rapprochent , ceux au contraire du côté convexe s'éloignent les uns des autres.

L'étain et le cuivre fondus ensemble pour faire le bronze, occupent un espace d'un quinzième plus petit que lorsqu'ils sont séparés. — Ces métaux se pénètrent donc mutuellement, les atomes de l'un viennent donc en partie remplir les espaces vides de l'autre. Une infinité d'autres mélanges reproduisent le même phénomène ; une livre d'eau et une livre de sel , forment par leur mélange deux livres de saumure, mais ce mélange occupe bien moins d'espace que la somme des espaces occupés séparément par chacun des corps constituans ; — il en est de même , d'une livre d'eau et d'une livre de sucre.

L'eau et tous les liquides en général résistent très-puissamment à la compression ; cependant ils s'y soumettent suffisamment pour prouver que les particules ne sont point réellement en contact. Le calcul prouve qu'à une profondeur de 1,900 mètres environ , l'eau de la mer occupe un espace de $\frac{1}{400}$ moindre que celui qu'elle occuperait à la surface.

Dans les substances aériformes , les atomes sont beaucoup plus compressibles. En effet, une pinte d'eau en passant de l'état de liquide à l'état gazeux, occupe près de 2,000 fois son volume primitif. — Cent pintes d'air se condensent en une seule, dans la crosse du fusil à vent ; une compression bien plus grande encore changerait l'air en un liquide huileux, et la chaleur qu'il retenait à l'état aériforme en sortirait pour se répandre dans l'espace.

De toutes ces preuves du non-contact des atomes, même dans les corps les plus solides; de l'énorme espace qu'ils laissent entre eux pour les pores ; de la facilité avec laquelle la lumière traverse dans toutes les directions des corps aussi denses que le verre, le cristal de roche, le diamant, etc. : s'appuyant en outre sur ce que les masses matérielles n'ont souvent pas plus de solidité qu'un amas de boîtes vides empilées les unes sur les autres, dont les parties qui nous paraissent solides sont elles-mêmes criblées de pores qu'on pourrait appeler du deuxième degré, pores limités eux-mêmes par des surfaces criblées, sans doute, à leur tour de pores du troisième degré, et ainsi de suite, quelques personnes ont osé avancer qu'il serait bien possible que toute la quantité de matière réelle qui compose l'univers pût être renfermée dans une coquille de noix, si les atomes pouvaient parvenir au contact absolu. Nous n'avons point encore, il faut l'avouer, les moyens de discuter cette assertion, ni de vérifier jusqu'à quel point elle peut être vraie.

Le *poids relatif de volumes égaux* des différens corps s'appelle leur *poids spécifique.*

En comparant les différentes substances entre elles, sous le point de vue du rapport de leur poids à leurs volumes, il était nécessaire de choisir pour unité de mesure le poids d'une de ces substances ; on a donné la préférence à l'eau, qu'on se procure avec facilité dans tous les lieux et dans tous les temps.

Des calculs et des expériences très-simples ont montré que le platine, la plus pesante de toutes les substances connues, a, sous un même volume, vingt-deux fois le poids de l'eau ; — le poids spécifique de l'or n'est que dix-neuf ; — celui du mercure, treize et demi ; — celui du plomb, onze ; — celui du fer, huit et demi ; — celui du cuivre, huit ; — celui des pierres communes, deux et demi ; — celui du bois, de $\frac{1}{2}$ à $1\frac{1}{2}$; — celui du liége, $\frac{1}{4}$, etc., etc., etc.

* *Dureté* *. — La dureté des corps n'est point proportionnelle à leur densité, comme on pourrait le croire ; elle dépend de la polarité des atomes, c'est-à-dire de la force avec laquelle ils persistent dans leur disposition naturelle.

On juge de la dureté respective de deux corps, par la propriété que l'un peut avoir de rayer l'autre. — Nous ferons observer, toutefois, qu'un corps mou réduit en poussière fine, abat souvent les aspérités d'un corps plus dur, ou le polit.

L'or, quoique comparativement plus mou, est quatre fois plus lourd que le diamant le plus dur ; — et le mercure qui est liquide, est près de deux fois aussi dense que l'acier trempé.

Le diamant est la plus dure de toutes les substances connues ; il coupe et raye tous les autres corps, on ne le polit guère qu'avec sa propre poudre. Le diamant devient, pour les vitriers, un couteau avec lequel ils donnent la forme à leurs carreaux.

1.   5

Le silex commun coupe aussi le verre ; on peut s'en servir pour y tracer des caractères.

C'est un fait digne de remarque, que cette préparation du fer, qu'on nomme acier, puisse être aussi molle que le fer pur, ou acquière par la trempe la dureté du diamant. — La découverte du procédé qui conduit à ces résultats, a une influence extraordinaire sur notre condition. — C'est à elle que nous devons tous nos instrumens tranchans ; c'est par elle que nous parvenons à faire servir une infinité de substances à nos besoins et à nos plaisirs. — Le sauvage, armé de sa pierre aiguë, aidé même par le feu, perdra une année entière pour abattre un grand arbre et le creuser en un canot ; tandis qu'à l'aide de ses outils, un de nos charpentiers fera toute la besogne en deux jours.

On a récemment mis à exécution l'idée de graver sur l'acier mou, et de le tremper ensuite. — Cette simple opération lui donne une dureté telle, qu'au moyen de la planche d'acier on peut imprimer d'autres planches de cuivre ou d'acier mou, dont on transporte alors les empreintes sur le papier ; on multiplie ainsi indéfiniment les productions des arts, qui se proportionnent alors aux moyens pécuniaires du grand nombre, au lieu d'aller seulement augmenter les jouissances de l'homme riche, déjà si nombreuses et si variées.

* *Élasticité* *. — L'élasticité se manifeste dans les corps, lorsque la cohésion et la disposition de leurs atomes sont telles qu'ils cèdent en partie à l'action d'une force, et reviennent à leur position naturelle lorsque l'action perturbatrice vient à cesser.

Le degré de flexion ou d'extension, que les corps peuvent supporter sans se rompre, varie singulièrement dans les différens corps ; il en est de même de la facilité avec laquelle les atomes reprennent leurs positions premières : le caoutchouc est très-extensible, mais il n'est point parfaitement élastique ; car, lorsqu'il a été soumis à des extensions fréquentes, il ne reprend plus ses dimensions primitives. Le verre, de son côté, est parfaitement élastique, car si on le courbe, il reprendra immédiatement sa forme dans toute sa perfection ; mais à moins qu'il ne soit en lames très-minces, ou en fils très-déliés, il ne peut fléchir que faiblement avant de se rompre.

Tous les corps durs sont élastiques : l'acier, le verre, l'ivoire, etc., etc., par exemple ; mais il est beaucoup de corps mous, qui sont aussi doués d'élasticité. — Le caoutchouc, les fils de soie, les cordes de harpe, etc. Les corps aériformes sont tous parfaitement élastiques, ainsi qu'on peut s'en assurer en remplissant d'air une vessie, et la comprimant ensuite. — Leur volume augmente ou diminue dans des limites très-étendues ; les liquides aussi sont élastiques, mais dans des limites resserrées.

On peut ployer la lame d'une bonne épée sans qu'elle se rompe ; et même lorsqu'on a rapproché les deux extrémités, elle revient parfaitement à sa forme première.

Une lame de mauvais acier, ou de tout autre métal, casse si on la fait fléchir, ou conserve sa courbure.

Une balle d'ivoire, qu'on laisse tomber sur un plateau de marbre, rebondit à une hauteur presqu'égale à celle d'où elle est tombée ; si le plateau est humide, on s'aperçoit facilement que la balle s'est considérablement aplatie, à la surface circulaire que le choc a desséchée autour du premier point de contact. — Les billes de billard ne perdent leur poli qu'après un temps considérable, bien que, vers les parties choquées, elles se compriment à chaque coup.

Un marbre de cheminée, qui a resté pendant plusieurs années sur ses appuis, est courbé en son milieu, et la courbe est permanente.

Les ressorts d'acier de nos montres reprennent leur forme droite, même après un siècle de service; c'est-à-dire après avoir été roulés sur eux-mêmes plus de trente mille fois; et sans aucune cause apparente, ils se brisent cependant quelquefois.

L'élasticité est une propriété des corps dont l'homme a tiré un grand parti, ainsi que le prouvent les garde-temps, les ressorts de voitures, les batteries de fusil, etc., etc.

Fragilité. On désigne sous le nom de corps cassans, ceux qui, bien que durs et même élastiques à un certain degré, ne permettent point à leurs atomes d'altérer très-sensiblement leurs positions sans se rompre. Une force comparativement peu considérable suffit donc pour les briser, si son action est subite, instantanée. La plûpart des corps durs sont fragiles.

Le verre rayera un marteau de fer, il est donc plus dur que lui. — Cependant le verre est le type même de la fragilité, il se brise sous le choc du bois mou et de presque tous les corps.

L'acier qui par la trempe acquiert une si grande dureté, devient extrêmement cassant. Les ciseaux et les autres outils d'acier, au moyen desquels nos ouvriers coupent et taillent les métaux, exigent naturellement une dureté excessive; mais cette dernière qualité leur ôte une partie de leur flexibilité, ils doivent donc souvent être brisés. La fonte, qui est beaucoup plus dure que le fer malléable, est très-cassante; tandis que l'acier non trempé et le fer doux sont les substances les plus résistantes qu'on connaisse.

Malléabilité. C'est la propriété que possède un métal qu'on comprime, de se laisser étendre en feuilles, sans se déchirer. Opposée à l'élasticité et à la fragilité, elle appartient aux corps dont les atomes conservent leur cohésion dans quelque position qu'ils se trouvent, relativement les uns aux autres, et se disposent, en cédant à la compression, comme pourraient le faire les atomes d'un fluide, c'est-à-dire sans fracture et sans altération dans leur propriété.

L'or est très-malléable, car on le réduit en feuilles de $\frac{1}{360000}$ de pouce d'épaisseur.

On a calculé qu'un ducat pourrait dorer un cavalier, son cheval, et tout l'équipage qui en dépend.

Les batteurs d'or n'employaient autrefois que le marteau, pour confectionner en entier leurs feuilles ; aujourd'hui, ils ont adopté le *laminoir*. L'ouvrier passe dans cet instrument un barreau d'or aminci au marteau jusqu'à 2 lignes d'épaisseur, et le réduit, par des laminages successifs, en un ruban d'une demi-ligne d'épaisseur sur un pouce de large ; ce ruban est ensuite coupé en portions plus petites, qu'on étend sous le marteau ; on les recoupe ensuite, on les bat de nouveau, et ainsi de suite, jusqu'à ce que les feuilles n'aient plus que l'épaisseur ci-dessus.

L'argent, le cuivre, l'étain, se laissent aussi étendre en lames très-minces ; presque tous les autres métaux se déchirent ou se brisent, si l'on pousse l'opération un peu loin ; d'autres s'écrasent au premier choc, comme le ferait le verre.

Ductilité. C'est la propriété que possèdent certains métaux de se laisser étirer en fils. On serait peut-être

disposé à croire que les métaux également malléables,
sont aussi également ductiles ; il n'en est point ainsi. Dans
les substances ductiles, et dans les substances malléables, les atomes ne paraissent point avoir de position
plus fixe que dans les liquides, cependant leur cohésion
est très-forte.

C'est à la filière qu'on étire le métal. La filière est
une plaque d'acier trempé à toute sa force, et percée
d'une série de trous en progression décroissante, à travers lesquels on introduit une des extrémités d'une tige
de métal ; on saisit cette extrémité de l'autre côté de
la filière, avec des pinces très-fortes, et on la force
ainsi à passer à travers le premier trou ; on l'introduit
alors dans un second trou plus petit, puis enfin dans
un troisième, jusqu'à ce que le fil métallique ait acquis
la finesse voulue. On parvient ainsi à étirer des fils qui
ont la finesse des cheveux.

Le docteur Wollaston est parvenu à obtenir des fils
de platine plus déliés que ceux de l'araignée ; il enveloppe un fil déjà fin de platine dans un fil d'argent, suivant son axe. Il réduit ce double fil à la plus grande finesse possible, et après avoir dissous l'enveloppe d'argent,
il obtient un filament de platine d'une ténuité extrême.

L'ordre des principaux métaux, selon le degré de leur
ductilité, est le suivant : platine, argent, fer, cuivre,
or, etc. Le verre liquéfié est aussi très-ductile ; les ver-
riers l'étirent en fils, en touchant avec un peu de matière vitrifiée un point de la circonférence d'une roue,
qu'on fait tourner ensuite avec une vitesse de 1000 mètres par heure ; un fil uniforme s'enroule autour de
cette roue, on le recoupe alors, et les faisceaux de fils
qu'on obtient ont l'apparence de mèches de cheveux ;
on en forme même des aigrettes, dont les brins se courbent et flottent au gré des vents.

Souplesse. — *Flexibilité.* Dans les corps souples ou flexibles, la cohésion n'est pas détruite par un changement de direction, même considérable, parmi les atomes; mais ces corps diffèrent des masses ductiles en ce que les mêmes atomes se trouvent toujours réunis. Le règne animal et le règne végétal nous offrent la plupart des substances flexibles.—Les fibres, les membranes, la soie, le lin, le chanvre, etc., etc.

Ténacité. Ce n'est autre chose que la force de cohésion des atomes; cette qualité existe plus ou moins dans tous les solides, et même dans les liquides.

Le fer, et l'acier qui n'en est pour ainsi dire qu'une modification, possèdent cette qualité au plus haut degré.

La table suivante fait connaître la ténacité ou la force avec laquelle les métaux et les bois résistent à la traction; la seconde colonne indique, par approximation, le nombre de livres que des fils ou tiges des substances contenues dans la première colonne, peuvent supporter. La section de ces tiges est de $\frac{1}{1000}$ de pouce quarré.

Métaux.

Acier fondu.	134 livres.
Le meilleur fer forgé.	70
Fonte de fer.	19
Cuivre..	19
Platine..	16
Argent..	11
Or.	9
Étain.	5
Plomb..	2

Bois.

Chêne.	12
Hêtre.	12 $\frac{1}{2}$
Frêne.	14
Sapin.	11

Un fil d'acier supporte environ 39000 pieds de sa propre longueur.

Le fer comparé au bois, sous le rapport de la ténacité, est cinq ou six fois meilleur que le chêne.

Certaines substances animales ont aussi une grande ténacité. — Les fils de soie qui servent à coudre nos vêtemens, sont un exemple de flexibilité et de force. — Les ligamens et les tendons des animaux sont singulièrement remarquables par leur force, leur élasticité et leur souplesse ; séchés et préparés, ils formaient les cordes des arcs de nos ancêtres. — Le poil, la laine des animaux sont la matière des magnifiques tissus dont nous admirons la force et la souplesse. — Enfin, les cordes de nos harpes et de nos violons sont encore une substance animale à laquelle on donne une force et une uniformité qui rivalisent avec celles des cordes métalliques du piano.

Les découvertes successives de substances douées d'une grande ténacité, les applications qu'on en a faites, ont eu la plus grande influence sur notre condition. — Les cordages des navires européens n'ont point encore remplacé, en Chine, les cordes de bambou ; tandis qu'ils cèdent rapidement leur place, en Angleterre, aux chaînes de fer, dont l'emploi est bien plus sûr et bien plus commode. — N'est-ce point encore à la ténacité du fer que nous devons aujourd'hui le magnifique spectacle d'une route suspendue au-dessus de l'Océan, entre Anglesea et l'Angleterre, et qu'insoucieux des vagues et de la tempête, l'homme traverse aujourd'hui ce bras de mer sans éprouver d'autre sentiment que celui de sa dignité, en voyant le vaisseau qui passe à pleines voiles au-dessous de lui.

SECTION II.

DU MOUVEMENT.

ANALYSE DE LA SECTION (1).

Tous les corps de l'univers sont en mouvement ou en repos ; quel que soit leur état actuel, ils possèdent une INERTIE *en vertu de laquelle ils résistent à tout changement d'état. — L'action d'une force n'est donc pas moins nécessaire, pour amener au repos un corps en mouvement, que pour lui donner ce mouvement s'il était au repos. — Le mouvement est, de sa nature, rectiligne et uniforme ; un corps est donc soumis à deux forces, lorsqu'il se meut dans une courbe. La quantité de mouvement d'un corps est la mesure de la force qui lui a imprimé le mouvement, elle est aussi la mesure de l'effet dont il est capable.*

*Les deux grandes forces de la nature, l'*ATTRACTION *et la* RÉPULSION, *par leur action sur la* MATIÈRE INERTE, *produisent les mouvemens* UNIFORME, ACCÉLÉRÉ, RETARDÉ *et* CURVILIGNE, *que nous offre le spectacle de l'univers. — Les marées, les vents, les courans, les corps qui tombent, etc., obéissent à l'*ATTRACTION. — *Les corps qui se choquent, qui détonent, etc., obéissent à la* RÉPULSION. — *Et, comme dans tous les cas d'attraction ou de répulsion, deux masses au moins sont mises en jeu, il ne peut y avoir de mouvement ou d'*ACTION *dans l'univers, sans un mouvement égal et opposé, ou sans* RÉACTION.

* *Mouvement.* *

Un corps est en mouvement lorsqu'il est actuellement

---

(1) Nous engageons le lecteur à relire l'analyse de la première section avant de passer à celle-ci.

transporté d'un lieu à un autre, soit en totalité, soit eu égard seulement à ses parties.

Sans mouvement, l'univers ne nous donnerait qu'une idée de la mort.—L'homme, en admettant encore son existence, ne jouirait plus du magnifique spectacle que lui offrent journellement le lever et le coucher du soleil. — Son cœur ne serait plus ému par le mouvement du ruisseau, ni par le balancement majestueux des arbres de la forêt; son oreille ne percevrait plus le son, ni ses yeux la lumière.—Mais ce mouvement existe, et l'étude de ses lois n'a pas pour lui moins d'importance que d'attrait; c'est elle, en effet, qui lui découvrira une partie du lointain avenir; c'est par elle qu'il se mettra en garde contre les événemens qu'il prévoit; par elle, enfin, il en dirigera le cours et les fera servir à son bien-être.

On rapporte le mouvement, ou le changement de lieu d'un corps, à certains points de l'espace, et l'on compare sa rapidité à certains modules de vitesse.—Un homme assis sur le pont d'un vaisseau qui fait route, participe au mouvement de ce dernier; ce mouvement leur est *commun*. — S'il marche sur le pont, son mouvement devient *relatif* au vaisseau.—S'avance-t-il vers la poupe, avec la vitesse du vaisseau en sens contraire, son mouvement est nul, si on le rapporte au rivage ou au fond de la mer, mais il existe relativement au vaisseau. On appelle mouvement *absolu*, celui qui est relatif à l'univers entier ou à l'espace. — Nous n'avons aucun moyen de le préciser; car bien que nous sachions parfaitement avec quelle vitesse la terre tourne sur son axe, que nous connaissions aussi exactement celle de son mouvement de translation autour du soleil, nous n'avons point la mesure du mouvement de cet astre, qui se transporte sans doute lui-même autour d'un autre

point central, emportant avec lui tout l'ensemble de
notre système.

Le mouvement des corps est *rapide*, tel est celui de
la foudre; ou il est *lent*, comme celui de l'ombre des
corps éclairés par le soleil. — La rapidité, la lenteur du
mouvement se comparent dans le discours à la vitesse
intermédiaire. — Le mouvement est *droit* ou *rectiligne*
dans la chute d'un corps vers la terre. — Il est *curviligne* pour le boulet chassé de la pièce dans une direction oblique à l'horizon.—La chute d'un corps vers la
terre offre aussi un exemple de mouvement *accéléré;* le
mouvement est *retardé*, au contraire, pendant tout le
temps que le corps s'élève, lorsqu'on le lance de bas en
haut.

** Les corps, en vertu de leur inertie, persistent dans le
mouvement ou dans le repos. **

Les faits suivans serviront à démontrer que les corps
en repos ou en mouvement exigent l'emploi d'une force
pour changer leur état actuel. — Le terme scientifique
par lequel on désigne cette propriété de la matière, est
le mot *inertie*, auquel on substitue quelquefois dans le
langage familier, et avec assez de raison, ceux d'*entête-
ment* ou d'*obstination* de la matière.

Lorsqu'on déploie les voiles d'un vaisseau, il ne s'a-
vance pas immédiatement avec toute la vitesse que peut
lui imprimer la force du vent; ce n'est que graduellement que l'action continue de ce moteur parvient à
vaincre l'inertie de la masse. —Vient-on au contraire à
les reployer subitement, la masse continue à se mouvoir comme si rien n'était changé, et ce n'est que graduellement que la résistance de l'eau arrête enfin le
mouvement du navire.

L'effort musculaire du cheval est plus grand lors-qu'il ébranle la voiture en repos, que lorsqu'il la traîne, et il faut une force assez considérable pour arrêter en-suite cette voiture en mouvement.

Lorsqu'une voiture suspendue commence à se mou-voir, la caisse semble se rejeter en arrière, et le voya-geur paraît lui-même comme poussé sur les coussins du fond. — Rencontre-t-elle un obstacle qui l'arrête subi-tement, la caisse est lancée en avant, et la tête inatten-tive du voyageur indolent s'en va quelquefois traverser la glace qui lui est opposée. Cet exemple donne une idée de la persistance de la matière à l'état de repos et à celui de mouvement.

De même, celui qui se place étourdiment debout sur la poupe d'un bateau, tombe dans l'eau à la renverse lorsque la barque commence à se mouvoir. S'il a le bon-heur d'échapper à cet accident, et qu'il persiste à con-server sa position, la barque, en s'arrêtant subite-ment au rivage, lui offrira un lit d'une autre sorte ; il pourrait alors se trouver fort mal de n'avoir point connu l'inertie de la matière.

Un mauvais cavalier est quelquefois renversé sur la croupe de son cheval, lorsque l'animal part subitement. Un écart sur la droite le jette à gauche, et réciproque-ment un écart sur la gauche le jette à droite. Lancé au galop, si l'animal vient à s'arrêter subitement, le cavalier saute par-dessus ses oreilles.

Un fat, qui passait à cheval dans les rues de Londres, trouvant que le pavé était embarrassé de voitures, s'a-visa de diriger son cheval sur le trottoir, et s'inquiétant peu de la foule des passans, il y mit son cheval au grand trot. Passe sur ces entrefaites un officier, qui reconnaît dans l'animal un ancien cheval de son régiment. —

Halte! s'écrie-t-il d'une voix forte, et comme s'il était à l'exercice, et l'animal, à ce commandement, de faire halte aussitôt; le fat avait péché contre les lois de la politesse, mais il montra du moins qu'il obéissait à celles de l'inertie et de la gravité, car un moment après sa tête avait décrit une courbe parabolique jusqu'au pavé.

Un très-jeune homme, qui n'avait pas encore acquis toute l'habileté de nos élégans dans le grand art du cocher, accrocha un jour avec son phaéton une diligence qui cheminait sur la grande route. En rentrant chez son père, il ne voit d'autre moyen d'excuser sa gaucherie, qu'en rejetant l'accident sur le pauvre postillon qui, disait-il, courait avec une vitesse telle, qu'il n'avait point eu le temps de se ranger. Le père furieux, porte sa plainte au magistrat. Le jeune homme et le postillon comparaissent devant lui; mais le premier ayant sottement déclaré que le choc avait été tel, que lui et son domestique avaient été jetés par-dessus leur cheval, perdit sa cause, en prouvant par sa déposition même, que sa vitesse était plus grande que celle du postillon.

Un homme qui saute en bas d'un cabriolet en mouvement, court grand risque de tomber lorsque ses pieds viennent toucher la terre: car son corps conserve la vitesse qu'il avait dans la voiture, à moins qu'il ne puisse avancer son pied comme lorsqu'il court, il sera infailliblement renversé en avant, comme un coureur dont le pied rencontre subitement un obstacle.

L'écolier qui veut sauter un fossé, commence avec raison par s'en éloigner, pour revenir en courant jusqu'au bord; car il conserve alors la vitesse qu'il a acquise. — Personne n'ignore qu'on saute bien plus loin lorsqu'on prend son élan, qu'on ne pourrait le faire sans cela.

Un homme qui voyageait en Afrique, voyant un tigre qui le suivait, attendant une occasion favorable pour s'élancer sur lui, à la manière de ces animaux, dirigea ses pas vers des broussailles sur le bord d'un précipice; là, il déposa adroitement son manteau et son chapeau, et s'étant couché à quelques pas il eut le bonheur de voir le tigre s'élancer sur le manteau, et, en vertu de l'inertie, rouler avec lui dans le précipice.

Si l'on pousse brusquement un verre rempli d'eau et posé sur une table, l'eau se répand en partie et du côté de la personne qui pousse. Mais si au contraire le verre, toujours plein d'eau, est déjà en mouvement, comme, par exemple, lorsqu'on le porte en marchant, le porteur rencontre-t-il un obstacle qui l'arrête subitement, l'eau se répand du côté qui lui est opposé.

Un domestique qui porte dans l'obscurité un plateau chargé de verreries ou de porcelaine, et qui rencontre un obstacle, entend souvent toute sa charge rouler en avant et se briser sous ses pieds; si, chargé de la même manière, il part trop brusquement, les vases se renversent de même, mais alors c'est de son côté.

C'est encore en vertu de l'inertie de la matière que la poussière se détache d'un habit lorsqu'on le bat; que la neige quitte le pied dont on frappe la terre avec force.

Qu'on place sur le bout de l'index, d'abord une carte, puis une pièce d'or; une chiquenaude un peu forte adroitement appliquée sur le bord de la carte, la chasse en avant, et la pièce d'or reste en équilibre.

Lorsque le médecin soupçonne que son malade a une maladie du cerveau, il le prie de secouer la tête et de lui dire où il éprouve de la douleur. L'inertie de la cervelle, lorsque le crâne se meut subitement, fait qu'elle presse suffisamment contre sa paroi intérieure pour que la partie affectée ressente une douleur momentanée qui fournit au médecin un indice précieux.

Ce genre de pression suffit quelquefois pour briser les substances fragiles ; — les verreries, les œufs, par exemple, lorsqu'ils sont emballés se brisent dans les transports quand on les meut ou qu'on les arrête trop brusquement.

Si, à bord d'un navire, on suspend un poids à l'extrémité d'un ressort, on le voit vibrer de haut en bas et de bas en haut, par l'effet du tangage. Il semble s'élever lorsque le vaisseau s'abaisse, et s'abaisser au contraire lorsque le vaisseau remonte ; le fait est que le mouvement est tout entier dans le vaisseau, et que le poids est en repos. Une masse assez pesante supportée de la même manière et mise en communication avec la sonde de pompe, pourrait manœuvrer celle-ci.

De même que le poids dont nous venons de parler, le mercure d'un baromètre ordinaire placé à bord d'un navire, s'élève et s'abaisse alternativement dans le tube, et jusqu'à ce qu'on ait eu l'heureuse idée de resserrer ce tube en un de ses points, le baromètre était inutile à la mer. On comprend parfaitement sans doute que le tube barométrique suit les mouvemens du vaisseau auquel il est attaché, et que le mercure tend, par son inertie, à persister dans l'état de repos.

Mais le sang contenu dans les vaisseaux animaux est affecté de la même manière que le mercure du baromètre précédent, toutes circonstances d'ailleurs égales : au-dessous du cœur est une longue veine que le sang traverse ; lorsque le corps humain tombe ou s'abaisse avec quelque vitesse, le sang ne descend point avec la même vitesse, on peut dire même que l'effet est le même que

s'il remontait ; et comme les veines sont munies de val-
vules qui empêchent le retour, la circulation se trouve
ainsi accélérée sans aucun effort musculaire de la part
de l'individu. Cette remarque pourra peut-être expliquer l'effet salutaire du mouvement des voitures, des
promenades en mer, des balançoires et des autres exercices passifs du même genre sur les constitutions délicates.

Si un boulet de canon venait à se briser dans sa route,
tous les fragmens persisteraient dans leur mouvement
progressif avec la vitesse acquise. Ainsi, dans ces inventions infernales, ces bombes, ces fusées de guerre qu'on
remplit de plusieurs centaines de balles de fusil et qu'on
lance à la distance voulue du corps dévoué, ces balles
conservent la vitesse de la fusée lorsqu'elle éclate, et
sèment la mort autour d'elles, produisant ainsi le même
effet que la décharge d'un bataillon tout entier.

Lorsqu'un vaisseau qui se meut d'un mouvement rapide vient à donner sur un roc, tout ce qui est à bord,
hommes, canons, meubles se trouvent lancés en avant,
et la poupe, en vertu de l'inertie, continue elle-même
à se mouvoir dans le même sens, pressant ainsi contre
le roc la proue qu'elle écrase enfin.

* Le mouvement est tout aussi naturellement permanent que le repos *.

Les exemples que nous venons de présenter, montrent qu'un corps en repos ne se mouvrait jamais sans
une impulsion préalable, ou sans l'emploi d'une force ;
ils montrent aussi qu'un corps une fois en mouvement,
le conserve encore au moment même où le moteur, quel
qu'il soit, cesse d'agir ; cependant l'on est, en général,
disposé à regarder l'état de mouvement dans les corps,

comme un état forcé, pour ainsi dire peu naturel, et à croire dès lors, qu'un corps en mouvement qu'on abandonnerait à lui-même, arriverait graduellement et de lui seul au repos : l'on est d'autant plus porté à adopter ces fausses notions, que la commune expérience semble encore les fortifier. Ainsi l'on remarque, par exemple, que la pierre qu'on a lancée, arrive enfin au repos; qu'il en est de même de la roue qu'on fait tourner, suspendue à l'extrémité de l'essieu ; de même encore, de la balle qui roule; de même enfin, des vagues après la tempête. — En un mot, on ne voit point de mouvement perpétuel sur la terre.

Cependant, en examinant la question de plus près, on remarque bientôt qu'il y a d'immenses différences dans les durées du mouvement, et que ces différences sont toujours exactement proportionnelles aux causes *retardatrices*, le *frottement* et la *résistance de l'air*.

Le frottement est la résistance qu'éprouvent les corps à se mouvoir les uns sur les autres; c'est un des grands obstacles au mouvement, que l'art parvient à diminuer, mais qu'il ne peut anéantir; d'un autre côté, la résistance que l'air oppose aux mouvemens qui ont lieu dans ce fluide, ne diffère de la résistance que les corps flottans éprouvent dans l'eau que par son intensité ; et comme la science est parvenue à découvrir la nature de notre atmosphère, on a déterminé avec précision la valeur de sa résistance.

Une balle bien polie qu'on fait rouler sur l'herbe, s'arrête bientôt. — La durée de son mouvement, sur une planche unie et recouverte de drap, serait plus longue; plus longue encore, sur la planche seule. — Sur la glace, le frottement est presque nul, et si l'air se mouvait dans le sens de la balle, elle parcourrait une distance très-considérable.

Si l'on imprime des vitesses égales aux ailes de deux petits moulins à vent, l'un ayant toutes ses ailes disposées dans un même plan parallèle à la face antérieure du moulin, celles de l'autre étant au contraire dans des plans perpendiculaires à cette face, et dont l'intersection est l'axe même du moulin; on verra que le mouvement du premier durera long-temps encore, après que celui du second aura cessé. — Placés tous deux dans le vide, le mouvement cessera au même instant, pour l'un et pour l'autre.

La forme des corps a donc une grande influence sur la résistance qu'ils éprouvent en se mouvant dans un fluide; celle des poissons contribue singulièrement à la facilité avec laquelle ils se meuvent dans l'eau; il en est de même des oiseaux dans l'air.

Une grosse toupie, terminée par une pointe fine, et mise en mouvement dans le vide, sur une surface dure et polie, continuera à se mouvoir pendant plusieurs heures.

De même, un pendule qu'on fait vibrer dans le vide, continue à se mouvoir pendant plus de vingt-quatre heures.

Mais les espaces célestes nous montrent le mouvement sans obstacle. — Là, point de frottement, point de résistance de la part de l'air, et dès-lors, point de ralentissement.

Si l'œil de l'homme avait pu, sans assistance, découvrir les quatre lunes ou satellites de Jupiter, qui depuis tant de siècles tournent autour de l'astre avec une régularité si parfaite, que cet ensemble forme pour l'astronome de nos temps modernes un garde-temps aussi exact que majestueux, — si la science avait prouvé depuis long-temps, que la vitesse première avec laquelle le globe fut lancé dans l'espace, s'est conservée toute entière depuis les premiers jours de l'homme, cette erreur ou ce préjugé, que le mouvement tend de lui-même à cesser, ne se serait jamais répandu.

Bien plus, si ces vérités et quelques autres du même ordre, avaient depuis long-temps passé dans l'esprit des masses, il est probable qu'on trouverait dans les générations actuelles le préjugé contraire. — Elles regarderaient sans doute le mouvement comme l'état naturel des corps, et le repos, au contraire, comme un état forcé et pour ainsi dire contre nature; nous ne connaissons rien, en effet, qui soit dans un repos absolu. — La terre a son mouvement de rotation, elle a aussi son mouvement de translation autour du soleil; le soleil se meut lui-même sur son axe et autour du centre de gravité du système, et probablement enfin autour d'un centre placé quelque part dans ce vaste univers, emportant avec lui toutes les planètes. — Si cette tendance au repos existait véritablement dans la matière en mouvement, un flotteur placé dans une cuvette, à bord d'un vaisseau qui fait route, se retrouverait toujours placé à l'extrémité de la cuvette située du côté de la poupe.—Et dans toutes les mers, et sur tous les lacs de la terre, on verrait les corps flottans s'accumuler sur les côtes occidentales, puisque la terre tourne d'occident en orient. Or, nous savons qu'il n'en est pas ainsi, et qu'au contraire, un homme placé sur un vaisseau, pourrait avec la même force lancer une balle à la même distance, soit qu'il la dirigeât du côté de la poupe ou du côté de la proue, quoique dans les deux cas, la vitesse, eu égard à la terre, soit véritablement très-différente.

Si nous voulons comparer les petites choses aux gran-

4*

des, nous pouvons nous former une idée de l'état des
objets qui nous entourent à la surface de la terre, dont
les parties équatoriales se meuvent avec une vitesse d'environ 1,260 pieds par seconde; transportons-nous dans
la chambre d'un vaisseau, nous nous trouvons au milieu de livres, de télescopes, de quadrants, de garde-
temps, etc. — Or, ces objets conservent toujours leurs
places respectives, et nous oublions bientôt et leur mouvement et le nôtre; et si ce n'était que le vaisseau ne se
meut point uniformément, et que nous pouvons jeter
les yeux au dehors sur quelque point à peu près fixe,
nous ne nous apercevrions pas plus de son mouvement
que nous ne sentons celui de la terre. — Ces effets, on le
conçoit, seraient absolument les mêmes, quelle que fût la
vitesse; soit que le vaisseau filât un nœud ou quinze
nœuds à l'heure, soit que la terre tournât une fois
sur son axe en vingt-quatre heures, ou une fois en dix
heures seulement, comme Jupiter.

Nous voyons donc que, quel que soit le mouvement
commun à une réunion quelconque de corps, il n'a
aucune influence sur les effets de la force qui tendrait à
produire parmi eux quelque mouvement relatif. — Tous
les mouvemens qui ont lieu sur la terre, ne sont en effet
que de légères déviations dans le mouvement commun:
de même que dans une flotte, les différens vaisseaux
changent de lieu, relativement les uns aux autres, sans
que pour cela la vitesse commune soit altérée. — Ceci
explique comment il se fait que nous soyons totalement
insensibles au mouvement rapide de la terre; comment
en serait-il autrement, en effet, puisque tout se meut
autour de nous avec la même vitesse. — On conçoit
aussi pourquoi le matelot, placé dans la cale d'un vaisseau, ne peut affirmer si le bruit de l'eau qui frappe la
carêne, est dû au mouvement de la marée qui em-

porte le navire, ou à son mouvement progressif. —
Pourquoi, sur un vaisseau emporté par un courant rapide, ou en mouvement sur une eau calme, celui dont
on a bandé les yeux, et qu'on a fait tourner plusieurs
fois sur ses talons, ne peut déterminer s'il a la face tour-
née vers la proue ou vers la poupe.

Il ne faut pas plus d'adresse pour jeter et rattraper
ensuite une ou plusieurs balles ou oranges, qu'on soit
à la surface de la terre, ou sur le pont d'un vaisseau
qui s'avance, ou dans une voiture qui marche, ou sur
un cheval au galop; l'équilibriste et les oranges ont,
dans chacun de ces cas, précisément le même mou
vement progressif. — On conçoit aussi que le cavalier
placé debout sur un cheval au galop, et qui doit passer
à travers un cerceau et retomber ensuite sur son cheval, ne doit pas s'élancer en avant, mais simplement
sauter en hauteur, et s'en reposer sur l'inertie, pour le
mouvement progressif.

Ce qui fait qu'un clocher élevé ou qu'un obélisque a
plus de solidité qu'un pilier placé debout sur le fond
d'un chariot en mouvement, ce n'est point que la terre
ait moins de mouvement que le chariot, c'est simplement parce que son mouvement est uniforme. — Ce mouvement viendrait-il à cesser un seul instant, Londres,
cette reine des mers, avec ses milliers de tours et de
clochers, se trouverait balayée de sa vallée, et chassée
vers la mer du Nord, comme la neige l'est par le vent.

L'ignorance de ces lois égarait ce matelot conteur, qui,
pour donner une idée de la vitesse de son vaisseau bien
aimé, racontait qu'un de ses camarades étant un jour
tombé du haut du mât, le navire, pendant sa chute,
s'était échappé de dessous lui avant qu'il eût eu le temps
d'arriver jusqu'au pont. Il ignorait que le corps de son
camarade devait participer du mouvement ou du repos

du navire, et tomber précisément au même lieu que ce navire fut en mouvement ou dans le port.

Il était sans doute de la famille de ce matelot, celui qui, ayant entendu dire que la terre tournait sur elle-même en vingt-quatre heures, pensait à s'élever dans un ballon, jusqu'à ce que le pays où il voulait aller passât au-dessous de lui.

* *Le mouvement est naturellement uniforme.* (Voyez l'analyse.) (1) *

Affirmer que le mouvement est *uniforme,* c'est affirmer qu'un corps ne peut, sans une nouvelle cause, acquérir ou perdre du mouvement.

L'uniformité parfaite du mouvement nous est prouvée par tous les phénomènes de l'univers. Si l'on a observé, par exemple, que le mouvement d'une planète avait, à une certaine époque, une certaine relation avec un autre mouvement pris pour terme de comparaison, cette relation demeurera constante; ou l'on remarquera que les déviations de l'uniformité la plus parfaite seront toujours proportionnées aux causes perturbatrices.

Si le mouvement n'avait point été uniforme, l'homme n'aurait jamais pu former de conjectures rationnelles sur les événemens futurs; il n'aurait eu aucune prévision raisonnable. — N'est-ce point en effet parce que la

---

(1) On appelle mouvement uniforme, celui dans lequel les espaces parcourus par le mobile croissent proportionnellement au nombre d'instans qu'a duré le mouvement; de sorte qu'on a toujours, E étant l'espace parcouru, V la vitesse avec laquelle le corps se meut dans l'unité de temps, T le nombre d'unités de temps.

$$E = VT$$

relation qui donne l'une des trois quantités lorsqu'on connaît les deux autres. (*Note du traducteur.*)

terre se meut uniformément sur son axe, qu'il parle de
demain, de la *semaine prochaine*, etc., qu'il se prépare aux événemens futurs; — dans quelle confusion se
trouverait-il jeté, si ce lendemain, cette saison, cette
année prochaine arrivaient plus tôt ou plus tard qu'il ne
l'a prévu.

Calculer les choses futures, parler des événemens
passés, c'est prendre quelque mouvement uniforme,
comme une unité à laquelle on compare tous les autres;
c'est dire, par exemple, que l'événement dont on parle
a coïncidé ou coïncidera avec quelque circonstance de
ce mouvement. Les termes de comparaison qui devaient
mériter la préférence, ceux qui se présentaient naturellement, étaient la rotation de la terre sur son axe, et
son immense révolution autour du soleil. — La première
unité était déterminée par l'apparition et la disparition
du soleil, c'est le *jour;* la succession des saisons limitait
la seconde, ou *l'année.* La terre tourne sur son axe
365 fois environ pendant la durée de sa translation autour du soleil; elle divise ainsi l'année en 365 parties ou
jours, divisés eux-mêmes en fractions déterminées par
la direction uniformément variable du lieu occupé par
le soleil, pour un même point terrestre. — Mais les progrès de la civilisation ayant bientôt fait sentir à l'homme
la nécessité de déterminer avec précision la coïncidence
de certains événemens avec les diverses périodes de la
révolution terrestre, il inventa les cadrans solaires, où
l'ombre parcourt successivement la circonférence d'un
cercle divisé; la clepsydre, qui, dans un temps donné,
laisse écouler une certaine quantité d'eau ou de sable à
travers une ouverture déterminée; l'ampoulette ou sa-
blier, etc., etc.

Mais les plus beaux titres des arts modernes à la reconnaissance de l'humanité, sont encore ces horloges

astronomiques, ces garde-temps, dont le pendule ou le balancier, par la régularité de leur mouvement, ont indiqué les inégalités périodiques du mouvement de la terre elle-même, et ont appelé l'attention des Savans sur des causes perturbatrices, aussi peu soupçonnées qu'im-portantes à connaître.

Le mouvement ne devient curviligne que par l'action d'une seconde force.

Un corps qui se meut librement ne peut, sans une cause, altérer sa vitesse; il ne peut non plus, sans une cause, changer sa direction. — Le mouvement libre est donc toujours *rectiligne* et *uniforme*.

La balle qui s'échappe de l'arme qu'on tire, ou de bas en haut, ou de haut en bas et bien verticalement, donne une idée parfaite du mouvement rectiligne.

La flèche lancée horizontalement par l'archer, s'a-baisse graduellement vers la terre, en vertu de l'attrac-tion; mais elle ne dévie ni à droite ni à gauche.

Se fiant à la nature du mouvement rectiligne, Guil-laume Tell se soumit à l'ordre du tyran, et abattit la pomme placée sur la tête de son fils; — et l'écriteau attaché à la flèche qui creva l'œil droit de Philippe, prouvait aussi la confiance de l'archer dans la rectitude du mouvement de l'arme.

Le chasseur frappe le but même qu'il vise.

La pierre suspendue dans la fronde, part avec la rec-titude de la flèche ou de la balle, et ce n'est qu'à cause de la difficulté que le frondeur éprouve à bien saisir le point du cercle où il doit la lâcher, que le coup est moins sûr.

Le corps qui se meut selon un cercle ou une courbe quelconque, agit donc contre son inertie. — Lorsqu'on examine pour la première fois cette théorie , on est porté à croire que le corps persisterait dans le mouvement curviligne , si on l'abandonnait à lui-même après avoir décrit ce mouvement ; mais si l'on observe qu'un cercle peut être considéré comme composé d'un nombre infini de lignes droites infiniment petites , on concevra que l'existence d'une force constante est nécessaire pour le rappeler , et , pour ainsi dire , courber son mouvement à chaque instant ; on concevra aussi que cette force doit être égale à celle qui tend à pousser le corps en chaque point du cercle , suivant le prolongement de la ligne droite infiniment petite , située en ce point , ou , comme on le dit , suivant la tangente. (*Voyez* fig. 2.) La force qui tire ainsi le corps vers le centre du cercle se nomme force *centripète*, par opposition à la force *centrifuge*, qui le pousse suivant la tangente.

La corde de la fronde est toujours tendue lorsqu'elle tourne , et la tension qu'elle éprouve est la mesure de l'une et de l'autre de ces forces.

Les corps solides placés sur une table qu'on fait tourner comme une roue horizontale, s'échappent bientôt.

Dans le moulin à blé , le grain est reçu entre les meules à travers une ouverture pratiquée au centre de la meule supérieure ; la force centrifuge le pousse continuellement vers la circonférence, jusqu'à ce qu'il s'échappe enfin à l'état de farine.

L'homme qui se coucherait suivant la direction d'un des rayons de cette meule , les pieds tournés vers le centre , et la tête à la circonférence , s'endormirait ou mourrait d'une apoplexie , le sang exerçant une pression considérable sur sa cervelle , en vertu de la force centrifuge.

Un balai mouillé qu'on fait rouler rapidement sur son

manche, projette l'eau, qu'il avait retenue, dans toutes les directions, et se sèche ainsi par la force centrifuge.

Les moutons, dans les temps humides, se débarrassent de l'eau dont leur toison est recouverte, par un mouvement de rotation alternatif qu'ils lui impriment, — comme les chiens qui sortent de l'eau.

Un verre d'eau disposé dans une fronde, comme le serait la pierre, peut d'abord être mis en vibration à la manière d'un pendule; si l'on augmente peu à peu l'amplitude des oscillations, on parvient à faire décrire au verre un nombre indéfini de révolutions autour du point d'attache, qui est ici la main, sans qu'une seule goutte d'eau se soit répandue. On voit qu'ici la force centrifuge l'emporte sur la gravité.

De même que les corps solides qu'on place sur une table tournante s'éloignent du centre, de même un liquide versé dans un vase qu'on fait tourner sur son centre comme une roue horizontale, se relève tout autour du vase le long de sa paroi intérieure.

L'eau qu'on verse obliquement dans un entonnoir, y descend en circulant, laissant quelquefois un passage pour l'air jusqu'au fond, et formant ainsi une espèce de doublure liquide; c'est en partie à la force centrifuge qu'il faut attribuer ce phénomène : nous verrons à l'article de la *Pression atmosphérique*, une autre cause qui y concourt.

Les grands tourbillons à la mer, et ceux d'une moindre étendue qu'on remarque dans les rivières, présentent encore des exemples de force centrifuge.—Lorsqu'un courant rencontre subitement un obstacle, un roc, par exemple, l'eau qui continue son mouvement en ligne droite, retombe bientôt en arrière de l'obstacle, laissant une espèce de fosse liquide dont les flancs tournoyent perpétuellement. Charybde, dans la Méditerranée, et le grand tourbillon de la côte de Norwège ou Mahlstrom, en sont des exemples bien connus.

C'est encore à la force centrifuge qu'il faut attribuer les coudes nombreux que présente le cours des rivières qui coulent dans les pays plats. Le courant est-il jeté par une cause quelconque, sur la gauche par exemple, il use pour ainsi dire de ce côté le lit de la rivière, le coude par son action centrifuge, et cela jusqu'à ce qu'il rencontre quelqu'obstacle insurmontable, comme une rive rocailleuse ou plus élevée; alors il se dirige vers la droite, puis de la droite il revient à la gauche, et ainsi de suite, en produisant de part et d'autre les mêmes effets.

Il arrive souvent que les voitures versent en tournant trop brusquement l'angle d'une route ou un coin de rue. Ces accidens proviennent de ce que la caisse de la voiture persiste, en vertu de l'inertie, dans sa direction première, pendant que les chevaux tirent subitement les roues dans une nouvelle direction. Une diligence chargée qui court vers le sud, et qui tourne brusquement à l'est ou à l'ouest, jette les voyageurs et le bagage au côté sud de la route. Lorsqu'un tournant rapide est inévitable, le côté extérieur du tournant doit donc toujours s'élever plus que le côté intérieur, afin de prévenir de tels accidens.

Le cavalier qui tourne un coin de rue avec vitesse, a toujours le soin de s'incliner en dedans, c'est-à-dire du côté du coin, afin de balancer la force centrifuge qui le renverserait. L'homme qui court à pied agit de même dans la même circonstance.

C'est surtout dans le patineur habile qu'on remarque cette inclinaison; la force centrifuge lui donne les moyens de varier ses attitudes de la manière la plus agréable pour les spectateurs. C'est encore elle qui lui permet de se tirer avec grâce d'un mauvais pas ; en effet, se sent-il involontairement incliner d'un côté, il décrit alors d'un pied exercé une légère courbe concave à ce côté ; son corps, en vertu de l'inertie, se refuse pour ainsi dire à ce mouvement curviligne, et la force centrifuge le redressant, vient replacer son centre de gravité dans la verticale à la base. Le patinage devient donc à l'homme intelligent un exercice pour le corps et pour l'esprit, qui, en entretenant sa santé, sa vigueur et son adresse, re-produit à volonté un phénomène intéressant des lois du mouvement et de l'équilibre.

Ce dernier exemple explique comment il est possible qu'un cerceau qu'on pousse devant soi sur le sol, et qu'on abandonne à lui-même, se meuve quelquefois si long-temps avant de s'abattre. S'incline-t-il d'un côté, cette seule inclinaison courbe de ce côté la direction de son mouvement, et de même que le patineur ci-dessus, la force centrifuge tend à repousser les parties supérieures au-dessus de la base de sustentation.

Une pièce de monnaie qu'on fait rouler sur le parquet bien uni d'un appartement, présente les mêmes phéno-mènes.

On comprendra sans doute ici le mouvement de la toupie ; lorsqu'elle pose bien d'aplomb sur sa base, elle n'a aucune tendance à changer de lieu quelle que soit la rapidité de sa rotation ; mais vient-elle à s'incliner un peu, ce n'est plus la pointe même du clou qui porte sur le sol, mais bien un point de son contour, qui par la ro-tation engendre un cercle ; ce cercle peut être assimilé à une petite roue qui cheminerait avec la vitesse de la toupie, décrivant une courbe assez semblable à celui du patineur ci-dessus, jusqu'à ce que l'instrument revienne à la verticale, comme d'abord. De la seule inclinaison de la toupie, il résulte donc un mouvement de transla

tion qui ne cesse qu'avec cette inclinaison elle même.
— Il est à remarquer que, dans des traités scientifiques
même estimés, on attribue vaguement à la force centrifuge la stabilité de la toupie. Il en résulte que bien des
gens s'imaginent qu'une toupie en mouvement placée
dans le plateau d'une balance, exige un contre-poids
moins fort pour être équilibrée, que lorsqu'elle est en
repos ; d'autres oubliant que la force centrifuge est partout égale à la même distance de l'axe de rotation, expliquent le mouvement de la toupie inclinée en disant
que la force centrifuge est plus grande du côté le plus
élevé, et balance ainsi la gravité. Le fait est que la force
centrifuge n'agit ici que comme pour le patineur, elle
tend à redresser la toupie, à replacer l'ensemble sur sa
base lorsqu'il s'incline.

La force centrifuge nous expliquera aussi comment il
devient plus facile de faire la voltige à cheval dans un
manége comme celui de nos théâtres que sur une route
droite. Nous voyons toujours l'homme et le cheval s'incliner vers le centre du manége, l'inclinaison du volti-
geur en dedans est-elle trop grande et court-il le risque
de tomber, il pousse le cheval au grand galop, et l'équilibre se rétablit ; il ralentit son pas au contraire s'il
craint de tomber en dehors.

Si l'on suspend une pincette à une corde, et qu'a-
près avoir tordu cette corde en tournant la pincette
plusieurs fois sur elle-même on l'abandonne, on en
verra les deux branches s'écarter, et cela d'une quantité
d'autant plus grande que le mouvement est plus rapide.
Cette expérience bien simple peut donner une idée du
gouverneur ou *régulateur* employé par Watt pour ses
machines à vapeur ; on peut en effet se représenter cet
ingénieux appareil comme une pincette dont les branches porteraient à leurs extrémités deux globes de fer.

Cet appareil est formé d'un axe vertical que la machine fait tourner plus ou moins rapidement, suivant qu'elle marche elle-même plus ou moins vite. Sur l'extrémité supérieure de cet axe se trouve implanté un tourillon horizontal auquel deux tringles métalliques sont suspendues par des collets un peu libres, de manière qu'elles puissent s'écarter plus ou moins de la verticale. Chaque tringle porte dans le bas la grosse boule métallique dont nous venons de parler. Quand l'axe vertical est mis en mouvement par la machine, les boules qui tournent avec lui s'en écartent jusqu'à une certaine limite, par l'effet de leur force centrifuge. Si le mouvement s'accélère, l'écartement devient plus fort; il diminue dès que le mouvement se ralentit. Les boules montent donc dans le premier cas, et elles descendent dans le second. Ces oscillations ascendante et descendante se communiquent par des leviers à la manivelle de la soupape du tuyau qui fournit la vapeur; elle le ferme de plus en plus si la machine va trop vite, et l'ouvre au contraire si elle marche trop doucement. (*Voyez* la notice de M. Arago sur les machines à vapeur.)

Le potier de terre tire encore partie de la force centrifuge pour donner la forme à ses produits. Il place sur sa girelle un vaisseau à demi formé d'argile humide, et le mouvement de rotation qu'on imprime à la machine, étend cette pâte et l'assiste dans son travail.

Une balle d'argile molle qu'on fait tourner avec rapidité sur un axe qui la traverse, perd bientôt sa forme sphérique; elle renfle dans la partie située à égale distance des extrémités de l'axe, et s'aplatit ainsi à ses extrémités mêmes.

Ce phénomène est précisément celui qu'offre le globe terrestre. Il paraît n'avoir point toujours eu cette dureté que sa croûte possède aujourd'hui, mais au contraire avoir été originairement dans un état de mollesse qui a permis à ses parties d'obéir à la force centrifuge ; on sait en effet que le demi-diamètre de l'équateur surpasse celui du pôle de près de cinq lieues. Dans Jupiter ou dans Saturne, dont la rotation est bien plus rapide que celle de la terre, ce renflement à l'équateur ou cet apla-tissement au pôle est bien plus sensible encore. Il est en effet pour la terre de $\frac{1}{309}$ environ, de $\frac{1}{13}$ pour Jupiter, et de $\frac{1}{11}$ pour Saturne.

Une masse de plomb qui, à un des poles terrestres, peserait 1000 livres, perdrait près de 5 livres de son poids à l'équateur, en vertu de la force centrifuge.

Si la rotation de la terre devenait tout à coup 17 fois plus rapide, cette même masse ne peserait plus rien du tout à l'équateur ; pour une vitesse plus grande encore, les corps situés sous ce cercle s'échapperaient comme les pierres lancées par les volcans, et iraient former dans l'espace autour du globe un anneau semblable à celui de Saturne (1). L'anneau multiple de cette planète paraît avoir été formé par un effet de ce genre, il se

---

(1) Évaluation de la force centrifuge. *La force centrifuge est égale au quarré de la vitesse divisée par le rayon de courbure* : on aura donc, f représentant cette force, v la vitesse, c'est-à-dire l'espace par-couru en une seconde, et r le rayon de courbure

$$f = \frac{v^2}{r}.$$

Si le corps se meut suivant un cercle comme pour le cas dont il s'agit ici, on obtient une expression de la force centrifuge, qui est la sui-vante :

$$f = \frac{R}{T^2} \times 39.4784$$

R désignant le rayon du cercle, et T le temps que le mobile met à parcourir une révolution entière.

Appliquons cette formule à la question ci-dessus. Un corps situé à l'équateur décrit une révolution entière en 24 heures sidérales, qui

soutient autour d'elle sans la toucher en vertu de la cause générale qui soutient tous les satellites, en vertu de cette cause qui retient la terre dans son orbite, l'équilibre entre la force centrifuge et la gravité. Si cet anneau venait à se briser, les fragmens libres et indépendans les uns des autres, continueraient à se mouvoir, leurs vitesses variant avec leurs distances au centre de la planète.

On appelle quantité de mouvement d'une masse matérielle, le produit de sa vitesse par la quantité de matière qui la constitue.

Si un seul atome se mouvait avec une vitesse d'un pied par seconde, sa *quantité de mouvement* serait exprimée par l'unité ou 1 ; s'il parcourait 10 pieds par se-

---

équivalent à environ 23ʰ 56′ 4″ de temps moyen, ou 86164 secondes; T' est donc égal à 86164, et $T^2 = 7424234896$.

Mais le rayon R de l'équateur est de 6376464 mètres, la force centrifuge ou f devient donc

$$\frac{251732596.3776}{7424234896} = 0^m.0339,$$

c'est-à-dire qu'elle imprime aux corps une vitesse de 0ᵐ.0339 dans la première seconde ; or, la gravité à l'équateur, déduite des observations, est de 9ᵐ.78. Il est d'ailleurs évident que cette valeur n'est que la différence entre la gravité réelle et la force centrifuge ; en ajoutant donc à ce nombre la valeur de la force centrifuge, ou 0ᵐ.0339, on aura pour la gravité totale 9ᵐ.8134. Divisant ce nombre par 0ᵐ.0339, on obtient pour quotient 289, ce qui montre qu'à l'équateur la force centrifuge est le $\frac{1}{289}$ de la gravité. La première relation $f = \frac{v^2}{r}$ montre que pour un point matériel qui parcourt le même cercle avec des vitesses différentes, *la force centrifuge augmente comme le quarré de la vitesse.* Or, 289 est précisément le quarré de 17. On voit donc que si le mouvement de rotation devenait 17 fois plus rapide, la force centrifuge deviendrait 289 fois plus considérable, et que les corps à l'équateur cesseraient de peser. (*Note du traducteur.*)

conde, sa quantité de mouvement serait décuple de la première. Elle décuplerait aussi bien, si, se mouvant avec sa vitesse première d'un pied par seconde, le mobile était formé de dix atomes au lieu d'un seul.

Si l'on suspend une balle d'argile du poids d'une livre à l'extrémité d'un fil, à la manière d'un pendule, et qu'en l'éloignant de la verticale, on la laisse retomber avec une vitesse de dix pieds par seconde, contre une autre balle de la même substance, suspendue comme la première, mais du poids de neuf livres et au repos, on trouvera qu'après le choc, ces deux balles se mouvront ensemble avec une vitesse de 1 pied seulement par seconde. — La quantité de mouvement n'a pas changé; car ce qu'elle a perdu en vitesse, elle l'a regagné en masse. — La quantité de matière étant 1 dans le premier cas, et la vitesse 10, cette vitesse, au moment du choc, s'est répartie sur une masse 10 fois plus grande; elle a donc dû se réduire à un dixième de ce qu'elle était d'abord, ou 1.

Dans un boulet de canon de mille onces, qui se meut avec une vitesse de 1 pied par seconde, la quantité de mouvement est donc la même que dans une balle de fusil d'une once, qui part de l'arme avec une vitesse de 1000 pieds par seconde (1).

---

(1) Q étant la quantité de mouvement, M la masse, et V la vitesse, on a la relation

$$Q = M \times V.$$

Il est facile de voir que la valeur de Q ne change point, si l'on multiplie ou si l'on divise M ou V, pourvu qu'en même temps l'on divise ou l'on multiplie par le même nombre l'autre quantité, c'est-à-dire V ou M.

Ainsi Q conserverait toujours la même valeur, 12, par exemple,

M étant successivement 2 . 3 . 4 . 6
et V . . . . 6 . 4 . 3 . 2
(*Note du traducteur.*)

* La quantité de mouvement d'un mobile est la mesure de la force qui lui a donné le mouvement. *

Le choc des balles d'argile prouve ce théorème par l'expérience ; de même, un corps qui tombe pendant dix secondes, acquiert dix fois plus de vitesse que pendant une seconde seulement ; son mouvement sert de mesure à la gravité qui a causé sa chute.

Lorsqu'une masse matérielle descend sur la terre suivant une verticale, sa quantité de mouvement est plus grande que celle d'une masse moindre, qui descendrait de la même hauteur, et précisément dans le rapport des masses : mais comme la gravité s'exerce également sur chaque atome, la quantité de mouvement de l'une ou de l'autre masse, pourra également servir de mesure à la gravité.

Une masse matérielle, une réunion d'atomes tombent naturellement avec la même vitesse qu'un seul atome ; car la gravité *tire* également chaque atome, elle a la même inertie à vaincre, que cet atome soit seul ou qu'il soit réuni à d'autres.

Cette remarque est en contradiction avec les préjugés populaires. On s'imagine ordinairement qu'un corps pesant, partant d'une même hauteur, doit arriver à la terre en un temps bien plus court, qu'un corps plus léger. Qu'une pièce d'or, par exemple, doit descendre beaucoup plus vite qu'une plume ; mais cette erreur vient de ce qu'on fait abstraction de la résistance de l'air, résistance bien plus grande sur la plume que sur le métal, puisqu'elle présente une plus grande surface ; aussi remarque-t-on qu'en les renfermant l'un et l'autre dans une enveloppe de verre dans laquelle on fait le vide, elles tombent précisément dans le même temps.—Mais dans l'air même, la plume tomberait plus vite que la pièce d'or, si celle-ci était battue en une feuille mince, et dès-lors d'une très-grande surface.

Une brique qui tombe du haut d'une maison qu'on bâtit, arrive au sol en même temps que dix autres briques qui partent en même temps qu'elles, que ces briques soient d'ailleurs réunies ou séparées. — De même qu'un seul cheval arrive au bout de la carrière en même temps que dix chevaux qui galopent de front avec lui.

Lorsqu'on voit un navire et une barque qui s'avancent avec la même vitesse, c'est que leurs surfaces de voilure sont proportionnées à la résistance que chacun peut avoir à vaincre.

Un homme par sa seule force poussera devant lui une petite barque avec une vitesse assez grande; le même effort pourra faire avancer très-lentement un grand bateau chargé; appliqué à un navire, ce mouvement serait à peine sensible. Cependant, dans chacun de ces cas, la quantité de mouvement est la même, elle peut donc être regardée comme une mesure de la force qui l'a produite.

Une balle de fusil et un boulet de canon qui se meuvent avec la même vitesse, indiquent, par leur différente quantité de mouvement, la différence des forces qui l'ont produite; — la force d'une once de poudre, par exemple, dans le premier cas, et celle de plusieurs livres dans le second.

Une balle d'une livre qui reçoit l'impulsion d'une certaine force, se meut deux fois aussi vite qu'une balle de deux livres qui reçoit une impulsion égale; cependant, bien que les vitesses soient différentes, les quantités de mouvement des mobiles sont égales, et si l'on ignorait

qu'ils eussent reçu la même impulsion , on serait en droit
de le conclure (1).

* *La quantité de mouvement acquise par un mobile ,
donne aussi la mesure de l'effet qu'il peut produire.* *
(Voyez l'analyse de la section.)

Les corps peuvent être regardés comme des réservoirs
de force et de mouvement toujours prêts à rendre ce
qu'ils ont reçu. — On appelle *moment* la force d'un
corps en mouvement eu égard à l'effet qu'il peut produire, à la résistance qu'il peut vaincre. C'est un autre
terme que celui de *quantité de mouvement*, mais qui
effectivement désigne la même chose.

Un boulet de canon, suivant la quantité de mouvement dont il jouit , peut enfoncer une planche , ou traverser un arbre , ou même se faire jour à travers un bloc
de pierre.

Le choc d'une bûche qui flotte avec une vitesse modérée à la surface de l'eau , est sans danger pour un nageur ; placé contre un obstacle, la rencontre d'un bateau
chargé , qui n'aurait que la vitesse de la bûche , lui briserait les os. — Les îles de glace flottantes des mers polaires qui presseraient entre elles un vaisseau de guerre

---

(1) On peut ainsi résumer cet axiome de mécanique :
*Quand une même force agit sur des masses différentes , elle leur
imprime des vitesses qui sont en raison inverse de ces masses.*
D'où résulte :
*Que deux ou plusieurs forces d'impulsion sont entre elles comme les
quantités de mouvement qu'elles produisent ;*
*Que lorsque les masses sur lesquelles elles agissent sont égales,
ces forces sont entre elles comme les vitesses qu'elles impriment ;*
*Qu'au contraire lorsque les vitesses sont égales , elles sont entre
elles dans le rapport des masses sur lesquelles elles agissent.*
(Note du traducteur.)

du premier rang l'écraseraient, comme deux bateaux qui se rencontrent brisent les coquilles d'œuf qui flottent à la surface de l'eau.

Le grêlon qui tombe de l'atmosphère frappe rudement celui dont la tête est découverte; — les fragmens de roc que, dans l'antiquité, les assiégés faisaient rouler de la hauteur sur les assiégeans, portaient partout la mort sur leur passage, — et l'avalanche qui se détache de la cime de la montagne, roule dans la vallée, balayant devant elle des villages entiers.

Dans la rencontre de deux corps, le choc qu'ils éprouvent est le même, soit que le mouvement soit partagé entre eux, soit qu'il réside dans un seul. *

L'homme qui court et qui vient heurter contre un autre homme en repos, reçoit un choc comme ce dernier. — Le choc est deux fois plus fort, si les hommes courent à la rencontre l'un de l'autre, avec des vitesses égales. — Ce genre de rencontre est souvent fatal aux patineurs.

Le cavalier qui heurte contre un arbre lorsqu'il est lancé au galop, court le risque d'avoir la tête brisée, aussi bien que par une poutre qu'on lancerait contre lui avec la vitesse du cheval.

Il n'est point rare, dans les luttes, que les boxeurs se brisent ou se disloquent les os, lorsque les poings viennent à se rencontrer.

De même, les vaisseaux qui, à la mer, marchent en sens inverse, chacun avec une vitesse ordinaire, et se choquent, se détruisent souvent l'un l'autre, comme si chacun d'eux avait donné sur un roc avec une vitesse double. On n'a que trop d'exemples à citer de catastrophes aussi funestes; combien de fois, dans des nuits obscures, un gros vaisseau n'a-t-il pas enseveli un plus faible navire ; combien de fois un horrible silence n'a-t-il pas succédé, en un instant, aux cris de surprise et de désespoir que les vagues permettaient encore aux malheureuses victimes de proférer, avant de se refermer sur elles pour jamais. — En novembre 1825, le bateau à vapeur *la Comète* périt ainsi sur la côte d'Écosse, entraînant avec lui soixante-dix passagers, qui disparurent avant que les sons prolongés de la musique du bord se fussent éteints dans l'Océan.

* Direction des forces qui produisent le mouvement. *

Lorsqu'une force unique agit sur un corps, le corps se meut dans la direction de la force impulsive.

Une balle qui flotte sur l'eau, ou qui gît sur une glace unie, poussée par un vent du nord, se dirige exactement vers le sud. — Le boulet qui sort du canon se dirige d'abord suivant la direction de l'axe de la pièce, c'est-à-dire précisément dans le sens de l'impulsion qu'il reçoit.

Lorsque deux ou plusieurs forces agissent simultanément sur un même corps, ce corps ne pouvant se mouvoir en même temps dans plusieurs sens, prend une direction moyenne entre les directions de toutes les forces ; c'est ce qu'on appelle la direction *résultante*, parce qu'elle est le résultat de l'action totale des forces *composantes*.

Un vaisseau qui a le vent du nord en poupe, et qui se trouve en même temps chassé à l'est par un courant dont la force égale celle du vent, se meut à chaque instant un peu vers le *sud*, un peu vers l'*est*, et la trace de sa route est réellement une ligne se dirigeant exactement vers le *sud-est.*

La figure 3 nous aidera à comprendre ce phénomène : *b* est le lieu qu'occupe le vaisseau dans le premier instant, *e* est l'est, *s* le sud, et *b a* la direction moyenne, ou la route du vaisseau. Cette figure est ce qu'on appelle le *parallélogramme* des forces ; toute simple qu'elle paraisse, elle facilite singulièrement l'étude de la philosophie naturelle. La théorie à laquelle elle appartient fait partie de la *science des mesures,* ou des mathématiques ; mais les vérités générales de cette théorie peuvent être parfaitement comprises sans autres connaissances que celles qu'on pourrait appeler *mathématiques du sens commun.*

Lorsque deux forces agissent sur un corps , comme le vent et la marée dans le dernier exemple , le résultat est absolument le même, soit que les forces agissent simultanément , soit que leurs actions se succèdent. Par exemple (fig. 3) , si le vent pousse le vaisseau un mille au sud, de *b* en *s*, et qu'immédiatement après, la marée le chasse d'un mille à l'est, de *s* en *a*, il se trouvera après tout , précisément au même point *a*, que s'il avait été chassé d'abord *sud-est*, ou suivant *b a*, par l'action simultanée des deux forces. — On voit donc que si l'on tire les lignes *b s*, *b e*, dans la direction suivant laquelle les forces agissent , en donnant d'ailleurs à ces lignes un rapport de longueur qui soit le même que le rapport des forces, qu'ensuite , par l'extrémité des forces ou des lignes , si l'on veut, on tire des parallèles à ces forces , par exemple, *e a*, parallèle à *b s*, puis *s a* parallèle à *b e*, on formera un quarré ou un parallélogramme, dont la ligne milieu ou *diagonale* sera la *résultante*, c'est-à-dire qu'elle représentera en longueur et en direction , la route du mobile soumis aux deux forces, et qui, pour le cas actuel , est le vaisseau.

Ce que nous disons ici de l'effet produit par deux forces continues, comme le vent et la marée, s'applique aussi bien aux impulsions, aux chocs qui ne durent qu'un moment; par exemple, à l'impulsion que deux billes de billard impriment à une troisième par des chocs simultanés.

Lorsque les forces sont égales, et que les directions en sont perpendiculaires, il est clair que la figure devient un quarré; mais si l'une des forces est plus grande que l'autre, le quarré s'allonge, pour ainsi dire, il devient un rectangle (figure 4), pourvu toutefois que les directions soient toujours perpendiculaires. — Sont-elles obliques, au contraire, on obtient la figure 5, ou la figure 6, suivant leur obliquité. — Dans tous les cas, la diagonale montre le *résultat*.

Nous ferons remarquer qu'une seule et même ligne peut être à la fois la diagonale d'une infinité de figures (fig. 7). Il existe donc un grand nombre de systèmes de forces qui, combinées deux à deux, peuvent conduire au même résultat.

Toutes les fois que les forces sont égales, quelle que soit d'ailleurs leur obliquité, la direction *résultante* est toujours exactement moyenne entre les directions composantes. — Ainsi, un bateau qu'on mène à la rame, s'avance toujours en droite ligne dans la direction de la quille, malgré l'obliquité continuellement variable des rames, parce que ce degré d'obliquité et la longueur des rames, sont toujours les mêmes de part et d'autre du bateau. — On s'expliquera de la même manière, la direction rectiligne de l'homme qui nage, et de l'oiseau qui vole.

L'on conçoit sans doute aussi bien, comment il se fait que le corps qu'on suspend, le fil à plomb, par exemple, de même que la pomme qui tombe de l'arbre, se trouvent toujours dans la ligne qui tend vers le centre de la terre. — Car (figure 8) pendant que le corps subit l'attraction de la partie de la terre située au-dessous de lui, il est bien vrai que sa droite et sa gauche sont aussi attirées par les parties correspondantes de la masse terrestre; c'est-à-dire, suivant bd et bg, suivant bd' et bg', suivant bd' et bg'; mais tout est égal de part et d'autre, et le corps suit la ligne moyenne ba. — Lorsqu'on parle de l'attraction de la terre, qui en réalité est la somme des forces attractives de tous les atomes dont elle se compose, nous pouvons donc ne la considérer que comme une seule et unique force, qui s'exerce du centre de la planète.

Si l'on transportait un corps à une profondeur assez grande au-dessous de la surface du globe, son poids se trouverait considérablement diminué; car toute la masse qui se trouverait au-dessus de lui l'attirerait en sens contraire de ce que nous appelons pesanteur; une descente de quelques centaines de pieds présente même une différence sensible. — Et, au centre de la terre, si l'homme pouvait y arriver, il trouverait que les corps n'y auraient plus aucun poids; car ils se trouveraient également attirés dans toutes les directions. — En ce point, il n'y aurait donc plus ni *haut*, ni *bas*.

Si les directions des forces étaient tellement obliques, que les lignes qui représentent ces forces fussent presqu'en ligne droite, on ne pourrait former sur elles qu'un parallélogramme dont la diagonale serait à peine sensible. — Cette diagonale ou cette résultante, serait nulle si ces forces étaient sur la même ligne. — Ce qui montre que des forces opposées se détruisent l'une l'autre, ou totalement si elles sont égales, ou en partie, si elles sont inégales; et *le corps qui subit leur action se meut alors dans le sens de la plus grande force, comme s'il était animé d'une seule force égale à la différence des deux composantes.*

Dans la figure 6 , l'obliquité est telle que la *résultante* est plus petite que l'une ou l'autre composante.

La figure 5 montre , au contraire , que lorsque les directions des forces forment un angle tellement aigu , qu'elles approchent du parallélisme , la résultante est plus longue que l'une ou l'autre des composantes. Si ces deux forces étaient réellement parallèles , et appliquées aux deux extrémités d'une verge inflexible , elles pourraient être remplacées par une résultante égale à leur somme ; cette résultante devrait être appliquée au milieu de la verge, si ces forces étaient égales. — Si elles étaient inégales, le point d'application devrait partager la verge en deux parties inversement proportionnelles aux composantes ; c'est-à-dire , se rapprocher d'autant plus de la grande force , que cette dernière est plus grande que la moindre force.

S'il s'agissait de trouver la résultante de plus de deux forces , on chercherait d'abord celle des deux premières qu'on regarderait comme une seule force ; on chercherait ensuite la résultante de cette résultante et d'une troisième force , et ainsi de suite. — Ou bien l'on peut encore représenter ces forces sur le papier , par des lignes successives qui indiquent leur rapport et leur direction ; l'extrémité de la dernière ligne tracée , sera le lieu occupé par le corps , après avoir subi l'action des forces combinées (1). — Le matelot qui veut déter-

---

(1) Soit les deux forces F, f, soit A l'angle que forment leurs directions , et R la résultante, on a

$$R = \sqrt{(F^2 + f^2 + 2 Ff \cos. A)}.$$

Dans le cas où il y a plus de deux forces, on a , $A . B . C$ étant les angles formés par les directions des forces Ff, Ff', ff' ,

$$R = \sqrt{(F^2 + f^2 + f'^2 + 2 Ff \cos. A}$$
$$+ 2 Ff' \cos. B + 2 ff' \cos. C...).$$

miner le lieu de son vaisseau sur la carte, tient compte, d'abord, de son mouvement progressif, dont la mesure lui est donnée par le loch, puis de la dérive causée par le vent qui l'emporte sur la droite ou sur la gauche, puis enfin, de l'effet du courant dans lequel il navigue.

La *décomposition des forces* est un terme par lequel on exprime un autre important usage des figures que nous venons de décrire, lorsqu'il s'agit, par exemple, de trouver quelle peut être, dans une direction déterminée, l'action d'une force connue; ce qui revient à trouver quelles sont les forces dont elle peut être la résultante, problème inverse du premier, comme on le voit.

Soit ba, figure 9, la force donnée; si l'on voulait savoir quelle est la part d'action de cette force dans la direction bc, ou dans une autre direction bd, il suffirait de conduire, à partir de l'extrémité a de ba, des perpendiculaires sur les directions données bc, bd, les intersections es de ces perpendiculaires avec les directions, détermineraient les longueurs be, bs, et par conséquent la part d'action de ba, suivant ces directions.

C'est ainsi que le marin, qui sait de combien il s'est avancé dans une certaine direction, trouve facilement de combien il a marché vers le nord et vers l'est, ou vers le sud et vers l'ouest, ou, en d'autres termes, détermine la différence en longitude et en latitude du lieu actuel que son vaisseau occupe, avec celui où il se trouvait la veille.

Autre exemple. — Soit (figure 10) une balle b, qu'on laisse tomber perpendiculairement sur une table ac; soit bc, la force et la direction suivant laquelle elle la

frappe, elle choquera la table avec une certaine force ;
supposons maintenant qu'on la lance de *e* au même
point *c*, avec une force précisément égale à celle qu'elle
avait d'abord ; mais, comme on le voit, dans une direction oblique. — Le sens commun indique assez que
l'action perpendiculaire en *e*, sera moindre qu'elle était
d'abord, mais la figure montre la valeur de cette action
perpendiculaire, qui se trouve réduite à *e a*. Le rapport
des lignes *e a*, *c b*, donne le rapport des actions perpendiculaires dans l'un et l'autre cas ; c'est-à-dire, que si
e a est les deux tiers de *b c*, ou de *e c*, qui lui est égale,
l'action perpendiculaire, lorsqu'on lance la balle de *e*
vers *c*, n'est que les deux tiers de ce qu'elle est, lorsqu'elle part de *b* (1).

Cette dernière figure montre l'influence de la direction du vent, sur le mouvement progressif du vaisseau,
sur les ailes des moulins à vent, celle de l'eau sur les
roues hydrauliques, etc.

* *Les deux principales forces de la nature, sont
l'*ATTRACTION et la RÉPULSION *. (Voy. l'analyse.)

Celui qui, pour la première fois, aborde ce sujet, est
bien loin de se douter que l'immense variété des phénomènes naturels dont il est témoin, naissent des deux
principes sur lesquels nous avons jeté un coup d'œil
dans la première section, nommément l'attraction et la
répulsion. — Montrons-lui donc d'abord, que les mouvemens accélérés, retardés, et curvilignes, en dérivent.

-----

(1) Si l'on veut obtenir l'action *P* d'une force *R*, suivant certaine
direction donnée par l'angle *A*, que fait *R* avec cette direction, on
pourra employer la relation
$$P = R \cos. A.$$

Attraction. — Avant que Newton eût annoncé au monde, que ce que nous appelons le *poids* des corps n'était qu'un cas particulier de cette attraction universelle qu'il nous a révélée, on n'avait jamais soup· çonné que ce poids pût jamais diminuer, en élevant les corps à de grandes distances au-dessus de la terre ; qu'il pût être moindre sur le sommet d'une haute montagne, qu'au niveau de la mer, par exemple ; c'est cependant ce que l'expérience a souvent démontré. — Quoi qu'il en soit on peut, dans l'étude des effets que produit la gravité près de la surface de la terre, la considérer généralement comme une force uniforme ; l'homme en pénétrant dans les mines, ou en s'élevant dans les ballons, ne s'est guère rapproché ou éloigné du centre de la terre, que de la millième partie de son rayon ; il a donc fallu qu'il eût recours à des expériences délicates, pour découvrir des différences sensibles dans le poids des corps qui, comme nous l'avons déjà remarqué, varie avec la distance à ce centre.

La gravité, cause d'accélération.

Une force quelconque qui agit sur un corps d'une manière continue, doit imprimer à ce corps, *s'il se peut mouvoir librement*, un mouvement de plus en plus accéléré. — En effet, le mouvement produit dans le premier instant, le corps le conserve en vertu de son inertie, et si la force venait à cesser, le corps continuerait à se mouvoir uniformément jusqu'à la rencontre d'un obstacle. — Mais la gravité agit incessamment, et l'impulsion, l'effet qu'elle a produit dans le premier instant, elle le renouvelle dans le second. Voilà donc la vitesse du corps qui devient double de ce qu'elle était d'abord ; sans pousser plus loin le raisonnement, on voit parfaitement que la vitesse du corps, dans le troisième instant, serait triple de la vitesse primitive, quadruple dans le quatrième, quintuple dans le cinquième, et ainsi de suite.

Comme les instans sont supposés infiniment petits, et tous égaux, la vitesse acquise, ou bien encore la vitesse uniforme avec laquelle le corps soumis à la gravité continuerait à se mouvoir si la gravité cessait tout à coup, est proportionnelle au temps écoulé depuis le départ du corps jusqu'à la fin du dernier instant.

On voit donc qu'un corps qui tombe sous l'influence de la gravité, est comme un réservoir de force qui reçoit à chaque instant de nouvelles vitesses, ou dont la quantité de mouvement s'accroît à chaque instant.

On rapporte que ce fut dans la chute d'une pomme, que le génie sublime de Newton, sut lire les lois d'attraction qui régissent l'univers.

L'œil qui voit la pomme se détacher de la branche, peut bien la suivre pendant quelques instans, et remarquer son accélération ; mais bientôt, sa trace dans l'espace n'est plus qu'une ombre qu'il ne distingue plus.

L'enfant qui laisse une balle s'échapper de sa main, la rattrappe facilement dans le premier instant, un instant plus tard, sa main cherche en vain à la saisir.

Le roc détaché par la foudre, se meut d'abord lentement ; mais, une fois lancé, il recueille à chaque instant de nouvelles vitesses, et s'en va rebondir de roc en roc, emportant, renversant tout ce qui s'oppose à sa course.

Lorsqu'on transvase un sirop épais, on voit la lame liquide s'amincir de plus en plus, à mesure que la vitesse augmente. Si la hauteur dont on le verse est considérable, cette lame se transforme, à son extrémité, en un filet dont la vitesse d'écoulement est très-grande, car il remplit l'autre vase en peu d'instans ; la cataracte

du Niagara est une *imposante* copie de ce phénomène
dont nous sommes témoins tous les jours; une rivière
d'une largeur considérable, courbe ses eaux au-dessus
d'un précipice, en une masse liquide, d'abord lente et
majestueuse, qui s'amincit bientôt en une lame de plus
en plus fine, qui vient frapper à deux cents pieds plus
bas, avec la rapidité de la foudre.

Lorsque la vitesse de chute devient considérable,
l'œil ne peut plus la mesurer, même approximativement; mais les effets du corps qui tombe en donnent
une idée. — Un homme saute impunément d'une chaise
jusqu'au sol, d'une table il reçoit un choc sensible;
d'une fenêtre élevée, il se rompt les membres; et le
corps de l'aéronaute qui tombe de son ballon, est *litté-
ralement* mis en pièces.

L'action de la gravité est telle, qu'à des hauteurs peu
distantes de la surface de la terre, elle imprime à un
mobile, pendant la première seconde, une vitesse capable de lui faire décrire dans la deuxième seconde, un
espace, une longueur de 10 mètres ou 30 pieds environ.
(Exactement à Paris, $9^m.808672$. — Ou 30.19546 en
pieds.) Comme cette vitesse ne s'acquiert que graduellement, le corps n'en a que la moitié dans la moitié de
la seconde, il en a une partie d'autant moindre après
ce temps, qu'elle est plus grande après; de sorte qu'il
ne parcourt réellement que 5 mètres ou 15 pieds environ pendant la première seconde. Dans la deuxième seconde, il parcourt naturellement 30 pieds, plus 15 autres
pieds, à cause de la nouvelle action de la gravité; en tout,
un espace trois fois aussi grand que pendant la première,
ou 45 pieds; de sorte qu'en deux secondes il parcourt
un espace quatre fois plus grand que pendant la première seconde. — Après deux secondes, la vitesse est
doublée, c'est-à-dire que le corps parcourrait unifor-

mément 6o pieds par seconde; de sorte que le corps
recevant encore une nouvelle impulsion de la gravité
égale à 15 pieds , acquiert une vitesse de 75 pieds par
seconde, c'est-à-dire une vitesse quintuple de la vitesse
initiale; de sorte qu'en trois secondes, il parcourt un
espace neuf fois plus considérable que dans une seule.
La connaissance de cette loi nous donnera donc la vitesse acquise par un corps qui tombe, si l'on connaît le
temps de la chute, et réciproquement; nous trouverons
de même l'espace parcouru, etc.—En comptant le nombre de secondes qu'un corps met à parvenir au fond
d'un puits ou d'un précipice, nous aurions donc, avec
assez d'exactitude, la profondeur de ce puits ou de ce
précipice (1).

La doctrine de la chute des corps est d'une telle importance dans l'étude des phénomènes naturels, qu'on
conçoit facilement qu'elle ait particulièrement excité
l'attention des philosophes. La machine la plus ingénieuse qu'on ait inventée pour rendre sensible aux yeux
les lois que le calcul avait prévues, est, sans contredit,

---

(1) On peut ainsi résumer les lois de la chute des corps.

La gravité est une force accélératrice constante; elle imprime au
mobile, à des intervalles de temps égaux, des accroissemens de vitesse
égaux, c'est-à-dire que soumis à sa seule influence, *la vitesse V du
mobile croît proportionnellement au temps T écoulé depuis le commencement de la chute.*

*Dans les mouvemens uniformément accélérés, la somme des espaces
parcourus croît comme les quarrés du temps de la chute.*

*Si l'on partage le temps de la chute en parties égales, les espaces
parcourus pendant chacune des parties prises séparément, sont entre
eux comme la suite des nombres impairs* 1 , 3 , 5 , 7, 9 . . . .

*L'espace parcouru en vertu du mouvement uniformément accéléré
pendant un certain temps, est moitié de l'espace parcouru dans le
même temps par le mouvement uniforme qui lui succéderait.*

Cela posé, g étant ce qu'on nomme la gravité, c'est-à-dire la vitesse
que la pesanteur fait acquérir à un corps pendant la première seconde

celle d'Atwood. Au moyen de cette machine dont la figure 11 est le principe, on parvient à démontrer, d'une manière purement expérimentale, toutes les vérités fondamentales, et tous les caractères des forces accélératrices constantes.

La vitesse du corps qui tombe pouvant être réduite autant qu'on le veut, il devient alors facile de mesurer les espaces parcourus avec beaucoup d'exactitude.

e est une poulie parfaitement mobile, sur laquelle s'enroule un fil tiré à chaque extrémité par les poids égaux a, b. —L'équilibre existe lorsque les poids sont au même niveau, mais il existe encore quand l'un est plus haut et l'autre plus bas. Maintenant, si l'on ajoute d'un côté une petite masse d, d'une livre, par exemple, les poids a, b étant chacun de deux livres, l'équilibre sera troublé et le petit poids d fera descendre le poids a, et monter le poids b. Or, les deux masses $a\,b$, n'ayant de mouvement que celui que leur donne la masse d, il est évident que celle-ci ne peut leur en donner qu'à ses dépens, et que si elle seule tombait avec une certaine vitesse, elle ne tombera plus, entraînant d'autres masses à sa suite, qu'avec une vitesse d'autant moindre que ces poids

---

de sa chute dans le vide, t le temps en secondes, v la vitesse du corps, e l'espace parcouru, on a

$$e = \frac{1}{2}\,g\,t^2 = \frac{v^2}{2\,g} = \frac{1}{2}\,t\,v$$

$$v = g\,t = \frac{2\,e}{t} = \sqrt{2\,g\,e}$$

$$t = \frac{v}{g} = \frac{2\,e}{v} = \sqrt{\left(\frac{2\,e}{g}\right)} = \sqrt{\left(\frac{e}{\frac{1}{2}\,g}\right)}$$

$$g = \frac{v}{t} = \frac{2\,e}{t\,2} = \frac{v\,2}{2\,e}.$$

La gravité g varie avec la latitude; à Paris elle est :

en mètres	en pieds
9.808672.	30.19546.

Note du traducteur.)

sont plus forts. Si la somme totale des poids est trois
quatre, cinq, au lieu de un, la vitesse n'est plus alors
que le tiers, le quart, le cinquième de ce qu'elle aurai
été; c'est le cas actuel, la vitesse est réduite au cinquième. Les expériences qu'on peut faire avec la machine d'Atwood, même aussi imparfaite que celle de
la figure 11, sont aussi variées qu'intéressantes (1).

* Mouvement uniformément retardé par l'action de la gravité *.

Tout ce que nous venons dire sur la chute des corps,
s'applique parfaitement, mais dans un ordre inverse,
aux corps qui s'élèvent.

La balle d'un fusil qu'on tire de bas en haut, perd à
chaque instant une partie de sa vitesse, jusqu'à ce qu'en
fin elle arrive au repos parfait en un point de l'espace;
là, l'oiseau qui se joue dans les plaines de l'air, pourrait voir sans effroi ce messager de la mort, sans mouvement et sans force. — Un instant de plus, et la balle
descend en regagnant à chaque instant les vitesses
qu'elle avait perdues; ce que la pesanteur lui enlevait
pendant l'ascension, elle le lui rend pendant la descente; de sorte, qu'on peut dire en général, qu'*un
corps lancé de bas en haut, met un temps précisément
égal à monter qu'à descendre, et que la vitesse qu'il acquiert en revenant est celle qu'il avait en allant* (2).

---

(1) La relation suivante pourra servir à calculer le poids des masses
additionnelles égales $a\ b$, pour que la masse d se meuve avec la vitesse v
qu'on désire. — g étant la gravité dont nous avons donné la valeur, on
a toujours dans la machine d'Atwood

$$v = g\ \frac{d}{2\,a + d}.$$

(2) Les formules suivantes renferment toute la théorie du mouvement uniformément retardé, e étant toujours l'espace parcouru pen-

Nous avons vu dans le paragraphe précédent, qu'un corps parcourt dans le sens de la gravité, un espace quatre fois plus considérable, en deux secondes qu'en une seule, bien que la vitesse à la fin de la deuxième seconde, soit simplement doublée. — De même, un corps lancé en sens contraire de la gravité, par une force de projection capable de lui imprimer une vitesse

---

dant le temps t, a la vitesse imprimée au mobile au moment du départ, et g la gravité, on a

$$e = at - \frac{1}{2} g t^2.$$

Si l'on voulait avoir la vitesse v du mobile après le temps t, on emploierait

$$v = a - g t.$$

On voit que le temps t croissant, $g t$ croît aussi sans cesse, et qu'alors la différence $a - g t$ se rapproche de plus en plus de o; elle est o, c'est-à-dire que le corps cesse de monter lorsque $a = g t$. Alors il s'est écoulé depuis le départ un temps

$$t = \frac{a}{g},$$

le mobile ayant parcouru un espace ou ayant atteint une hauteur

$$e = \frac{a^2}{2 g}.$$

Appliquons ces formules à quelques exemples. Supposons qu'on ait lancé un corps de bas en haut avec une force capable de faire décrire au projectile 100 mètres par seconde, et qu'on veuille savoir quelle est la plus grande hauteur à laquelle le corps puisse s'élever, on prendra la dernière formule, dans laquelle on substituera les valeurs connues, $a = 100$ et $2 g = 19^m 6176$, $e = \frac{a^2}{2g}$ devient alors

$$e = \frac{10000}{19.6176} = 5o5 \text{ mètres.}$$

La plus grande hauteur sera donc 5o5 mètres.

Veut-on savoir le temps t que le corps aura exigé pour monter à cette hauteur, on se servira de $t = \frac{a}{g}$ qui devient $= \frac{100}{9.8o88} = 10.1$ ou dix secondes et $\frac{1}{10}$.

Il est bien entendu que l'on fait ici abstraction de la résistance de l'air.

(*Note du traducteur,*)

6 *

double, s'élève à une hauteur quatre fois plus grande, que si la vitesse était simple; la vitesse étant triple, le corps s'élèverait neuf fois plus haut.

Lorsqu'on lance une balle, de bas en haut, et qu'on cherche à la frapper avec une autre balle, pendant qu'elle est en l'air, on y parvient avec un peu d'adresse, si l'on saisit l'instant où elle va parvenir au repos, c'est-à-dire où sa force ascensionnelle va s'éteindre. Au contraire, on y parvient d'autant plus difficilement que la vitesse est plus grande, c'est-à-dire que sa distance à la terre est plus petite, soit qu'elle s'élève, soit qu'elle descende.

Le jet d'eau possède une grande vitesse au moment où il sort de l'ajutage, cette vitesse diminue ensuite à mesure qu'il s'élève, et il gagne en volume ce qu'il perd en vitesse, jusqu'à ce que arrivé à sa plus grande hauteur, il se divise en une infinité de rameaux, qui lui donnent l'apparence d'un palmier. Une petite sphère placée à la sommité du jet, s'y maintiendrait, tant que des forces étrangères ne viendraient pas l'en chasser.

La masse d'un pendule s'élève du point le plus bas de l'arc d'oscillation, avec des vitesses précisément inverses de celles avec lesquelles elle descend à ce point.

Le Pendule.

Donne donc un double exemple de mouvement accéléré, et de mouvement retardé. — L'idée la plus simple qu'on puisse se former d'un pendule, serait un fil inextensible et sans pesanteur, supportant une seule molécule de matière pesante. — On sent assez que cette idée, facile à concevoir, est impossible à réaliser; on cherche cependant, à approcher le plus possible de ce pendule idéal, qui prend le nom de pendule *simple*. Construit suivant certaines formes et certaines longueurs, ce pendule est devenu, dans la main de l'homme, un instrument admirable de précision, au moyen duquel il est parvenu à des résultats extraordinaires.

On rapporte qu'étant très-jeune encore, Galilée vit par hasard dans l'église métropolitaine de Pise, les balancemens d'une lampe suspendue à la voûte, et qu'il resta très-frappé des retours périodiques de ces mouvemens, et de l'égalité de leur durée, ou, comme on le dit, de l'isochronisme des oscillations. — Il n'en fallut pas davantage pour éveiller son génie, et cette observation d'un enfant devint la source des plus grandes découvertes. — Indépendamment de la lumière que la théorie du pendule a répandue sur les différentes branches de la philosophie naturelle, l'instrument lui-même, malgré son extrême simplicité, est devenu l'instrument de mesure le plus parfait de la durée ; c'est le régulateur de toutes les transactions humaines.

La figure 12, montre le pendule ordinaire, réduit à ses élémens essentiels ; il se compose d'une balle, ou mieux d'une lentille métallique très-pesante a, suspendue à un point fixe b, au moyen d'une tige, et autour duquel la lentille peut se mouvoir librement. Si l'on éloigne la lentille de la verticale bfa ; si, par exemple, on fait coïncider son centre avec le point c, et qu'on l'abandonne ensuite à elle-même ; on la voit retomber en a, avec une vitesse accélérée, comme celle d'une balle qui roulerait le long d'une pente ; arrivée en ce point, la lentille a acquis pendant la descente, une vitesse précisément suffisante pour la faire remonter en d, c'est-à-dire en un point situé au même niveau que c, et de l'autre côté de la verticale ; on conçoit qu'à partir de d, les mêmes phénomènes se reproduisent, et que la lentille arrive en c, prête à parcourir de nouveau l'arc de cercle qu'elle vient de décrire. — Le mouvement se

continuerait ainsi éternellement sans le frottement de
la tige au point *b*, et sans la résistance de l'air. — La
théorie du pendule est toute mathématique ; nous essaierons cependant à en *traduire* les généralités en langage ordinaire.

1. *Les durées des oscillations* d'un pendule sont très-
sensiblement égales ; c'est-à-dire, que la lentille ne met
pas plus de temps à parcourir un grand arc qu'un petit
arc. C'est cette propriété remarquable qui a fait employer
le pendule à la mesure du temps. — On concevra qu'une
oscillation d'une grande amplitude puisse s'accomplir
dans le même temps qu'une oscillation d'une amplitude
moindre, ou en d'autres termes, on concevra que la
lentille se meuve plus vite qu'elle a plus de chemin à
faire, si l'on remarque — que plus l'arc à parcourir est
grand, plus rapide est la descente, car plus est grande
l'inclinaison. Ne paraît-il pas évident, en effet, à la seule
inspection de la figure 12, que l'arc *ce* plus élevé que
son égal *ae*, est bien plus incliné à l'horizon que ce
dernier ; la lentille devra donc descendre le long de
l'arc total *ca*, avec une vitesse très-grande, et se relever
de même jusqu'en *d* pour revenir en *c*, comme nous
l'avons indiqué. — Un pendule qui oscillerait suivant
la courbe, connue des géomètres sous le nom de *cycloïde*, accomplirait toutes ses oscillations dans des
durées non sensiblement égales, mais parfaitement égales. Cette courbe, offrant dans la pratique de grandes
difficultés de construction, on a employé l'arc de cercle
dont la courbure dans les points inférieurs se confond
sensiblement avec la cycloïde.

Réduit à ses élémens les plus simples, une horloge
n'est autre chose qu'un pendule mis en communication
avec des *rouages*, dont la fonction est d'indiquer le
nombre de vibrations de cette pièce principale, qu'on

peut appeler l'âme de la machine ; un poids ou un ressort l'aide à surmonter les obstacles que le frottement
ou la résistance de l'air opposent à son mouvement. Une
des roues porte ordinairement soixante dents, qui se déga-
gent successivement à chaque battement du pendule ;
elle fait donc un tour entier dans la durée des soixante
battemens. Une aiguille fixée à son axe, traverse le ca-
dran et y marque les secondes. — Les autres roues sont
mises en communication avec cette première roue, et
le nombre de leurs dents est proportionné de telle sorte
que l'une, celle dont l'axe, porte l'aiguille des minutes,
tourne soixante fois plus doucement, et que la troisième,
celle des heures, tourne douze fois plus doucement encore que cette dernière.

II. *La durée des oscillations dépend de la longueur
du pendule.*

Plus un pendule a de longueur, plus la durée de ses
oscillations est longue. — On conçoit, en effet, que
pour des arcs correspondans, le pendule plus long a plus
de chemin à faire, sans que pour cela sa ligne de descente soit plus inclinée à l'horizon, ou, si l'on veut, soit
plus rapide. Soit figure 13, un pendule *ba* d'une longueur double d'un autre pendule *bc*; l'arc *ca*, ou le chemin qu'il parcourt, est double de l'arc *de*, et néanmoins
les parties correspondantes de ces arcs, sont précisément inclinées de la même manière, relativement à l'horizon. — On peut s'imaginer que la balle qui termine le
grand pendule, a parcouru sur la même pente un espace
double de celui parcouru par la balle du petit pendule.
— Or, un corps qui tombe, ou qui roule sur une pente
uniforme, parcourt en deux secondes un espace quadruple de celui qu'il parcourrait en une seconde. (*Voyez*
page 79.) Il faut donc, si l'on veut qu'un pendule qui
battait la seconde, batte deux fois dans le même temps,

lui donner quatre fois plus de longueur; si l'on voulait
qu'il battît trois fois, il lui faudrait une longueur neuf
fois plus grande, et ainsi de suite (1). — Le pendule
qui bat la seconde à Paris, est d'une longueur à très-
peu près égale au mètre; un pendule de quatre mètres
battrait donc la double seconde, et celui d'un quart de
mètre battrait la demi-seconde.

Comme la plus légère variation dans la longueur du
pendule altère la marche de l'horloge, on a dû chercher
tous les moyens de se mettre en garde contre les influences de la température atmosphérique, c'est-à-dire
contre les dilatations et les contractions successives
qu'elle fait subir au métal. Un des appareils les plus ingénieux qu'on ait inventés pour remédier à ces influences,

---

(1) Si l est la longueur du pendule *simple*, g la gravité en un lieu
donné, t la durée d'une oscillation en secondes, π le rapport $3.141593...$
du diamètre à la circonférence, on a pour de très-petits arcs,

$$t = \pi \sqrt{\frac{l}{g}}, \text{ d'où } g = \frac{\pi^2 l}{t^2}.$$

Si on a deux pendules dans un même lieu, dont les longueurs soient
l, l', la durée des oscillations t, t', les nombres d'oscillations faites
dans la même durée n, n', on a toujours entre eux la relation

$$\frac{n'}{n} = \frac{t}{t'} = \frac{\sqrt{l}}{\sqrt{l'}}.$$

A ces relations nous ajouterons les longueurs du pendule qui bat la
seconde sexagésimale du temps moyen à Paris, et au niveau de la mer,
Cette longueur est en mètres 0.993846.

La longueur du pendule varie avec la latitude; on obtiendra celle
du pendule à secondes l, pour le lieu dont la latitude est λ, au
moyen de

$$l = 0.99102557 + 0.00507188 \sin^2 \lambda.$$

Cette longueur est,

à la latitude.	m.
0 équateur	0.990925
20°	0.991528
60°	0.994791
80°	0.995924.

(*Note du traducteur.*)

est le *pendule compensateur*, dont la figure 14 donnera
une idée. Dans ce pendule, on a opposé la dilatation à
elle-même, c'est-à-dire qu'on a fait servir l'influence
perturbatrice elle-même à la conservation de l'uniformité de longueur qu'on voulait obtenir. Pour cela, il
fallait opposer l'un à l'autre des métaux dont la dilatation fût inégale. Or, si *b c*, par exemple, est une tige
de cuivre, les deux tiges latérales étant d'acier, si, en
outre, l'observation a prouvé que la dilatation du cuivre
était double de celle de l'acier, il arrivera, dans le système de la figure 14, que la tige d'acier *a c* s'allongeant
d'un centième de pouce, par exemple, le point *e*, et par
conséquent le point *i*, s'abaisseront au-dessous de *a* d'un
centième de pouce; mais la tige *c d* est elle-même en
acier; donc, dans les mêmes circonstances, elle s'allon-
gera aussi d'un centième de pouce, de sorte que le
point *d* se trouverait en tout de deux centièmes de pouce
plus bas qu'il n'était d'abord; or, nous avons dit que
la dilatation de la tige de cuivre *b c* était double de celle
des tiges d'acier de même longueur, la tige de cuivre
aura donc, dans le même temps, fait remonter la lentille
de deux centièmes de pouce. Ces effets s'exerçant,
comme on le voit, en sens contraire, la longueur totale
du pendule n'aura pas varié.

Dans les horloges communes, on se contente d'élever
ou d'abaisser la longueur du pendule au moyen d'une
vis. On diminue ainsi la longueur réelle du pendule, qui
n'est autre chose que la distance entre le point de suspension *a* et le *centre d'oscillation*, dont nous parlerons
dans le chapitre suivant.

III. *La gravité*, qui varie avec la latitude, détermine la durée des oscillations du pendule, ou le temps
qu'il emploiera à parcourir un arc donné. Nous avons

vu, en effet, qu'on pouvait assimiler la masse d'un pendule à un corps qui descendrait le long d'un plan incliné, en vertu de sa pesanteur; un changement subit
dans l'action de la gravité, altérerait donc à la fois la
marche de toutes les horloges sur la terre. — La gravité
se trouvant à l'équateur en partie balancée par la force
centrifuge, le pendule qui bat la seconde à Paris y oscillerait donc plus lentement, et il faudrait le raccourcir
pour que la durée des oscillations fût la même.

La construction des horloges astronomiques modernes
est arrivée à une telle perfection, que dans tout le courant
d'une année, l'erreur qu'elles commettent n'est pas d'une
oscillation entière.

On a donné le nom de *métronome* à un petit pendule
bien connu des musiciens, et destiné à indiquer la vitesse
des morceaux de musique qu'ils exécutent. Comme cette
vitesse varie avec les différens morceaux, il était nécessaire
de pouvoir varier la longueur du pendule, ou, ce qui revient au même, d'augmenter et de diminuer à volonté la
durée des oscillations. Pour cela, on a prolongé sa tige
ac (fig. 15), au-dessus du point de suspension a, et
l'on a chargé la partie supérieure d'un petit poids b, glissant à frottement sur ab. On sent assez que ce petit
poids b ralentit ainsi le mouvement de la petite masse c,
et qu'il le ralentit d'autant plus qu'il est plus éloigné de
a. On peut donc obtenir des oscillations de la durée
d'une seconde, et même de plus lentes encore, ou de
plus vives, à la volonté du musicien.

Une montre de poche ne diffère d'une horloge qu'en
ce que le pendule de celle-ci est remplacé par une roue
vibrante ou balancier; et de même que, dans une horloge, la gravité tend à faire descendre le pendule au
point le plus bas de l'arc qu'il décrit, sans pouvoir toutefois l'y fixer, puisque celui-ci remonte de l'autre côté

en vertu de la vitesse acquise; —de même, dans une montre, un ressort spiral s'enroule autour de l'axe du balancier, le tire constamment vers une position moyenne que
celui-ci dépasse toujours, en vertu du mouvement qu'il
conserve ; les oscillations du balancier se reproduisent
tantôt dans un sens, tantôt dans un autre, par l'action
constante de ce ressort, comme celle du pendule par
l'action constante de la gravité. Le balancier à chaque
vibration, ou plutôt son axe, laisse, comme dans l'horloge, passer une des dents d'une roue voisine, dont le
mouvement se transmet à d'autres roues, et de là aux
aiguilles chargées d'indiquer le nombre des oscillations
ou la durée. Au poids qui, dans l'horloge, tend à faire
tourner toutes les roues, on substitue, dans la montre, le
grand ressort, dont la fonction est la même; et comme
l'action d'un ressort s'exerce également bien dans tous
les sens, on conçoit que la montre puisse marquer le
temps, qu'elle soit portée dans la poche, ou suspendue
dans un vaisseau en mouvement.

Mais, de même que les variations de température
altèrent la marche de l'horloge, en allongeant ou rac-
courcissant le pendule, de même, la chaleur et le froid
augmente ou diminue les dimensions du balancier, et la
force élastique du ressort; et dans le premier cas, l'horloge ainsi que la pendule retardent. Le génie de
l'homme cependant est parvenu, comme pour l'horloge, à atténuer ces causes perturbatrices. Pour cela, on
a divisé la circonférence du balancier en deux parties,
c'est-à-dire qu'au lieu d'un cercle entier, on emploie
deux petites lames demi-circulaires formées de deux
métaux, cuivre et acier, par exemple, le cuivre étant
en dehors. Ces petites lames sont fixées chacune par
une de leurs extrémités, à une autre petite lame transversale traversée par l'axe du balancier; elles portent

d'ailleurs à leur autre extrémité une petite masse. On conçoit que la chaleur venant à s'accroître, les lames compensatrices se recourbent, et rapprochent les petites masses de l'axe de rotation, puisque le métal le plus dilatable, le cuivre, est en dehors; il faut alors moins de puissance pour les mouvoir, ce qui s'accorde parfaitement avec le décroissement dans la force du ressort qui meut le balancier. Le refroidissement éloigne, au contraire, les masses, et les rend alors d'autant plus difficiles à mouvoir; mais il augmente en même temps la force élastique du ressort, et tout se compense alors, dans l'un et dans l'autre cas.

De même que le nombre de vibrations du pendule dépend de la gravité, de même celui du balancier dépend de la roideur du ressort et de la longueur; il faut donc un régulateur à la montre : ce n'est autre chose qu'un petit rateau qu'on pousse dans un sens ou dans un autre, et dont les dents bandent ou débandent le ressort, l'allongent ou le raccourcissent, et par conséquent retardent ou accélèrent le mouvement du balancier.

Nous dépasserions les limites de cet ouvrage, si nous examinions avec plus de détail le mécanisme curieux de ces admirables instrumens, connus sous le nom de *chronomètres*, au moyen desquels on détermine la longitude en mer. Qu'il soit cependant permis à l'auteur de ce livre de faire part au lecteur du plaisir et de la surprise qu'il éprouva après une longue traversée de l'Amérique du sud en Asie. Son chronomètre de poche, et ceux qui étaient à bord du navire, annoncèrent un matin qu'une langue de terre, indiquée sur la carte, devait se trouver à cinquante milles à l'est du navire; qu'on juge du bonheur de l'équipage, lorsqu'une heure après, le brouillard du matin ayant disparu, la vigie donna le cri joyeux de : « Terre, terre, en avant, à nous », confirmant ainsi la

prédiction des chronomètres, à un mille près, après
une distance aussi énorme. Il est permis, sans doute,
dans un tel moment, de rester pénétré d'une profonde
admiration pour le génie de l'homme. Que l'on compare
les dangers de l'ancienne navigation avec la marche as-
surée de nos navires, et qu'on nie, s'il est possible, les
immenses avantages de l'industrie moderne ! Si la marche du petit instrument avait été le moins du monde
altérée pendant cet espace de quelques mois, sa prédic-
diction eût été plus nuisible qu'utile ; — mais, la nuit
comme le jour, pendant le calme comme pendant la
tempête, à la chaleur comme au froid, ses pulsations se
succédaient avec une uniformité imperturbable, tenant, pour ainsi dire, un compte exact des mouvemens
du ciel, et de la terre ; et, au milieu des vagues de l'O-
céan, qui ne retiennent point de traces, il marquait
toujours la situation exacte du navire, dont le salut lui
était confié, la distance qu'il avait parcourue, et celle
qu'il avait à parcourir. Nous montrerons l'usage de cet
admirable instrument, dans la section d'astronomie.

* Mouvement curviligne dû à l'attraction. *

La trace d'un mobile est toujours curviligne, lorsque
la direction de la force attractive forme un angle quelconque avec celle de l'impulsion que le mobile a reçu. Le
boulet qui s'échappe du canon, la pierre lancée par la
fronde, nous donnent un exemple de cette sorte de mouvement. L'action de la force de projection cesse aussitôt
qu'elle a donné l'impulsion ; mais celle de la gravité
agissant à chaque instant, courbe de plus en plus la
route que la pierre ou le boulet tendraient à parcourir,
de sorte que cette route totale ou trajectoire est nécessairement curviligne.

Un jet d'eau oblique, est une image fidèle et permanente de la courbe décrite par un corps ainsi projeté. Les molécules liquides se meuvent suivant la ligne que chacune eût parcourue isolément, et la succession non interrompue de ces molécules, marque le lieu de toutes les situations que chacune a dû occuper avant d'arriver à la terre.

Un boulet de canon, ou une balle de fusil, tiré bien horizontalement au-dessus d'une plaine parfaitement nivelée, arrivera au sol précisément en même temps qu'une balle qu'on laisserait tomber de la bouche du canon à l'instant même du départ de la première. Car, dans le cas actuel, la force de projection ne détruit en rien l'action de la gravité. — Ce fait, dont bien des gens seraient d'abord disposés à douter, montre d'une manière bien sensible avec quelle vitesse extraordinaire se meut le boulet qui parcourt six ou huit cents pieds, pendant la demi-seconde environ, qu'une balle pourrait exiger pour arriver au sol, en la supposant tomber de la main d'une personne qui se tient debout. Ce fait explique encore pourquoi le canonnier pointe plus ou moins haut, pour avoir une grande portée.

La théorie des projectiles est de la plus grande importance pour les ingénieurs militaires ; la précision avec laquelle ils frappent un but donné à de très-grandes distances, prouve assez les progrès que la *balistique* a faits jusqu'à nous.

Un boulet de canon (figure 16), tiré horizontalement du sommet *a* d'une montagne élevée, irait tomber à trois ou quatre milles de distance. (On a outré dans la figure les dimensions de la montagne, relativement au globe terrestre, afin de rendre le phénomène plus sensible.) Si l'atmosphère ne s'opposait point au mouvement, ou si le sommet de la montagne s'éle-

vait·au-dessus des limites de l'atmosphère, la même
force de projection porterait le boulet à trente ou quarante milles, en *b* par exemple ; une force d'impulsion
plus grande encore le porterait en *c*, et si l'on pouvait
lui imprimer une vitesse décuple de celle qu'il possède
dans les cas ordinaires, il ne se rapprocherait pas plus du
centre de la terre qu'au moment du départ, même parvenu jusqu'en *e* ou jusqu'en *a*, point d'où il est parti ;
et la vitesse n'étant point diminuée, il parcourrait de nouveau un second cercle semblable au premier, puis un
troisième, et ainsi de suite. Il deviendrait enfin un petit
satellite, véritable corps planétaire qui ferait sa révolution autour de la terre, à l'instar de la lune. — Les différentes portées du boulet indiquées dans la figure,
montrent que la force centrifuge, ou la tendance du mobile à s'échapper en ligne droite, balance, de plus en plus,
l'action de la gravité, jusqu'à ce qu'enfin, comme dans
le dernier cas, elle lui fasse équilibre. Si la force de
projection était plus que suffisante pour ramener la balle
en *a*, elle s'échapperait avec tout son excès de force, et
accroissant sa distance à la terre, elle se mouvrait d'un
mouvement excentrique, assez semblable à celui des co-
mètes. — Il n'est pas improbable que des masses semblables se meuvent ainsi au-dessus de notre atmosphère,
leur petitesse suffirait pour les rendre invisibles. — Quelques personnes ont même prétendu, sans toutefois
en donner des raisons valables, que les pierres météoriques ou aérolithes, qui tombent de temps à autres à la
surface de la terre, étaient des corps ou des débris de
corps de ce genre, qui d'une manière ou d'une autre,
s'étaient trouvés engagés dans notre atmosphère, et
avaient ainsi perdu leur vitesse initiale. — Les quatre
petites planètes, assez récemment découvertes entre

Mars et Jupiter, n'ont guère qu'un six millième du vo
lume de la terre.

La *répulsion*, — de même que l'attraction, produit
aussi des mouvemens *accélérés*, *retardés* et *curvilignes*,
mais elle n'agit qu'à des distances peu considérables,
tandis que la sphère d'action de la seconde force est sans
limites; la *répulsion*, par exemple, s'exerce entre les
atomes adjacens d'un fluide élastique. Nous avons déjà
eu l'occasion de voir dans la première section, lorsque
nous avons étudié la constitution des masses matérielles,
que la répulsion s'opposait au contact des atomes; que
le calorique en pénétrant les corps en éloignait les molécules, liquéfiait les solides, faisait passer les liquides
à l'état gazeux ou aériforme; qu'elle agissait de telle
sorte, à la surface de tous les corps, qu'on pouvait la
considérer comme une enveloppe, une tunique qui pré-
venait leur adhérence, etc., etc.

La poudre qui chasse le boulet depuis l'âme de la pièce
jusqu'à sa bouche, avec une vitesse toujours croissante,
est un exemple de mouvement accéléré causé par la *répulsion*. La force répulsive du mélange explosif l'emporte
tellement sur la gravité, que si l'on tire la pièce à peu près
verticalement, le boulet parvient encore, en dépit de la
gravité, à la hauteur d'un mille et plus, en vertu de la
vitesse qu'il acquiert pendant son passage, dans un tube
de cinq ou six pieds de longueur.

On a un exemple de mouvement *retardé* causé par la
répulsion, lorsqu'un corps en mouvement vient porter
contre un ressort, contre une vessie pleine d'air, ou
contre le manche du piston d'une pompe de condensation, de manière à comprimer l'air qu'elle renferme.

Le choc d'un corps élastique contre un autre corps
fixe, nous offre tout à la fois des exemples de mouve-

mens accélérés, retardés, et souvent même altérés quant à leur direction première, en vertu de la répulsion; — par exemple:

Une balle d'ivoire qu'on jette avec force contre un plateau de marbre, ne s'arrête point au moment où le contact semble avoir lieu; elle avance au contraire toujours dans le même sens, et comprime la partie de sa masse située du côté du plateau. Pendant cette compression de l'ivoire, la résistance causée par la répulsion toujours croissante des molécules, retarde de plus en plus le mouvement progressif de la balle, et finit enfin par le détruire complètement. A cet instant les ressorts intérieurs de la balle et du marbre, parvenus au plus haut degré de compression, se débandent dans le sens opposé et repoussent la balle avec une force toujours croissante, jusqu'à ce qu'elle abandonne le plateau, avec la vitesse qu'elle avait en venant le frapper; tous ces phénomènes d'accélération et de retard, se passent dans un instant pour ainsi dire indivisible, et dans un espace si borné qu'ils échappent à nos sens; mais les yeux de l'intelligence suppléent à ceux du corps, et perçoivent la marche de ces effets, tout aussi facilement que si la balle venait frapper l'extrémité d'un long ressort d'acier. — Si la balle avait été lancée sur le plateau, dans une direction oblique (figure 17), selon *ac* par exemple, elle ne se serait point éloignée du plateau suivant la même ligne, mais bien suivant une autre ligne *cb*; — autant éloignée de la perpendiculaire *dc*, au point de contact que *ac* l'était elle-même de cette perpendiculaire. — Voilà donc un changement de direction dans le mouvement causé par la *répulsion*. Cette loi du mouvement réfléchi, d'une grande importance dans la physique, et qui s'applique à tous les mouvemens semblables à celui de la balle, aux vagues, au son, à la lu-

1.   7

mière, etc., s'exprime ainsi : l'angle d'incidence est éga
à l'angle de réflexion.

En supposant même que la balle d'ivoire et le plateau
de marbre eussent été parfaitement durs, c'est-à-dire
sans élasticité aucune, la répulsion dont jouissent tous
les corps, et qui s'oppose à leur adhérence, aurait pro
duit les mêmes effets; il y aurait encore eu retard dans
le mouvement jusqu'au repos parfait, puis mouvement
accéléré en arrière, jusqu'à ce que la balle eût récupéré
sa vitesse première.

Le choc des corps durs présente toujours, à des degrés
divers, des exemples de ce genre de mouvement; si les
corps sont mous, comme, par exemple, des masses de
plomb ou d'argile humide, les parties en contact se dé-
placent mutuellement, et il n'y a point de rétrograda-
tion (1).

Lorsqu'une lame d'acier, dont l'une des extrémités est
fixe, vient à se courber, comme, par exemple, quand elle
est frappée à son autre extrémité par une balle qui la choque, la face postérieure devient concave, et les molécules
situées du côté de cette face, se rapprochent à mesure
que la concavité augmente, la force répulsive de ces
molécules croissant dans le même rapport. La face qui
est frappée, au contraire, devient convexe, et les molécules de cette face s'écartant un peu plus l'une de
l'autre, tendent à se rapprocher avec d'autant plus de
force que la convexité est plus sensible; la force du
ressort dépend donc de celle avec laquelle l'attraction et
la répulsion tendent à replacer les molécules dans leurs
situations primitives.

---

(1) Nous donnerons un peu plus loin la théorie mathématique du choc
des corps.

(*Note du traducteur.*)

Les marées, les vents, etc., sont des effets de l'attraction.
(Lisez l'analyse de la section , page 41.)

Lorsqu'on n'a point examiné attentivement cette question, il est difficile de se convaincre que tous les
phénomènes de la nature ne soient que des effets *d'at-*
traction et de *répulsion*, modifiés par un grand
nombre de circonstances.

ATTRACTION.—C'est en vertu de l'attraction de la lune
et du soleil, que la masse des eaux de l'océan se soulève
périodiquement; c'est en vertu de l'attraction de la terre,
que ces eaux s'affaissent et retombent sur elles-mêmes.
— Ces *marées* produisent des courans extrêmement rapides dans les parties les moins profondes de l'océan;
elles exécutent une grande partie du travail de l'homme;
elles transportent ses vaisseaux le long des côtes ou
dans les rivières, et cela, tantôt de l'embouchure vers
la source, tantôt en sens inverse, de la source vers
l'embouchure; elles manœuvrent ses roues hydrauliques; elles remplissent en temps convenable ses canaux
et ses bassins; elles s'élèvent pour recevoir les vaisseaux
lancés de chantiers élevés......, Quelle scène intéressante présente un grand port, au moment où la marée
s'élève ou s'abaisse ! Qu'il est curieux de voir des
milliers d'hommes accourir sur le rivage, et demander à
la mer de les assister dans leurs occupations si diverses !
Les *vents* sont, pour la plupart, causés par les efforts
du fluide atmosphérique, pour rétablir, en vertu de
l'attraction terrestre, un niveau que des causes perturbatrices, telles que la chaleur du soleil, etc., avaient
momentanément altéré. Ils assistent l'homme d'une manière bien puissante dans la *navigation*; ils tournent ses
moulins, etc.

7*

Les *courans* des rivières sont encore des effets d'attraction. L'eau ne coule, en effet, le long des pentes
plus ou moins inclinées que présente le fond, que pour
rétablir un niveau que l'attraction terrestre impose à
tous les fluides. Ils deviennent les moteurs d'un nombre
immense de machines, et facilitent la navigation intérieure.

Les *chutes*, *les pressions* sont encore des effets de l'attraction, effets très-simples que nous avons déjà exami-
nés en partie.

Répulsion. — Les *explosions*, l'action des *ressorts*,
celle des *vapeurs* comme puissance motrice, etc...,
sont des effets de répulsion.

L'*explosion* de la poudre n'est due qu'à la répulsion réciproque des parties composantes, lorsqu'elles
passent de l'état solide à l'état aériforme.

La *vapeur*, en vertu de la force de répulsion que ses
atomes exercent les uns sur les autres, soulève le piston
de la machine à vapeur. Aujourd'hui, la vapeur fait la
moitié du travail de la société.

Les explosions accidentelles du *grisou* ou de l'hydro-
gène, qui causent encore trop souvent la perte des mi-
neurs dans les houillières, les dégagemens terribles des
fluides élastiques qui s'échappent des volcans, chassant
devant eux des masses énormes, les tremblemens de
terre sont encore des effets de la répulsion.

Enfin, l'*élasticité* des ressorts, celle que déploient les
corps qui se choquent, doivent être rangés dans la
même classe; c'est encore un des effets de la même
cause.

Un ressort est, pour ainsi dire, un réservoir de force
qu'on remplit à mesure des besoins, et toujours prêt à
servir, — comme lorsqu'on bande le chien de la batterie
d'un fusil, lorsqu'on remonte une montre, etc.

Nous ferons remarquer, à l'égard des phénomènes que nous venons de passer en revue, comme à l'égard de ceux que nous pourrons étudier par la suite, que ce n'est point l'attraction ou la répulsion simples que l'homme appelle à son aide, mais bien la quantité de mouvement qui s'accumule dans les masses en vertu de ces forces.

Les phénomènes d'*optique*, d'*électricité*, de *galvanisme* et de *magnétisme*, ne sont encore, pour la plupart, que des phénomènes d'attraction et de répulsion, comme nous le verrons en physique; — enfin, l'immense variété des *actions animales* dérivent de la contraction des fibres musculaires, contraction due à l'*attraction* mutuelle de leurs parties constitutives; — de même que les mouvemens variés du télégraphe, ou ceux des vergues d'un navire, ne sont dus qu'au raccourcissement de certaines cordes de communication.

Quelque intimes que puissent être les rapports qui lient ces actions animales aux phénomènes d'attraction et de répulsion que nous venons d'examiner, leur importance nous fait un devoir de les étudier séparément; ils constitueront les diverses sections de la *Mécanique* et de la *Physique animales*.

Dans tous les phénomènes remarquables de la nature et de l'art, causés, comme nous venons de le voir, par l'attraction et par la répulsion, ces forces n'agissent point par une impulsion unique, mais par une action continue, dont les effets s'accumulent graduellement dans la matière. Toutes les grandes vitesses, tous les grands effets, sont donc en général le résultat final d'une accélération de mouvement.

Les pierres météoriques qui tombent de hauteurs considérables, s'enfoncent très-profondément dans la terre en vertu de leur vitesse toujours croissante.

Lorsque les bûcherons des Alpes lancent, le long de la pente de la montagne, dans l'espèce de canal en bois qu'ils pratiquent sur ses flancs pour faciliter la descente, l'arbre qu'ils viennent de couper au sommet, il se meut d'abord assez lentement; mais bientôt la gravité, dont les effets successifs s'accumulent dans la masse, lui imprime une vitesse effroyable, avec laquelle il s'en va plonger dans le lac de la vallée, qu'il agite jusqu'à son fond.

Le choc de la machine qu'on connaît sous le nom de mouton, n'est point l'effet d'une impulsion instantanée, de l'attraction d'un moment, qui s'exerce entre la terre et la masse; il est le résultat final de la vitesse que cette masse a acquise pendant une descente de vingt ou trente pieds.

Le choc du marteau est l'effet combiné des vitesses successives que le bras et la gravité lui impriment à la fois, et qui s'y accumulent pendant tout le temps de la descente. — Le forgeron, le boxeur, le bûcheron, etc., connaissent ce principe par l'expérience : veulent-ils déployer une grande force, l'un élève son marteau à une grande hauteur, l'autre sa hache, l'autre ramène le poing vers la poitrine avant de frapper, et l'espace à parcourir leur permet d'imprimer à leur arme respective une vitesse considérable.

Mais les animaux eux-mêmes prouvent, dans la plupart de leurs actes, que, soit instinct, soit expérience, cette loi ne leur est point inconnue.

Les oiseaux de mer transportent à une grande hauteur le coquillage qu'ils ont pu saisir, puis le laissent retomber sur un roc uni qui le brise, et leur livre l'animal qui y était renfermé. Il est sans doute quelques-uns de nos lecteurs qui se rappellent avoir lu, dans leur Histoire grecque, la mésaventure de ce pauvre philosophe, dont la tête chauve méditait gravement sur le bord de la mer : un oiseau marin qui s'était emparé d'une huitre, apercevant cette tête dépouillée, la prit pour un roc, lâcha son huitre, qui s'entr'ouvrit en même temps que la tête du sage.

Grand nombre d'oiseaux attaquent leur proie et la tuent d'un seul coup de bec; ils portent d'abord la tête en arrière, courbant le col à la manière des cygnes, puis la lancent en avant avec une force musculaire continue, jusqu'à ce qu'enfin l'extrémité de leur bec aigu arrive à sa destination, souvent avec la vitesse d'une balle de pistolet. Le serpent se courbe en arrière, et se débande ensuite comme un ressort pour lancer son dard dans le corps de son ennemi. Ce reptile s'est souvent infligé lui-même une blessure mortelle, en voulant frapper l'animal qui passait avec rapidité par-dessus ses replis.

Les taureaux, les béliers, les boucs, etc., lorsqu'ils se battent, se reculent d'abord, et reviennent ensuite avec vitesse choquer leurs fronts armés.

Le cheval qui rue, frappe l'objet que son pied atteint avec une vitesse presque égale à celle d'un boulet; la grande longueur de sa jambe lui permettant de faire parcourir au sabot un assez grand espace.

Si la corde de l'arc imprime une telle vitesse à la flèche, c'est qu'elle parcourt avec elle un espace considérable, accumulant sans cesse dans l'arme des vitesses successives.

La fronde permet à la main d'accumuler dans la pierre une vitesse considérable, en lui faisant parcourir un grand espace; car la main se meut dans un petit cercle, pendant que la pierre se meut elle-même dans un cercle d'un rayon égal à la longueur des cordons, et la main pouvant toujours devancer la pierre, la tire sans interruption, avec quelque vitesse que cette dernière parcoure sa circonférence.

L'appareil de siége des Anciens, connu sous le nom de bélier, leur permettait d'accumuler dans la poutre mobile l'effort d'un grand nombre d'hommes pendant un temps considérable; la quantité de mouvement ainsi acquise, devait donc à la fin produire un choc aussi subit qu'effroyable.

Mais il n'est pas jusqu'au souffle léger de l'homme qui, par une action continue, ne puisse produire des résultats funestes. — Il n'est point d'écolier qui ne sache que ce faible moteur, aidé d'une sarbacane, ne puisse avec un pois ou avec une petite boulette d'argile, tuer des oiseaux à quelque distance, ou du moins les blesser grièvement. A Bornéo, et dans quelques autres îles de l'orient, les indigènes lancent de cette manière, et avec force et précision, des flèches empoisonnées.

L'action de la poudre dans les armes à feu, qui s'exerce avec une telle rapidité qu'elle paraît soudaine, est cependant graduelle, et le mouvement du projectile est dans les premiers instans un mouvement accéléré; aussi remarque t-on que sa vitesse dépend en grande partie de la longueur de la pièce. Un petit vaisseau, bon voilier, armé d'une seule pièce longue, a souvent fait la loi au vaisseau qui l'eût écrasé, si ses canons eussent été moins courts.

De même que, pour produire les grandes vitesses, il faut une action continue, des impulsions réitérées; de même aussi cette action continue, ces impulsions réitérées sont nécessaires pour les éteindre; l'inertie de repos étant précisément égale à l'inertie de mouvement.

Une énorme masse de roc qu'on parviendrait à suspendre et à faire osciller, à la manière d'un pendule, arriverait au point le plus bas de son arc, avec une quantité de mouvement suffisante pour ébranler un mur épais, un rempart, par exemple, jusque dans ses fondations. — La gravité par ses impulsions réitérées aurait produit cette force ; mais, si au lieu d'opposer à ce mobile une résistance de ce genre à peine suffisante pour éteindre son mouvement, on lui eût permis de continuer sa course, et d'aller se relever de l'autre côté de la verticale, comme la lentille d'un pendule, ces mêmes efforts réitérés de la gravité qui avaient en premier lieu produit une puissance presqu'irrésistible, auraient suffi pour anéantir ce mouvement, ou du moins l'eussent rendu sans effet : la même masse venant à toucher le rempart au moment où elle aurait atteint de l'autre côté de la verticale, un point aussi éloigné de cette ligne que celui d'où elle était partie, n'eût produit aucun choc sensible.

L'air comprimé dans un fusil à vent, donne à la balle une vitesse mortelle ; le même air renfermé dans un tube épais — si l'on pouvait y diriger bien exactement la balle, — anéantirait graduellement son mouvement. — Le coton, la laine, produiraient le même effet, et cependant, si l'on essayait d'arrêter la balle avec un bloc du granit le plus dur, ce bloc se fendrait à l'instant.

De grosses balles de laine, ou des masses de liége, suspendues en dehors d'un vaisseau, amènent au repos le boulet lancé contre lui sans être fort endommagées, tandis que la carêne, bien plus solide du navire, se laisse pénétrer par le projectile. La laine et le liége opposent à l'action destructive une résistance toujours croissante dans un espace considérable, tandis que le chêne op-

posant d'un seul coup toute sa force, résiste à l'instant
même du choc, ou se laisse traverser. Un corps dur,
pour anéantir le mouvement dans un cas semblable,
doit pouvoir opposer dans une épaisseur excessivement
petite, un centième de pouce peut-être, c'est-à-dire
dans les limites entre lesquelles son élasticité lui permet
de céder sans se rompre, une résistance égale à la force
que le moteur a pu imprimer au mobile en agissant sur
lui suivant un bien plus grand espace : (une plaque d'acier,
par exemple, arrêtera une balle de pistolet) ; s'il est incapable de cette résistance, il faut qu'il soit ou brisé ou
pénétré. Il est à remarquer cependant, que l'opposition
continue d'une masse épaisse de bois, de pierres ou de
terre, finit à la longue par amener au repos le boulet
qui la pénètre, comme pourrait le faire un corps élastique. — Les artilleurs ont déterminé avec exactitude
la profondeur à laquelle les boulets ou bombes pénètrent dans les différentes substances ; et ils appellent
bâtimens à l'épreuve de la bombe, ceux dont l'épaisseur excède celle indiquée par leurs tables de pénétra-
tration.

La corde de chanvre ou de soie qui supporte le plateau d'une balance, résisterait à l'effort d'un poids qu'on
jetterait brusquement dans le plateau, beaucoup plus
facilement que ne pourrait le faire une chaîne de fer
plus forte, c'est-à-dire capable de supporter un poids
plus considérable, mais en repos : le chanvre ou la soie,
en vertu de son élasticité, offrirait pendant une durée
assez longue, une résistance continue, qui à la longue
anéantirait l'effort du poids ; le fer, au contraire, incapable de céder, romprait infailliblement, s'il n'avait
point le degré de force nécessaire pour arrêter la masse
d'un seul coup, et en un instant pour ainsi dire indivisible.

Cependant, quoique le fer, dans ce premier cas, offre une résistance moins grande que le chanvre ou la corde, on le préfère à celle-ci dans l'équipement des navires. — La chaîne de fer, en effet, offre bien plus de sécurité que le câble commun, pour résister à l'effort des vagues, moins à cause de sa force, qu'à cause de son poids qui, la disposant toujours dans l'eau suivant une courbe, l'empêche de se tendre. — Il n'en est pas ainsi du câble commun, son poids spécifique ne différant que fort peu de celui de l'eau, il se trouve supporté de toutes parts, de sorte que de l'ancre au vaisseau, il ne forme à très-peu près qu'une seule et même ligne droite. — Une vague un peu forte vient-elle se briser contre le navire, le câble cède autant que son élasticité le lui permet, mais la quantité dont il s'allonge est comparativement fort petite : la chaîne courbe au contraire cède à l'effet très-graduellement, la courbure diminue à chaque instant, mais l'effort est vaincu avant qu'elle ait pris une direction rectiligne ; le temps de la résistance étant beaucoup plus long pour la chaîne que pour le câble, celle-ci, à force égale, résistera donc dans cette circonstance à un plus grand effort.

Un gros vaisseau qui marcherait rapidement avec le vent ou la marée, ne pourrait être arrêté instantanément par une chaîne de peu de longueur, quelles que fussent d'ailleurs les autres dimensions de cette chaîne : — elle manquerait infailliblement en quelque point avant d'avoir pu anéantir une si énorme quantité de mouvement ; cependant, rien de plus facile que d'y parvenir avec un câble de longueur et de diamètre fort ordinaires ; cette manœuvre s'effectue même en un temps fort court, il suffit d'enrouler le câble mis en communication avec le navire, sur une grosse poulie de bois fixée au rivage, et d'en

laisser filer de temps en temps une petite longueur lorsque la tension devient trop forte.

Encore quelques faits propres à nous montrer qu'il n'est
  pas moins nécessaire de faire entrer dans la mesure
  des forces, la durée de leurs actions ou l'espace dans
  lequel ces actions s'effectuent, que leur différence
  d'intensité ou leurs momens.

Frappée par un boulet de canon, une porte entr'ouverte qui céderait ou reculerait sous la faible impulsion
du doigt, demeure cependant immobile sur ses gonds,
et se laisse traverser par le boulet sans changer sensiblement de position.—On conçoit que, dans ce phénomène,
le boulet surmonte bien réellement toute la force de
cohésion des atomes ligneux; mais la rapidité du projectile est telle, que cette force de cohésion ne peut agir
comme résistance que pendant un temps infinimen
court, et le mouvement communiqué à une des partie
de la masse de la porte n'ayant point le temps de se ré
pandre dans la masse toute entière, il n'en résulte aucun
mouvement sensible. Le cercle de bois découpé dans l
porte par le passage du boulet, eût pu résister à la pression
d'un poids de cent livres qu'on y aurait appliquée; i
en est incapable dans le cas actuel, parce que le temp
de la résistance qui lui est accordé est à peine sensible
en effet, en admettant que le boulet se meuve avec un
vitesse de 1,200 pieds par seconde, et que la porte a
un pouce d'épaisseur, le temps de la résistance sera
environ le 14,400 millième d'une seconde, durée in
appréciable. Nous présenterons encore quelques exem
ples d'effets de ce genre.

Une balle de pistolet qu'on presse lentement contr
une vitre, la brise très-irrégulièrement dans les partie

où la résistance est moindre ; la même balle lancée par l'arme, traverse la vitre sans la briser, en y laissant seulement un trou rond de même diamètre que la balle. On a dit assez plaisamment, à propos de ce genre d'effets, que les molécules frappées étaient emportées avec une telle vitesse, qu'elles n'avaient point le temps d'appeler à leur secours les molécules voisines.

Le boulet qui frappe le flanc du vaisseau avec une très-grande vitesse, le traverse en n'y laissant qu'une petite marque, et sans dégât bien sensible ; celui au contraire dont la vitesse est déjà amortie, brise le bois à une très-grande distance autour du point où il frappe. Ce fait explique pourquoi les bordées qu'on essuie d'une grande distance sont si désastreuses.

Une feuille de papier qu'on place debout sur une table, se laisse traverser par une balle de pistolet sans se renverser.

Ces faits expliquent comment le soldat blessé par un coup de feu ne ressent point immédiatement la blessure ; la balle, par sa rapidité, ne tue pour ainsi dire que les parties qu'elle touche ; une balle morte, au contraire, fracasse toutes les parties qui environnent le point de contact. Dans la plupart des blessures attribuées au *vent de la balle*, la balle elle-même a touché la partie affectée.

Un disque, circulaire de fer doux qu'on fait tourner avec rapidité, au lieu de se laisser entamer par la lime, la coupe à l'instant même, fût-elle de l'acier le plus dur, et avec autant de facilité que le couteau partage une carotte. — Lorsqu'on emploie une poudre fine et douce pour polir un corps dur, cette poudre agit sur lui à peu près de la même manière que le disque sur la lime, c'est-à-dire par la vitesse qu'on donne aux molécules frottantes.

Un homme couché sur le dos et qu'on frapperait à

la poitrine, avec un marteau pesant, serait écrasé à
l'instant même; mais si, avant de frapper, on plaçait
sur sa poitrine une enclume massive, il subirait, avec
impunité, un choc même plus fort que le premier. Ici la
quantité de mouvement accumulée dans le marteau se
répand dans toute la masse de l'enclume, et ne produit
qu'une vitesse à peine sensible que l'élasticité de la poitrine anéantit facilement, en lui cédant par degrés.

* *Point de mouvement ou d'action dans l'univers,
sans une action égale, opposée et concomitante.* *
(Voyez l'analyse.)

On exprime souvent ainsi cette vérité fondamentale :
— « L'action et la réaction sont égales et opposées. »
Il est clair que si le mouvement sur la terre est toujours
un effet d'attraction ou de répulsion, — et nous l'avons
démontré, — il faut qu'il y ait toujours deux objets,
deux masses mises en jeu à la fois, et chacune d'elles
doit subir une *attraction* ou une *répulsion* précisément
égale à l'autre, bien que l'une d'elles puisse n'acquérir
qu'une vitesse infiniment moins grande que l'autre,
vitesse en effet qui est toujours en raison inverse de sa
masse, comparée à celle de la première.

Si un homme placé dans un bateau tire à lui une
corde fixée sur un autre bateau, les deux barques vont
se rapprocher en faisant chacune une partie de la route.
Si leurs dimensions, leurs formes et leurs charges sont
égales, elles se mouvront l'une vers l'autre avec la même
vitesse, que l'homme soit dans l'une ou dans l'autre ; si
ces dimensions, ces charges, etc., sont différentes, il
y aura dans les vitesses une différence correspondante,
la plus petite des deux se mouvant toujours avec la plus
grande vitesse.

L'aimant et le fer s'attirent également, quelle que soit la disproportion qui existe entre les masses : qu'on place l'une ou l'autre dans le plateau d'une balance, et qu'on amène la seconde au-dessous de la première, on trouvera que le même contre-poids sera nécessaire pour empêcher ce contact; suspendues à des fils séparés à la manière des pendules, ces masses se rapprocheraient l'une de l'autre jusqu'au contact; mais la plus petite masse ferait la plus grande partie de la route, parcourrait un espace d'autant plus grand que la première, que sa masse serait relativement moindre.

Un homme placé dans une barque et qui tirerait un câble amarré à un grand navire, ferait réellement avancer le navire, bien que la barque seule parût se mouvoir; car mille hommes placés dans mille bateaux, et tirant tous dans la même direction, feraient parcourir à ce navire la moitié de l'espace qui les séparait de lui.

Une livre de plomb et le globe terrestre s'attirent l'un l'autre avec des forces égales; mais cette même force qui fait parcourir au plomb un espace de quinze pieds dans la première seconde, ne soulève la terre vers le plomb que d'une quantité inappréciable, puisqu'elle dépend du rapport de la masse de plomb à celle du globe. — Cependant il est rigoureusement vrai qu'une plume qui tombe attire vers elle notre immense planète, et que l'homme qui saute chasse le globe au-dessous de lui.

Un ressort qui se débande entre deux corps de masses égales, les lance l'un et l'autre avec des vitesses égales; si les masses sont inégales, la vitesse de la petite est plus grande que celle de l'autre, et cela précisément dans le rapport inverse des masses.

Lorsqu'on met le feu au canon, la pièce recule, et sa quantité de mouvement est égale à celle du boulet; mais la masse de la pièce étant bien plus grande que celle du projectile, sa vitesse en devient d'autant plus petite, et il est facile de l'anéantir.

Le recul d'un fusil de chasse heurte avec force l'épaule du tireur maladroit qui néglige ou qui craint de bien appuyer la crosse contre lui avant de faire feu.

Un vaisseau en chasse retarde sa marche en faisant feu de l'avant; il l'accélère, au contraire, en faisant feu des canons de retraite; s'il lâche une bordée de basbord, il inclinera à tribord.

Un vase quelconque qu'on remplit d'eau et qu'on suspend à un cordon, se dirige suivant une verticale : perce-t-on un trou dans sa paroi latérale, pour laisser écouler l'eau qu'il renferme, on voit le vase, par la réaction du jet, s'éloigner de la verticale tant que l'écoulement continue; si le trou est oblique, le vaisseau prend un mouvement de rotation.

Ces considérations feront comprendre le mode d'action de la vapeur, dans la première machine où l'on ait employé la vapeur comme moteur (fig. 18); elle se compose d'une sphère métallique creuse, susceptible de tourner entre deux tourillons A et B. Supposons que cette sphère soit remplie d'une vapeur très-élastique, et que cette vapeur puisse sortir de la sphère par un tuyau saillant D C, perpendiculaire à A B, et placé sur le prolongement d'un des rayons; on devine déjà que si le tuyau D C, étant bouché à son extrémité, est percé d'une petite ouverture latérale S, le tuyau reculera, et tendra à faire tourner la sphère à laquelle il est lié. — Pour rendre ce mouvement de rotation continu, il suffira d'ajouter aux suppositions précédentes, celle qu'un des deux tourillons A, par exemple, étant creux, se trouve par un bout en communication avec l'intérieur de la sphère, par l'autre avec une chaudière, et qu'ainsi

la vapeur dépensée en S , puisse être à l'instant et continuellement remplacée. C'est à Héron d'Alexandrie
qu'est due cette machine ingénieuse (1).

Un vaisseau rempli d'eau , percé d'une ouverture latérale, et placé sur une petite planche qu'on fait flotter
à la surface d'une eau tranquille, meut la planche
dans une direction inverse de celle du jet.

On pourrait mouvoir un bateau à vapeur en faisant
servir le moteur à manœuvrer une pompe placée à la
poupe, et qui chasserait continuellement de l'eau en
sens inverse du mouvement du bateau. — On a préféré
avec raison appliquer cette force motrice à des roues ;
car, comme nous le verrons plus loin (*Mécanique des
fluides*), il y aurait perte de force si l'on faisait usage
d'un tel système.

Un homme qui flotterait dans un petit bateau , et qui
manœuvrerait un fort soufflet dont le tuyau serait dirigé
vers la poupe, le chasserait avec une force égale à l'action du soufflet.

La fusée ne s'élève que parce qu'elle lance inférieure-
ment une énorme quantité de fluide aériforme , qui , par
son expansion, agit, d'un côté sur l'air, et de l'autre
sur la masse de la fusée qu'il soulève. L'ascension est
encore aidée par le recul de la fusée , dû à la partie de
la substance qui la forme, et qui s'échappe par le bas.

Que penserons-nous donc de ce rêveur en mécanique,
qui avait cru trouver le moyen d'avoir toujours un vent
favorable , en fixant à la poupe de son bateau de plaisir
un immense soufflet dirigé contre la voile ; le soufflet
et la voile agissaient l'un contre l'autre , et il fut tout
étonné de se trouver immobile : bien mieux , si le calme

---

(1) *Voyez* la Notice de M. Arago sur les Machines à vapeurs.—Ce dernier paragraphe a été extrait de cette Notice par le traducteur.

eût été parfait, il eût pu se voir rétrograder, car la voile ne recevait point, sans doute, tout le vent du soufflet.

Un homme qui navigue à la rame, une machine à vapeur qui meut des roues à palettes, avancent exactement avec la même force qui chasse l'eau vers la poupe.

Le nageur qui frappe l'eau de haut en bas, ou d'avant en arrière, acquiert un mouvement contraire, est soulevé ou poussé en avant par une force égale à celle avec laquelle il chasse le liquide.

L'oiseau qui vole frappe l'air avec une force précisément égale à celle qui l'élève.

L'homme qui pousse le sol avec un bâton peut être considéré comme comprimant un ressort placé entre le sol et l'extrémité du bâton ; ce ressort le repousserait avec une force précisément égale à la compression qu'il exerce ; et si, pendant cet effort, il se plaçait dans le plateau d'une balance, le contre-poids qu'il faudrait placer dans l'autre plateau pour l'équilibrer, serait précisément diminué de la valeur de la compression qu'il exerce.

Ainsi, l'homme invalide qui, au moyen du fauteuil à ressort, se soulève et s'abaisse, en exerçant une légère pression contre le sol avec son bâton, se pousse de haut en bas avec une force égale à la pression en sens inverse, et prend ainsi un exercice presque complètement passif.

Lorsqu'un enfant, dans sa petite colère, frappe de la tête contre une table ou contre une vitre, la mère lui dit et avec raison, que le coup qu'il a donné, il l'a lui-même reçu ; mais sa science, qui ne lui permet de juger des choses que par des résultats sensibles, fait qu'il accuse la table d'être la seule cause de la douleur qu'il ressent ; de même qu'il s'imaginerait n'avoir reçu aucun choc de la vitre qu'il a cassée.

On a une idée assez juste des diverses quantités de mouvement qu'un corps acquiert en tombant de la hau-

teur d'un pied, ou de celle de plusieurs pieds. Les intensités de *réaction* correspondantes sont parfaitement
senties par celui qui se jette tranquillement sur un
fauteuil, et par l'étourdi qui, voulant s'asseoir, va tomber sur le plancher, pour ne s'être point d'abord assuré
si le fauteuil qui doit le recevoir était placé derrière lui.

Le mouvement que le vent communique au navire,
il le perd lui-même, c'est-à-dire que les voiles réagis-
sent sur l'air en mouvement, ainsi qu'on le voit fort
bien lorsqu'un navire se trouve sous le vent d'un autre,
ou, comme on le dit dans la marine, lorsque le second
mange le vent du premier.

Lorsqu'une bille de billard vient à frapper une autre
bille de même masse et en repos, dans la direction
qui passe par leurs centres de gravité, la première s'arrête, et la deuxième part dans le sens du mouvement
avec toute la vitesse qu'avait la bille choquante (a) *, —
l'action, la force qui donne le mouvement étant égale
à la réaction qui le détruit. Bien que la communication
du mouvement semble ici être instantanée, elle est réellement progressive. La bille choquante, après un certain temps, a communiqué à la bille choquée, de masse
égale, précisément la moitié de son mouvement, et si
elles étaient d'argile, par exemple, elles continueraient
à se mouvoir ensemble dans le même sens, avec la moitié de la vitesse première (b) ; mais elles sont élastiques,
et dès-lors les parties en contact se trouvent comprimées, comme le serait un ressort placé entre elles ; ce
ressort, en se débandant, exercerait sur chacune des
efforts égaux, et par conséquent doublerait la vitesse de
la bille qui est en avant, et détruirait en même temps
celle de l'autre bille.

---

* *Voyez* la note qui suit.

8*

Lorsque plusieurs billes élastiques, de masses égales, sont disposées à la file, tous les centres se trouvant sur une même droite, et qu'on dirige contre la première une bille égale à l'une de celles de la file avec une vitesse quelconque, la dernière seule de cette file devra donc partir en avant, et avec la vitesse de la bille choquante. — En effet, la bille choquante communique sa vitesse à la première, celle-ci à la seconde, celle-ci à la troisième, celle-ci à la quatrième, et ainsi de suite jusqu'à la dernière, qui naturellement la conserve; cette transmission du mouvement à travers les billes intermédiaires s'effectue en un clin-d'œil.

Nous pourrions encore citer une infinité de faits très-intéressans, pour prouver que l'action et la réaction sont égales et opposées; nous nous bornerons à ceux que nous venons d'exposer, le plan de cet ouvrage ne nous permettant point de très-longs développemens.

Remarquons cependant que, lorsqu'un corps élastique, une bille de billard, par exemple, vient frapper une autre bille dont la masse est plus considérable, et par conséquent rebrousse, elle communique à la masse choquée, non-seulement tout le mouvement dont elle était capable, mais une quantité additionnelle, précisément égale à celle qu'elle possède en s'en retournant; quantité due à l'action répulsive du ressort, qui s'exerce également de part et d'autre, et cause le rebroussement (c). Lorsque la différence des masses est fort grande, la vitesse de la petite masse, en retournant, est presqu'égale à celle qu'elle possédait en allant, et elle donne au corps choqué un mouvement presque double de celui qu'il avait originairement. Si deux masses élastiques venaient au-devant l'une de l'autre avec des vitesses égales, l'une d'elles pourrait arrêter une masse triple, et reculerait alors avec une vitesse double (d). De ces phénomènes, il semble résulter un paradoxe, un effet plus grand que sa cause, paradoxe qui a conduit certaines personnes peu réfléchies à chercher dans ce principe un *mouvement perpétuel*.

Un marteau qui tombe sur une enclume et rebondit, choque l'enclume avec une force totale presque double de celle qu'il possède lui-même, car l'enclume subit d'abord le choc simple du marteau, et, à ce choc, il faut ajouter la force répulsive qui repousse également le marteau et l'enclume (1).

---

(1)   *Théorie mathématique du choc des corps.*

Dans la théorie mathématique du choc, on divise les corps, en corps parfaitement *durs*, en corps parfaitement *mous*, et en corps parfaitement *élastiques*. Il n'est sans doute pas besoin d'avertir le lecteur que de pareils corps ne se rencontrent réellement point dans la nature, c'est ici une supposition mathématique qui facilite l'étude des chocs, et l'on devra modifier les résultats du calcul d'après l'état réel des choses, c'est-à-dire d'après les divers degrés de dureté ou d'élasticité.

Un corps est parfaitement *dur* lorsqu'il n'existe aucune force capable de le déformer, de le fléchir, de l'étendre ou de le briser.

Soient deux corps durs A, B, dont les masses respectives sont M, M' et leurs vitesses V, V'; ces corps peuvent se mouvoir dans la même direction, ou bien dans des directions contraires, ou bien encore l'un des deux peut être en repos, et le deuxième seul en mouvement.

1° Les corps se mouvant dans la même direction, on a pour leur vitesse commune après le choc, vitesse que nous appelons v,

$$v = \frac{MV + M'V'}{M + M'} \dots \dots (1).$$

2° Les corps venant au devant l'un de l'autre, et celui A ayant une quantité de mouvement MV plus grande que celle $M'V'$ du second, on a

$$v = \frac{MV - M'V'}{M + M'} \dots \dots (2).$$

(b) 3° Si l'une des masses B est en repos, la deuxième seule se mouvant, on a

$$v = \frac{MV}{M + M'} \dots \dots (3).$$

En considérant des boulets de canon comme des corps parfaitement durs, on trouverait en employant la formule (1), que si un boulet de 24

Nous avons cherché à expliquer dans cette seconde section de l'ouvrage, la nature de l'INERTIE, et à mon-

---

animé d'une vitesse de 1200 pieds par seconde, était frappé dans le cours de son mouvement par un boulet de 6 animé d'une vitesse de 600 pieds par seconde, ces deux boulets se mouvaient après le contact avec une vitesse commune de 1080 pieds par seconde.

Si l'on suppose que les conditions restant les mêmes, les deux boulets viennent au-devant l'un de l'autre, la formule (2) montrera que la vitesse commune après le choc serait 840 pieds. Enfin, le boulet de 6 étant en repos, la vitesse commune après le choc serait, d'après la formule (3), de 960 pieds par seconde.

Choc des corps parfaitement élastiques. On appelle corps parfaitement élastiques, ceux qui ont la propriété de reprendre la forme qu'on leur a fait perdre.

Pour avoir les vitesses de deux corps élastiques après le choc, il faut, du double de la vitesse que ces corps auraient après le choc, s'ils étaient sans ressort, retrancher la vitesse que chacun d'eux avait avant le choc; les formules ci-dessus deviennent donc, U et u étant les vitesses de chacun après le choc :

1er *Cas.* Les mobiles marchant dans le même sens,

$$U = \frac{V(M - M') + 2 M' V'}{M + M'}$$

$$u = \frac{-V'(M - M') + 2 MV}{M + M'}$$

Si les masses sont égales, comme les billes au jeu de billard, par exemple, les mobiles échangent leurs vitesses et continuent ensuite à se mouvoir dans le même sens.

2e *Cas.* Si les mobiles viennent l'un contre l'autre, on a

$$U = \frac{V(M - M') - 2 M' V'}{M + M'}$$

$$u = \frac{V'(M - M') + 2 MV}{M + M'}.$$

Si les vitesses V et $-V'$ sont égales, ces valeurs deviennent

$$U = \frac{M - 5 M'}{M + M'} \times V, \text{ et } u = \frac{5 M - M'}{M + M'} \times V.$$

(d) d'où l'on voit qu'une masse M arrêterait une masse triple, et reculerait elle-même avec une vitesse double;

Que chacun des corps M, M', s'arrêtera, continuera sa route ou rebroussera, suivant que l'on aura

trer que les phénomènes de mouvement excessivement variés que nous présente le spectacle de la nature, ne sont que des effets d'ATTRACTION et de RÉPULSION; telle est la simplicité sublime de ses lois.

---

pour $M \ldots VM =$, ou $>$, ou $< M'\ (V + 2\ V')$
pour $M' \ldots V'M' =$, ou $>$, ou $< M\ (V' + 2\ V)$;

Qu'enfin, si les masses sont égales, les deux mobiles rebrousseront après avoir échangé leurs vitesses.

3e *Cas.* Si le corps dont la masse est M' est en repos, on a

$$U = \frac{V\ (M - M')}{M + M'} \quad \text{et} \quad u = \frac{2\ MV}{M + M'}.$$

Ces relations montrent que :

(a) Si les masses sont égales, le corps choquant devra rester en repos, et le corps choqué se mouvra avec la vitesse qu'avait le premier.

Si la masse du corps choquant est la plus forte, les deux mobiles marcheront dans le même sens que lui.

(c) Si la masse du corps choquant est la plus petite, il rebroussera chemin, et le corps choqué se mouvra dans la direction que le premier avait avant le choc. (*Voyez*, pour les démonstrations, la Mécanique de M. Francœur.)

(Note du traducteur.)

DEUXIÈME PARTIE.

EXAMEN DES LOIS DE L'ÉQUILIBRE ET DU MOUVEMENT
DES CORPS SOLIDES , OU MÉCANIQUE DES SOLIDES.

ANALYSE DU CHAPITRE (1).

*La force qui tend à mouvoir un corps solide , le meut tout
entier ou le brise.*

*Si la force est dirigée vers un point central de la masse , elle
agira également sur la masse entière , soit qu'elle la sou-
tienne , soit qu'elle la meuve , soit qu'elle s'oppose , au contraire , à son mouvement. Ce point central prend , suivant
les diverses circonstances , les noms de* CENTRE DE GRAVITÉ ,
de CENTRE D'INERTIE *ou de* CENTRE D'ACTION.

*Lorsqu'un corps solide se meut autour d'un axe , comme par
exemple , une roue sur son essieu , un fléau de balance sur
l'axe de suspension , les divers points de ce corps décrivent
des cercles ou se meuvent dans des espaces d'autant plus
grands que leurs distances respectives au centre du mouvement , sont elles-mêmes plus grandes. Il en résulte que des
forces qui diffèrent l'une de l'autre quant à la vitesse ,
peuvent être amenées à s'équilibrer mutuellement, en les liant
par un corps solide , et qu'une masse lente pourra balancer
une masse qui se mouvrait avec plus de vitesse , si cette
première masse est d'autant plus considérable que sa vitesse
est moindre relativement à la seconde.—Les* MACHINES *dites*
SIMPLES, *le* LEVIER, *le* TREUIL OU CABESTAN, *la* POULIE, *le*
PLAN INCLINÉ, *le* COIN, *la* VIS, *etc., sont autant de combi-*

---

(1) Nous engageons le lecteur , avant qu'il entreprenne la lecture de
ce chapitre, à parcourir de nouveau le sommaire de l'ouvrage qui précède la première section.

naisons de solides , au moyen desquelles on oppose le temps, à la puissance, et réciproquement , gagnant toujours une quantité de l'un des élémens aux dépens de l'autre.

Par des combinaisons de solides analogues , on transforme la direction du mouvement : le mouvement rectiligne de l'eau courante, par exemple , en mouvement circulaire , comme celui d'une roue hydraulique. — De là la variété infinie des MACHINES COMPLEXES.

Dans toutes les machines, il est de la première importance de diminuer la résistance que le FROTTEMENT oppose aux parties mobiles, et dans les constructions , la forme et la disposition des parties doivent être en rapport avec la FORCE DES MATÉRIAUX, et l'effort auquel ils doivent résister.

On appelle corps * SOLIDE * toute masse dont les atomes adhèrent avec assez de cohésion pour que ces atomes conservent leurs positions respectives lorsqu'on déplace le corps, de quelque manière que ce déplacement puisse s'opérer.

* La force qui tend à mouvoir un solide, le meut tout entier, ou le brise. *

Cette vérité résulte de la définition ou de la description que nous avons donnée d'un solide. L'on voit aussi que, dans tous les cas de fracture , la cohésion des atomes , à la partie brisée , doit avoir été moins forte que le poids du fragment de la masse qui s'est détaché , ou que l'inertie qui s'opposait au changement d'état , ou que la force qui la retenait à la place qu'elle occupait avant la rupture , ou, enfin, que quelque combinaison de ces diverses résistances.

Le choc latéral du tranchant d'un marteau contre une bille d'ivoire, la fait partir avec rapidité , mais ne l'entame point , parce que la cohésion des atomes frappés

est plus forte que l'inertie de la masse ; le même coup,
appliqué de la même manière contre une dent d'éléphant, l'entame ou la brise, parce que l'inertie de la
masse devient ici plus forte que la cohésion des atomes
qui subissent le choc.

On peut sans danger suspendre un vase de terre par
son anse, ce qui prouve que la cohésion qui retient l'anse
au corps du vase, est plus forte que le poids de ce vase ;
mais si l'on essayait de soulever brusquement le même
vaisseau, en le tenant par la poignée, il pourrait arriver qu'il abandonnât cette poignée ; c'est qu'alors le
poids de ce vaisseau, et l'inertie de sa masse, agissent
à la fois contre la cohésion. — C'est ainsi que les domestiques qui font leur service avec trop de précipitation,
brisent souvent les anses des soupières qu'ils porteraient
sans accident, s'ils allaient un peu moins vite.

* Centre de gravité ou d'inertie. *

Si l'on suspend une tige uniforme par son milieu,
comme le fléau d'une balance, par exemple, il n'est
personne qui ne sente que les deux parties situées à la
gauche et à la droite du point de suspension s'équilibre-
ront parfaitement. Cet équilibre est en effet un résultat
nécessaire des lois de l'*attraction* ou de la gravité que
nous avons étudiées dans les sections précédentes ; —
puisque la tige est uniforme et qu'elle est suspendue par
son milieu, il y a précisément autant de matière d'un côté
que de l'autre, l'attraction qui tendrait à faire descendre
chaque côté vers la terre est donc égale, il faut donc
bien que cette tige demeure parfaitement en équilibre.
Or, si à des distances égales du point de suspension, on
plaçait des poids égaux, on conçoit que par les mêmes
raisons l'équilibre subsisterait encore ; on pourrait donc

toujours, sans altérer l'équilibre, charger cette tige de
poids dans tous ses points, soit supérieurs, soit inférieurs,
et en former ainsi une masse d'un grand volume, dont
toutes les parties, quel que fût ce volume, se trouveraient
toujours parfaitement supportées ou équilibrées autour
d'un point unique. — Eh bien! dans tout corps, dans
toute masse, dans tout système de masse, il existe un
point unique analogue, qu'on connaît sous le nom de
centre de gravité ou *d'inertie*. Ainsi, bien que dans un
corps quelconque, chaque atome ait sa gravité et son
inertie individuelles, bien que le poids et l'inertie totale
soient réellement répandus dans toute la masse, on voit
cependant qu'en suspendant, ou soutenant ce point unique, ce centre de gravité, toute la masse se trouvera également supportée; si l'on soulève ce point, la masse entière
sera soulevée; si l'on arrête les mouvemens de ce point, la
masse entière se trouvera arrêtée; enfin, si ce point descend ou s'élève, la masse entière descendra ou s'élèvera.
On conçoit donc qu'un corps, quelles que soient ses
dimensions, puisse être considéré comme comprimé en
ce point unique, et dès-lors, on nous comprendra lorsqu'à l'avenir il nous arrivera de parler d'un corps,
comme si sa masse entière se trouvait réunie à son *centre
de gravité* ou *d'inertie*.

Le lieu de ce point unique est facile à trouver pour
tous les corps dont la forme est régulière, et la substance homogène; il est évidemment au centre de figure;
c'est-à-dire que si le corps est sphérique, par exemple,
le centre de gravité est au centre même de la sphère; si
le corps est cubique, il est à l'intersection des deux diagonales du cube, etc. — Mais si les corps sont irréguliers, ou si leur densité n'est pas uniforme, il faut, pour
déterminer le lieu de ce centre dans chaque corps, employer quelques règles que nous allons étudier.

Dire que le centre de gravité d'un corps tendra toujours à s'abaisser autant que la base de ce corps le permettra, c'est dire en d'autres termes ce que nous
savons parfaitement : que tous les corps tendent en vertu
de l'attraction vers le centre de la terre. Or, si l'on
suspend une masse quelconque, le lieu le plus bas que
le centre de gravité puisse occuper est évidemment au-
dessous du point de suspension. — Le fil à plomb nous
offre un exemple de cette vérité ; et il nous fournit un
moyen pratique très-commode de déterminer le lieu du
centre de gravité dans certaines masses irrégulières ; par
exemple :

Soit (figure 19) *a e b d*, une planchette ou un morceau
de carton très-irrégulier ; si nous le suspendons librement par un point *a*, pris à volonté sur son contour,
et qu'au même point de suspension nous attachions un
fil à plomb *a g*, le centre de gravité du corps *a e b d* est
évidemment un des points de la ligne *a g*, direction du fil
à plomb, et avec un morceau de craie, il nous sera facile de conserver la trace de cette direction sur le corps.
— Si après avoir fait cette opération, nous suspendons
le corps par un autre point *d*, le fil à plomb nous
fournira une nouvelle trace *d e*, qui devra contenir le
centre de gravité ; ce centre devant se trouver sur ces
deux directions à la fois, sera donc à leur intersection,
c'est-à-dire en *c* ; et si l'on suspendait le corps par
une corde fixée en ce point, toutes les parties s'équili-
breraient parfaitement autour de lui (1).

Les faits suivans pourront achever de nous convaincre

---

(1) Il n'est peut-être pas inutile de présenter ici le lieu du centre de
gravité des diverses formes géométriques qu'on rencontre le plus souvent.
Ligne droite. — Le centre de gravité est au milieu de la longueur.
Arc de cercle. — Le centre de gravité est sur le rayon qui passe par

que le centre de gravité d'un corps s'abaisse toujours autant que la base le permet, quoiqu'ils semblent au premier aperçu former des exceptions à la règle générale.

Soit *e d c* (figure 20), un cylindre de bois placé sur

---

le milieu de l'arc, à une distance du centre, qui est une quatrième proportionnelle à la longueur de l'arc, à sa corde et au rayon.

Secteur circulaire : c étant la corde, a la longueur de l'arc, et r le rayon, le centre de gravité est à une distance du centre du cercle

$$= \frac{2}{3} \times \frac{c\,r}{a}.$$

Aire du segment de cercle : A étant la surface de ce segment, c la corde, le centre de gravité est, sur le rayon, à une distance du centre

$$= \frac{\frac{1}{12}\,c^3}{A}.$$

Calotte sphérique : au milieu de l'axe.

Secteur sphérique : sur l'axe à une distance du centre égale aux $\frac{3}{4}$ du rayon, moins les $\frac{3}{8}$ de la hauteur de la calotte.

Volume d'un hémisphère : sur le rayon perpendiculaire à la base, aux $\frac{3}{8}$ à partir de cette base, ou au $\frac{5}{8}$ à partir du sommet.

Contour ou aire d'un parallélogramme : à l'intersection des diagonales.

Circonférence ou aire d'un cercle , surface ou volume de la sphère : au centre.

Contour d'un polygone : on l'obtient en divisant la somme des momens de ses côtés, par rapport à deux axes pris dans son plan par le contour du polygone ; les quotiens sont les coordonnées du centre de gravité.

Triangle : aux deux tiers de la droite menée du sommet de cet angle au milieu du côté opposé.

Aire du polygone : s'obtient en le décomposant en triangles.

Cône et pyramide : aux $\frac{3}{4}$ de la droite menée du sommet au centre de gravité de la base, à partir du sommet.

Prisme et cylindre : au milieu de la droite qui joint le centre de gravité des bases.

Tronc de cône : la hauteur étant h, et les rayons des bases R et r, le centre de gravité est situé sur l'axe à une distance de la moindre base

$$= \frac{1}{4}\,h \times \frac{3\,R^2 + 2\,R\,r + r^2}{R^2 + R\,r + r^2}.$$

(*Note du traducteur.*)

un plan incliné *a b*, il est clair qu'il descendra , parce que son centre de gravité cherche à se rapprocher du centre de la terre; mais si l'on introduit d'un côté de ce cylindre en *c*, par exemple, une masse pesante de plomb, il faudra que cette masse s'élève avant que le cylindre puisse descendre; mais cette masse ne pourra s'élever, puisque la gravité tend à la faire descendre, le mouvement du cylindre sera donc arrêté. Bien plus, si la masse de plomb au lieu d'être introduite en *c* l'était en *d*, elle retomberait dans la position *c*, et imprime-rait au solide un mouvement de *a* vers *b* sur le plan in-cliné, produisant ainsi le singulier phénomène d'un corps qui, en vertu de son poids, roule de bas en haut sur un plan incliné.

De même, qu'on dispose sur une table bien horizontale deux queues de billard *a b*, *c d* (figure 21), de manière qu'elles se touchent par leurs moindres extrémités, et qu'en *d b* elles se trouvent éloignées l'une de l'autre d'une distance égale au diamètre de la bille; si l'on place cette bille vers *c d*, c'est-à-dire au bout des queues, on la verra rouler vers la position *e*: un observateur inattentif croirait voir le mouvement s'opérer en sens inverse de la pente, parce que les queues sont plus épaisses vers *b d* que vers *c d*, il n'en est pas ainsi cepen-dant, et la balle descend réellement. L'illusion est encore plus trompeuse, lorsqu'à la balle on substitue le double cône *f*, parce que ses extrémités reposent toujours sur les lignes supérieures des queues.

Soit (figure 22), une petite planche ou simplement un bâton *c d*, reposant sur le bord d'une table *a b*, il est évident que si on l'abandonne à lui-même dans la po-sition indiquée par la figure, il se renversera, puisque plus d'une moitié de sa masse dépasse le bord de la table. Cependant, si l'on fixe au point *b* l'extrémité d'un cordon supportant un poids *c*, et si en même temps on met en communication ce poids *e* avec l'extrémité *d* du bâton au moyen d'une tige fixe, une règle de bois *e d*, par exemple, le bâton *cd* conservera sa stabilité, il restera en équilibre dans la position de la figure; on voit en effet que, pour tomber, ce bâton devrait tourner sur le bord de la table *b*, ce qu'il ne pourrait faire sans élever le poids selon l'arc *ef*. — Or, c'est ce que la gravité défend, car le poids *e* est plus pesant que le bâton. — Une canne, un parapluie dont la poignée, en bec à corbin, est placée de la même manière sur le bord d'une table, offre un autre exemple de cette espèce de paradoxe.

La théorie des centres de gravité appliquée aux corps qui nous environnent sur la terre, nous expliquera comment, par l'influence de la gravité, quelques-uns sont stables, d'autres sont pour ainsi dire chancelans, et d'autres enfin se renversent.

Si nous jugeons qu'un corps, par sa forme ou sa position, ne peut être renversé sans qu'on soit obligé de soulever son centre de gravité, comme nous savons qu'il faudra soulever la masse totale d'une quantité correspondante, nous comprendrons de suite qu'une faible action ne peut opérer ce renversement.—L'élévation que doit subir le centre de gravité ou le corps dépend, en pareil cas, du rapport de la base de sustentation avec la hauteur de ce centre au-dessus de cette base. C'est ce que les figures 23, 24, 25, 26, 27, feront très-aisément comprendre.

Dans toutes ces figures, *c* ou seulement un point indique le lieu du centre de gravité, et les parties de courbe qui partent de ce centre, marquent la ligne qu'il décrit dans l'espace lorsque le corps se renverse. Cette courbe est évidemment un arc de cercle qui a pour cen-

tre l'extrémité de la base sur laquelle ce corps tourne,
comme en *b*, figure 23. — On voit immédiatement que,
plus la projection de ce point *c* sur la base du corps (projection donnée par le fil à plomb *cp*), sera éloignée du
centre de mouvement *b*, plus ce centre de gravité se
trouvera éloigné du sommet du cercle qu'il a à décrire,
et plus par conséquent la pente initiale suivant laquelle
il devra monter sera rapide; — dès-lors, comme pour les
corps qui doivent être transportés de bas en haut sur des
plans inclinés, plus grande devra être la force nécessaire
pour le mouvoir. — La direction du fil à plomb, qu'on
suspendrait du centre de gravité d'un corps, s'appelle
ligne de direction. C'est celle suivant laquelle le corps
descendrait vers la terre.

Dans la figure 23, qui a une base très-large et où le
centre de gravité se trouve peu élevé, nous voyons que
ce point doit s'élever presque perpendiculairement lorsqu'on essaie de renverser le corps; la résistance que le
corps oppose au renversement est donc presqu'égale à
son poids. — De là la très-grande solidité des pyramides.

Dans les figures 24, 25, 26, la pente suivant laquelle
doit se mouvoir le centre dans le renversement devient
de moins en moins rapide, et les corps deviennent de
moins en moins stables. On peut se figurer que la figure
24 est une maison ordinaire, la figure 25 une maison
haute et étroite, et la figure 26 une cheminée élevée.

La figure 27, offre excessivement peu de stabilité; le
centre de gravité se trouve directement au-dessus d'une
base qui n'a qu'un seul point; la plus légère inclinaison
va donc placer le centre sur une pente descendante, et
le corps se renversera infailliblement.

Dans la figure 28, on voit que le centre de gravité
est d'un côté très-mal assuré, tandis qu'il l'est parfaite-

ment de l'autre; elle montre comment la moindre inclinaison rétrécit la base de sustentation.

Dans la figure 29, qui représente une sphère placée
sur un plan de niveau, toute la masse repose sur un
seul point, comme dans la figure 28; cependant la
sphère n'a aucune tendance à se mouvoir, parce que,
dans toute autre position, le centre de gravité conserverait sa distance au plan de niveau; le centre en se mouvant dans un sens ou dans un autre, ne décrirait qu'une
droite horizontale *a b*.

Dans la figure 30, la sphère roule sur un plan incliné;
le centre de gravité décrit dans son mouvement l'oblique *b a*.

Dans la figure 31, on voit un ellipsoïde placé sur un
plan de niveau; lorsque le corps est mis en mouvement,
le centre de gravité décrit une courbe semblable à celle
du pendule de la figure 32. Ainsi placé, l'ellipsoïde os-
cillera donc comme le pendule.

On pourra prendre quelque idée de l'importance de cette
doctrine, par les faits que nous allons exposer.

Un chariot chargé de métal ou de pierres (fig. 33),
marche sans danger sur un des côtés d'une route en dos
d'âne; le même chariot, chargé même d'un poids moindre de laine ou de foin, verserait infailliblement.

La base de sustentation est bien la même dans les
deux cas, mais on voit que la ligne de direction qui
part du centre de gravité du métal *c* tombe dans les
limites de la base, tandis que celle du centre de gravité
de la charge de laine *a* P tombe en dehors de ces limites; la ligne qu'il décrirait est donc descendante, tandis que celle de la première est ascendante.

Ceci nous montre pourquoi les diligences élevées sont

si dangereuses, surtout lorsque, comme cela a trop sou
vent lieu, elles sont extrêmement chargées par le haut
on conçoit aussi comment il arrive tant d'accidens au
cabriolets élevés des élégans du jour. En effet, une lé
gère altération dans le niveau de la route, un tournan
même suffisent pour amener la catastrophe, si la voi
ture marche avec rapidité. Les voitures dites *de sûreté*,
qu'on a construites dernièrement, ont leurs roues for
écartées, et par conséquent une base très-large; de plus,
les magasins pour le bagage et les siéges de ceux qui
voyagent à l'extérieur ont été considérablement abais
sés. Au lieu de se trouver à la partie supérieure de la
voiture, on les a disposés à l'avant et à l'arrière, et aussi
bas que possible.

Le support unique de certaines tables, des guéridons
par exemple, se ramifie par le bas pour donner de la
stabilité à l'ensemble, en élargissant la base de sustentation. Quelques chaises ont aussi une base bien plus
large que le siége; celles, par exemple, sur lesquelles on
assied les petits enfans pour qu'ils se trouvent à table à la
hauteur de leur mère. Ces chaises sont très-dangereuses
lorsque les pieds ne sont point très-écartés à leur partie
inférieure; un mouvement brusque, une inclinaison très-
grande de l'enfant, suffisent alors pour rejeter la ligne
de direction hors du plan de la base. — Les chandeliers,
les lampes, et un grand nombre de meubles et d'usten-
siles ne doivent leur stabilité qu'à une disposition analogue.

La plus légère inclinaison d'un corps rétrécit la base
de sustentation.

L'inspection de la figure 28 rend cette vérité sensible. — Elle prouve la nécessité de disposer suivant

des verticales bien parfaites, les murs si légers des constructions modernes, les hautes cheminées, etc.... De là l'utilité et l'importance de cet instrument si simple, le *fil à plomb*. C'est le guide indispensable du maçon et d'un grand nombre d'autres ouvriers.

Les murs de briques de nos maisons modernes ont si peu d'épaisseur, que pour résister elles doivent s'appuyer les unes sur les autres; quelque accident vient-il les isoler, elles n'offrent plus que la stabilité des châteaux de cartes.

Quel contraste avec les masses imposantes que nous ont laissées les Anciens! Quelle force, quelle durée de justes proportions n'assurèrent-elles pas à ces temples, à ces pyramides qui donnent encore un si grand intérêt aux rives du Nil, aux vallées et aux plaines de l'Asie, et à tant d'autres monumen s dont les ruines majestueuses couvrent encore la terre.

Qu'est-ce que nos constructions éphémères, comparées à celles qui, pour ainsi dire, rivalisèrent de durée avec les créations de la nature elle-même (1)?

---

(1) L'auteur anglais compare ici des choses pour ainsi dire hétérogènes. Il n'y a point réellement de comparaison à faire entre des monumens, des édifices et des constructions particulières, dont la légèreté, si elle n'est point extrême, ne prouve rien autre⹁chose que les progrès de la raison, qu'une plus grande diffusion d'idées saines. — Le luxe de solidité est un luxe comme un autre, et partant un vice. Un calcul bien simple montre qu'il est toujours nuisible. Supposons deux capitalistes qui, l'un et l'autre, élèvent, chacun de son côté, une construction quelconque destinée au même usage. Chacun d'eux, *A*, *B*, possède 100,000 francs.

Le premier, *A*, dépense les 100,000 fr., et nous supposerons que sa construction peut durer même éternellement; l'autre, *B*, au lieu d'employer des pierres de taille et de fortes charpentes, construit en briques, en solives légères, en plâtre, et le même bâtiment que le premier, quant à l'usage, quant à la forme et à la disposition, mais non quant à la durée, ne coûte que 60,000 fr. Il reste donc à *B* 40,000 fr. Admet-

9*

Il existe un très-grand nombre d'édifices qui sont
plus ou moins inclinés : leur stabilité se conserve néanmoins tant que la verticale qui passe par le centre de
gravité tombe dans les limites de la base, et que les
matériaux adhèrent les uns aux autres avec une ténacité
suffisante. La fameuse tour de Pise, construite originairement dans le but de surprendre et d'effrayer à la fois,
est inclinée de cette manière ; la figure 28 en donnera
peut-être une idée : avec une hauteur de 150 pieds,
le sommet dépasse la base de 16.

L'immense colonne de pierre, connue sous le nom
de *monument*, élevée à quelque distance du pont de
Londres, est tellement inclinée que quelques esprits ti-
mides commencent à craindre pour sa solidité, lorsque
le vent souffle de certains points de l'horizon.

Enfin, un grand nombre de tours et de clochers élevés, celui de la cathédrale de Salisbury, par exemple,

---

tons que ce bâtiment ne dure que 50 ans : ce temps écoulé, *B* est
obligé de faire construire de nouveau. Il va donc dépenser encore
60,000 fr. ; mais les 40,000 fr. d'épargne qu'il avait en premier lieu, auront rapporté, pendant cette durée, en comptant l'intérêt à 5 pour 100,
et ajoutant les intérêts des intérêts, la somme énorme de 160,000 fr.
Lorsqu'il aura prélevé 60,000 fr. sur cette somme pour la deuxième
construction, il lui restera donc encore 100,000 fr. que le capitaliste
plus fastueux n'aura pas. Mais 30 ans s'écoulent encore, et *B* ou ses hé-
ritiers se trouvent obligés de faire rebâtir une troisième fois, ils vont
donc encore dépenser 60,000 fr. ; ils prélèveront facilement cette somme
sur leur fortune, car les 100,000 fr. qui leur restaient sont devenus
400,000 fr. ; leur bâtisse faite, il leur restera encore 340,000 fr., que
n'aura point le propriétaire fastueux. Ajoutez à cela que *B*, à chaque
construction, pourra changer les dispositions, la forme, selon les nouveaux besoins que le temps aura amenés.

La substance de cette note, qui ne saurait être déplacée ici, m'a été
fournie par un article inséré par M. J. B. Say dans l'*Industriel*. Voyez
aussi son *Traité d'Economie politique*.

(*Note du traducteur.*)

ont perdu quelque chose de leur verticalité, tout en conservant une solidité suffisante pour se maintenir.

Un ellipsoïde placé sur une surface de niveau (fig. 31), oscille, comme nous l'avons vu, à la manière d'un pendule, parce que lorsqu'il s'éloigne de sa position moyenne, le centre de gravité s'élève, et par conséquent fait un effort pour retomber. Il en est de même de la moitié d'un hémisphère, dont la section est placée en haut.

Le cheval à bascule des enfans, le berceau qui les reçoit pendant les premiers temps de leur existence, sont encore des exemples de ce mouvement oscillatoire.

Mais il n'en est peut-être pas de plus curieux que ceux que nous offre la nature elle-même. Nous voulons parler de ces rochers mobiles qu'on rencontre çà et là le long des côtes si pittoresques de l'Angleterre. Détachés sans doute dans l'origine par quelque convulsion terrestre, leur base légèrement arrondie repose sur un roc uni et bien horizontal, de telle sorte que la force d'un seul individu suffit pour les mettre en mouvement. On pense bien qu'ils ont dû devenir, dans les villages environnans, l'objet d'une vénération superstitieuse.

Il existe un fort joli joujou chinois construit sur ce principe même. — Il représente un petit rieur à face de moine, gros ventre, figure replette; il est accroupi sur ses pieds qu'on ne voit point, et la place qu'ils occuperaient est une surface arrondie et parfaitement unie, lestée par une petite masse de plomb qui tend toujours à relever le corps du rieur lorsqu'on l'incline. L'enfant qui pousse le petit homme, comme pour le faire asseoir, est toujours aussi surpris de le voir se relever, qu'amusé de l'expression grotesque de la petite figure qui semble gaîment le défier de parvenir à son but.

C'est de ce même genre d'action que dépend le mouvement d'oscillation du pendule, le centre de gravité cherchant continuellement à s'abaisser le plus possible. Nous ne nous arrêterons pas ici à expliquer plus au long le mouvement de cet instrument, parce que nous lui avons déjà consacré un chapitre spécial. — On peut ranger dans la même classe les phénomènes suivans :

— Les oscillations de la balançoire ;

— Le balancement ou la libration d'un aérostat qui commence à s'élever ;

— La manière dont se ferment d'elles-mêmes les portes suspendues sur leurs gonds, de manière à avoir, lorsqu'elles sont fermées, une légère inclinaison, soit en avant, soit en arrière ; ces portes tendent à revenir à la position qu'on désire qu'elles conservent, comme le pendule tend à revenir, en vertu de la gravité, au point le plus bas de l'arc qu'il décrit.

— Les mouvemens de roulis ou de tangage d'un navire, suivant l'état du vent et de la mer. Lorsque la plus grande partie de la charge du navire est située près de la quille, le centre de gravité de l'ensemble est extrêmement bas, et, dans les gros temps, le mouvement oscillatoire devient excessif et très-dangereux.

La doctrine des centres de gravité s'applique encore aux diverses positions que prennent les animaux, et particulièrement l'homme, dans certaines circonstances.

Nous avons vu qu'un corps était d'autant moins stable, que sa hauteur était plus grande, relativement à la longueur de la base de sustentation ; — cependant c'est une des nobles prérogatives de l'homme de porter avec aisance toute sa masse sur une base très-étroite, tout en changeant constamment d'attitude. L'habitude de cette position est fort difficile à prendre, aussi ne s'acquiert-elle que lentement; l'enfant le plus précoce ne marche guère qu'à l'âge de dix mois ou un an, tandis que les petits quadrupèdes ayant, relativement à la hauteur de leur centre de gravité, une base de sustentation très-étendue, marchent facilement, pour la plupart, quelques jours après leur naissance.

La base de sustentation de l'homme se compose de ses pieds, et de l'espace qu'ils laissent entre eux; le calcul montre qu'il y a avantage à tourner légèrement les pieds en dehors; en diminuant la longueur de la base, elle est plus que compensée par la largeur en plus qu'elle acquiert.

S'il est difficile de marcher sur deux pieds, il l'est encore bien plus de marcher sur deux jambes de bois, dont les extrémités arrondies n'ont que fort peu de surface. — Et cependant nous voyons tous les jours des soldats ou des matelots mutilés courir ainsi la ville avec assez de facilité.

Toutes les dames chinoises ont à acquérir cette habitude des victimes de la guerre, car une coutume barbare a emprisonné leurs pieds pour la vie entière dans les souliers qui les chaussaient dans leur enfance.

Mais ce qui est encore bien plus difficile à acquérir, c'est l'habitude de marcher avec les échasses, comme le font cependant les habitans de ces plaines sablonneuses du sud-ouest de la France, et qu'on appelle les *Landes*.

Ces plaines offrent d'assez bons pâturages; mais pendant une partie de l'année, elles sont à moitié couvertes d'eau, et, dans tous les temps, impraticables aux piétons, tant le sable est mouvant, et les bruyères épaisses. Les indigènes n'ont vu d'autre moyen de remédier à ces inconvéniens, qu'en doublant la longueur de leurs jambes, au moyen de longues perches de bois, qu'ils attachent et détachent comme nous ôtons nos bottes. Ces hommes, ainsi élevés, paraissent au voyageur une race aussi nouvelle qu'extraordinaire de bipèdes, se mouvant avec facilité dans le sable et dans l'eau, par des enjambées de huit ou dix pieds de longueur, ce qui leur donne la vitesse d'un cheval au trot; ils parcourent ordinairement de douze à quinze lieues par jour. Les bergers qui gardent les troupeaux répandus dans ces immenses plaines, se postent dans des stations convenables pour les surveiller; là ils s'équilibrent avec une troisième perche qui les supporte par derrière; un bonnet et un manteau en peau de mouton les recouvrent comme un toit; on les prendrait de loin pour de petites tours d'observation, pour des signaux répandus çà et là à la surface du pays.

Mais, en suivant l'ordre de difficulté, au-dessus de la marche avec des échasses, s'élève encore l'art de danser sur la corde, ou encore celui de maintenir la ligne de direction au-dessus de la base mobile d'un cheval au galop. Le danseur de corde porte ordinairement une longue perche chargée de poids à chaque extrémité, et qu'on nomme un balancier. Lorsqu'il se sent pencher à droite ou à gauche, il incline ce balancier du côté contraire, afin que la réaction replace la verticale du centre de gravité au-dessus de la base qui est la corde.

C'est toujours en se conformant à ce même principe, que le patineur parvient à prendre une multitude d'attitudes gracieuses, et à décrire des courbes de tout genre sur la glace, — qu'on maintient un bâton en équilibre sur le bout du doigt, — et que s'exécutent une infinité de tours intéressans.

Les *attitudes* dépendent généralement de la nécessité

de maintenir le centre de gravité au-dessus de la base de sustentation, dans quelque circonstance qu'on se trouve placé; de là dérive : — le port droit et vertical de l'homme chargé d'un fardeau sur la tête; — l'inclinaison d'arrière en avant du crocheteur; — celle d'avant en arrière de celui qui porte un fardeau entre ses bras; — l'inclinaison à gauche de celui dont la main droite supporte un seau d'eau; — la nécessité où se trouvent les personnes douées d'un embonpoint extraordinaire, de jeter la tête et les épaules en arrière, ce qui leur donne un certain air d'importance, — que partagent les femmes enceintes, et même les hydropiques, dont l'expression habituelle cadre assez mal avec cette attitude.

Dans la course, le centre de gravité se trouve placé en avant de la base de sustentation; il faut donc à chaque instant ramener les pieds au-dessous de ce point, et avec d'autant plus de vitesse, qu'on est plus incliné, c'est-à-dire qu'on court plus vite.

L'homme qui tire horizontalement un fardeau ne fait autre chose que de disposer son centre de gravité en avant de la base; la force avec laquelle il tend dès-lors à tomber, est la force même avec laquelle il tire.

Lorsqu'un homme assis vient à se lever, on peut remarquer qu'il commence par pencher le haut du corps en avant, afin de ramener le centre de gravité au-dessus de sa base, ou de l'espace compris entre ses pieds. S'il n'a point cette précaution, ou s'il se redresse trop précipitamment, c'est-à-dire avant que son corps soit arrivé à la position ci-dessus, il retombe bientôt en arrière sur son siège, tendant les bras en avant, dans l'espoir de rétablir l'équilibre.

Un homme placé debout contre un mur vertical, les talons appuyés contre la base de ce mur, ne peut jamais parvenir à ramasser un objet qui repose sur le sol devant lui , sans tomber sur ses mains ; en effet , le mur l'empêche de rejeter en arrière aucune partie de son corps , pour faire équilibre à la tête et aux bras , qui se projettent en avant; il arrive souvent que des personnes peu versées dans ces matières , n'hésitent point à faire le pari de ramasser ainsi une bourse qui contient l'enjeu ; il n'est sans doute pas nécessaire d'ajouter qu'elles perdent toujours.

Dans la marche , le centre de gravité se porte alternativement sur le pied droit , puis sur le pied gauche , de sorte qu'il décrit dans l'espace une ligne ondulée. On doit concevoir dès lors pourquoi deux personnes qui se donnent le bras , s'impriment à chaque instant des secousses mutuelles , si elles n'ont pas l'attention de marcher au pas comme les soldats.

Le *mal de mer* a plus de rapport qu'on ne pense avec la doctrine des centres de gravité. — L'homme , comme nous l'avons vu , ne peut se maintenir qu'avec cette condition indispensable , que la verticale qui passe par le centre de gravité, tombe dans les limites de la base de sustentation ; mais cette verticalité , il l'obtient surtout en s'aidant de la position des objets qui l'entourent, en comparant , avec la promptitude de la pensée , leur position verticale à la sienne; or , à bord d'un vaisseau , cette direction primitive lui manque, les mâts , les fenêtres , les meubles changent constamment de direction , leurs axes ou leurs arêtes s'éloignent tantôt d'un côté , tantôt de l'autre de la verticale : de là une confusion que ne tarde point à produire des vertiges et des nausées aux personnes qui n'ont point l'habitude de la mer. Beaucoup d'autres éprouvent les mêmes effets dans les voitures , ou en se balançant , ou sur les bords d'un précipice profond , dans lequel des objets connus se présentent sous des points de vue tout-à-fait nouveaux, qui ne permettent point de les reconnaître immédiatement. Il en est de même lorsqu'on marche sur un mur ou sur un toit ; lorsqu'on regarde de bas en haut et bien verticalement le toit d'une maison, ou qu'on examine les étoiles situées au zénith ; de même encore lorsqu'on entre dans une chambre ronde, parce que les ombres n'offrent point de lignes verticales ; ou dans des appartemens dont le papier et le plafond sont couverts de dessins irréguliers ; enfin, les mêmes effets se reproduisent pendant qu'on walse, ou lorsqu'on est placé sur une roue qui tourne, parce que l'œil n'a pas de point fixe , etc. , etc.

Lorsqu'on est dans l'obscurité complète , c'est par le sens du toucher qu'on se dirige, comme le font les aveugles ; et c'est parce qu'on ne peut employer ni ce sens , ni celui de la vue à bord d'un vaisseau, que l'effet est si remarquable.

Mais le mal de mer dépend aussi en partie de la pression irrégulière qu'éprouvent les boyaux, soit entre eux, soit contre les parties qui les enveloppent. On comprend , en effet, que cette pression varie avec les élévations ou les abaissemens alternatifs du navire.

On conçoit dès-lors que les personnes qui n'ont point l'habitude de la mer, éprouvent quelque soulagement en fixant les yeux sur le rivage , lorsque cela est possible , ou en fermant les yeux et se couchant sur le dos ; ou enfin en prenant une dose de boisson spiritueuse suffisante pour diminuer un peu le sentiment des phénomènes qui se passent autour d'elles.

Quelque forme que prenne la matière , sous quelque état qu'elle se trouve, il faut qu'elle obéisse aux grandes lois de la nature ; nous retrouverons donc aussi, parmi les végétaux, des preuves de la nécessité où tous les

corps se trouvent de maintenir leur centre de gravité au-
dessus de leurs bases.

Quelle admiration n'éprouve-t-on pas à l'aspect de
ces sapins majestueux, et d'une infinité d'autres arbres
qui se retrouvent dans les forêts de la nature dont la
cime s'élève aussi perpendiculairement que si le fil à
plomb eût servi à en diriger la croissance, et cela dans
les plaines comme sur la pente des montagnes les plus
rapides. Sur une plus petite échelle, nos campagnes
cultivées nous montrent, dans le blé, et dans les herbes,
la même disposition à la verticalité; et lorsqu'un arbre
ou arbuste, soit accidentellement, soit par sa nature
même, dévie de cette loi, il lui a été accordé une force
additionnelle.

La *beauté des formes*, *l'élégance des positions*, ne
sont dues souvent qu'à la disposition du centre de
gravité.

Quelle sensation désagréable, quelle inquiétude, on
pourrait dire, nous cause l'aspect d'un mur ou d'un pilier qui manque d'aplomb; d'une colonne dont la base est
trop petite, d'une haute maison étroite, ou d'une longue
cheminée : d'un autre côté, plus on examine avec soin
ces édifices majestueux dont les parties vont se dégra-
dant du sommet à la base, depuis le corinthien léger,
jusqu'au dorique massif, plus on éprouve de plaisir et
d'admiration. Les pagodes chinoises sont un exemple singulier de la réunion des qualités nécessaires à la stabilité,
nommément l'aplomb et une vaste base. Si l'on ajoute à
cela une symétrie parfaite, des proportions gracieuses,
et des ornemens originaux, on concevra quel effet elles
doivent produire lorsqu'on les aperçoit de la mer, cou-
ronnant le sommet d'une île boisée, ou s'élevant au
centre d'un jardin.

La *grâce* dans le port et dans la démarche dépend encore en grande partie de ce principe.

Les diverses attitudes du danseur sur nos théâtres semblent avoir pour but de montrer la variété infinie de positions que peut prendre le corps humain en conservant toujours le centre de gravité au-dessus de la base. La célèbre statue du Mercure volant nous offre encore un exemple bien connu de gracieux équilibre.

La grâce dans la démarche ne se compose point seulement d'une aisance parfaite, mais encore d'une certaine stabilité, d'une fermeté, d'une assurance que possèdent ordinairement ceux qui vivent à la campagne, et qui se livrent à des exercices de gymnastique fréquens et variés. Quel contraste offrent sous ce rapport le montagnard actif et l'ouvrier de nos villes dont les occupations sédentaires courbent le corps, en imprimant à ses traits une expression si différente de celle du premier, dont la figure semble indiquer la conscience d'une constitution robuste. — Et parmi les femmes, quel contraste entre cette beauté qui nous rappelle, par sa démarche, la Diane de la fable, et cette femme dont le pied pressant avec peine un tapis, se trouve obligée de traverser un trottoir sur lequel elle porte son corps comme une charge toute nouvelle et à laquelle elle ne semble point habituée.

Le *centre de gravité* est aussi le *centre d'inertie.* — Si l'on soulève par son milieu une tige homogène et uniforme, on surmonte à la fois l'inertie des deux parties, et elles s'élèvent également. Si on la soulève, au contraire, par un point plus rapproché d'une des extrémités que de l'autre, la portion la plus courte s'élève d'abord, parce que le centre d'inertie se trouve dans la plus longue, et la tige tourne alors autour du doigt comme centre.

Le *centre de gravité* ou *d'inertie* cependant n'est pas nécessairement au centre de la masse ; — car si l'on fixe à l'une des extrémités de la tige (fig. 34), un poids de trois livres *a*, et un poids d'une livre seulement *b*, à l'autre extrémité, il y aurait équilibre autour du point de suspension *c*, situé trois fois plus près de la grosse masse que de la petite ; — et, dans ce cas, le centre de gravité aurait trois fois plus de matière d'un côté que de l'autre. Ce fait sera expliqué avec détail à l'article *Levier*, du chapitre suivant. Pour plus de simplicité, on fait abstraction du poids de la tige de communication.

Le *centre de gravité* ou *d'inertie* est aussi le *centre de la force centrifuge* : — car si l'on fait tourner le système de la figure 34 autour d'un centre commun, sur un pivot *c*, par exemple, à moins que ce point *c* ne soit le centre d'inertie de ce système, le pivot serait toujours tiré vers l'extrémité de la tige dont la force centrifuge est la plus grande. C'est pour ce motif que dans les meules, dans les grandes roues, dans le balancier d'une montre, l'axe doit toujours traverser le centre d'inertie afin qu'il ne s'use pas plus d'un côté que de l'autre.

Lorsqu'en astronomie nous disons que la terre tourne autour du soleil, et que la lune tourne autour de la terre, nous parlons donc peu exactement ; car, dans tous les cas semblables, les deux corps tournent autour du centre commun d'inertie. Pour le cas du soleil et de la terre, comme le premier de ces corps est de beaucoup plus considérable que le second, ce point se trouve réellement situé à son intérieur, mais non pas exactement au centre.

Le *centre d'inertie* d'un corps est généralement aussi le centre d'action ou de percussion, car lorsque le centre de gravité d'un corps en mouvement vient frapper un obstacle fixe, tout le moment du corps agit, et le mouvement est détruit en entier, tandis que s'il frappe l'obstacle dans une autre direction que celle de son centre de gravité, il ne perd qu'une partie de sa quantité de mouvement, et tourne autour de lui comme centre, passant du côté où le centre d'inertie se trouve relativement à l'obstacle.

Dans une barre de fer qu'on emploie comme marteau, dans un pendule, la vitesse des différentes parties du système est différente, et le centre de mouvement et d'inertie se rapprochent de l'extrémité qui se meut le plus vite. On en a déterminé le lieu par le calcul et pour un grand nombre de cas. Dans une tige homogène et uniforme qui se meut comme un pendule, il est au tiers de la longueur totale de la tige, à partir de l'extrémité inférieure ; dans le pendule, il prend le nom de *centre d'oscillation* (1).

Si un homme emploie une barre de fer en guise de marteau, il doit donc avoir le soin de ne frapper que par le centre d'action, sous peine à lui de recevoir dans les deux mains une forte secousse. Une masse pesante, gauchement employée à cet usage, pourrait causer une

---

(1) L'identité qui existe entre les centres d'oscillation et de percussion fournit un moyen très-simple de les déterminer par expérience : on fait osciller le corps, et l'on compte le nombre n d'oscillations qu'il accomplit pendant 60 secondes ; l étant la distance en mètres du centre d'oscillation ou de percussion au point de suspension, on aura cette distance au moyen de

$$l = \frac{3622}{n^2} \text{ mètres,}$$

relation déduite de la proportion

$$n^2 : (60)^2 :: 0^m,99384 : l,$$

dans laquelle 0.99384 représente la longueur du pendule à seconde.

Voici quelques résultats utiles à connaître : la distance de ces centres, à partir du point de suspension, est :

douleur assez vive. — Dans le marteau ordinaire , la plus grande partie de la masse se trouvant située à l'extrémité , le centre de percussion se trouve dans cette masse même , de sorte qu'on n'a point à prendre de précautions semblables.

Si l'on suspend horizontalement une petite tige de bois par une ficelle fixée en son milieu , et qu'on frappe perpendiculairement une des moitiés de cette tige , on verra que l'extrémité de l'autre moitié se mouvra dans le premier instant, comme si la tige était fixée sur un axe à l'extrémité du côté où on a frappé, c'est-à-dire que l'extrémité de l'autre s'avancera d'abord un peu dans le

---

Dans la ligne droite, ou dans une tige cylindrique mince . . . . $\Big\} = \dfrac{2}{3} \times$ longueur.

Dans le triangle isocèle oscillant perpendiculairement à son plan . . . . $\Big\} = \dfrac{3}{4} \times$ hauteur.

Dans le cercle suspendu par un point de sa circonférence et oscillant perpendiculairement à son plan . . . . $\Big\} = \dfrac{3}{8} \times$ diamètre.

Dans le cône droit suspendu par son sommet. $\Big\} =$ hauteur du cône.

Dans la pyramide à base quarrée suspendue par son sommet, et vibrant dans un plan vertical, parallèle au côté du quarré, h étant la hauteur de la pyramide et c le côté du quarré . . . . $\Bigg\} \dfrac{4}{5} h + \dfrac{c^2}{15 h}.$

Dans une sphère suspendue à un point éloigné de la distance d, du centre de la sphère, on a r étant le rayon de la sphère. . $\Big\} d + \dfrac{2 r^2}{5 d}.$

Si $r = d$, c'est-à-dire si la sphère est suspendue par un des points de la surface, on a pour la distance cherchée . . . . . . $\Big\} \dfrac{7}{5} \times r.$

(Note du traducteur.)

sens du choc; l'inertie de la masse qui s'oppose au mouvement qu'on lui imprime est la cause de cet effet.

Mais la figure 35 nous aidera d'une manière assez curieuse à comprendre ce genre d'effets : *a b* est un long bâton dont les extrémités reposent sur deux verres à liqueur; si on applique un bon coup sec au centre *c* de ce bâton, on le brise sans que les verres souffrent du choc, et l'on voit les deux parties se retourner autour de certains *centres de résistance a b*, et retomber ensuite sur la table, sans avoir causé le moindre dégât.

Nous avons vu dans cette section, quelle simplicité pouvait donner aux raisonnemens et à l'explication des faits, la seule considération du *centre d'inertie* dans les corps, quelque nom que ce centre prenne, suivant les circonstances.

  * *Lorsqu'un corps solide se meut autour d'un axe, comme, par exemple, une roue sur son essieu, un fléau de balance sur l'axe de suspension, les divers points de ce corps décrivent des cercles d'autant plus grands, ou se meuvent avec d'autant plus de vitesse, que leurs distances respectives, au centre du mouvement, sont elles-mêmes plus grandes. (Voyez l'analyse.)*

On reconnaîtra à l'instant même la vérité de cette proposition, si l'on jette les yeux sur une roue en mouvement, et qu'on compare les points de la circonférence de la roue avec les points intérieurs.

Supposons que *a d* (fig. 36) soit le diamètre d'une roue *a e d*, dont *c* est le centre, ou bien un fléau de balance suspendu par son milieu *c*; il est évident que dans tous les cas possibles, la longueur de l'arc *a e*, que décrit le point *a*, est plus considérable que celle de l'arc *b f* que décrit le point *b*. Ce qui l'est peut-être un peu moins, c'est que le rapport des longueurs *a e*, *b f* est précisément le même que celui des longueurs *a c*, *b c*; si le lecteur doutait de cette vérité, il pourrait recourir aux *Traités de Mathématiques,* où on le convaincrait facilement que *le rapport des arcs est égal à celui des rayons;* nous nous contenterons ici de cette démonstration toute matérielle.

* *Il en résulte que des forces qui diffèrent l'une de l'autre, quant à la vitesse, peuvent être amenées à s'équilibrer mutuellement, en les liant par un corps solide; et qu'une masse lente pourra balancer une masse qui se mouvrait avec plus de vitesse, si cette première masse est d'autant plus considérable que sa vitesse est moindre, relativement à la seconde.* *
(Lisez l'analyse.)

Ces deux vérités importantes sont en quelque sorte les bases fondamentales de toute la mécanique; elles ont fourni à l'homme les *machines simples* ou les *puissances mécaniques,* comme on les appelle quelquefois; — le levier, le coin, la poulie, etc. , qui lui permettent de faire servir à ses travaux toute espèce de puissance, toute espèce de mouvement. On peut dire qu'elles lui ont soumis la nature extérieure; elles l'assistent dans la variété infinie de ses travaux : c'est par elles qu'il déplace le roc qui va servir à la construction de son habitation; c'est par elles qu'il élève cette même construction; par elle encore il file la laine qui devra le vêtir : sans doute il lui faut souvent mettre à profit les agens naturels, mais ces agens sont peu nombreux, comparés au nombre presque infini de besoins qu'il s'est créés; le vent, les chutes ou cours d'eau, le feu, les forces animales, voilà à peu près à quoi ils se réduisent, encore même ne lui est-il souvent permis d'emprunter que le secours d'un seul de ces agens à la fois. — Cependant, en combinant diverses pièces de communication entre la puissance et la résistance, pièces dont les différentes parties se meuvent avec des vitesses différentes, il parvient à des résultats aussi variés que surprenans.

Il existe, à l'égard des machines, un préjugé extrêmement répandu, que nous devons d'abord renverser : nombre de gens s'imaginent qu'elles sont capables d'augmenter indéfiniment la puissance, qu'elles créent de la force; — de ce qu'elles voient (fig. 37) qu'un poids d'une livre a, suspendu à l'extrémité d'une romaine, équilibre un poids de deux livres b, placé de l'autre côté de la suspension, à une distance qui n'est que la moitié de $d\,a$, ou bien équilibre encore un poids de quatre livres c, à une distance qui n'en est que le quart, elles concluent que le levier lui-même augmente la puissance de toute la différence des poids dans ces diverses situations. Il n'en est pas ainsi cependant; l'étude du levier et des autres *puissances mécaniques*, nous montrera que les avantages que leur emploi présente, sont de nous permettre de proportionner nos forces, de prendre notre temps pour vaincre une résistance qu'on ne pourrait surmonter d'un seul coup, ou, en d'autres termes, de concentrer et de diviser toute espèce et toute quantité de force, selon les circonstances, de telle sorte qu'*on perd toujours en temps ce qu'on gagne en puissance, et réciproquement.* Lors donc qu'une puissance faible, par l'intermédiaire d'une machine, aura produit des effets qui semblent exiger une force intense, nous jugerons que la puissance a agi sur la résistance pendant un temps plus long, ou qu'elle a parcouru un espace d'autant plus grand qu'elle est elle-même plus faible : — de même qu'un filet d'eau qui agit pendant dix minutes, peut produire une quantité d'action égale à une masse dix fois plus forte, qui n'agit que pendant une seule, — un cheval ou un bœuf attelés à un manége produisent des effets égaux, si la vitesse du premier est quatre, l'autre étant seulement deux et demi, c'est-à-dire que si le rayon du cercle que parcourt le cheval a quatre mètres, celui que le bœuf devra parcourir ne sera que deux mètres et demi. — Un cheval qui tirera le long d'un espace de six cents pieds, ou cent chevaux qui tireraient le long d'un espace de six pieds, peuvent, en employant diverses combinaisons mécaniques, effectuer le même travail que le piston d'une grande machine à vapeur, en s'élevant une fois du fond au sommet du cylindre, etc.

Pour éclaircir encore mieux ce sujet : soit (fig. 38), un fléau $x\,y$, chargé du poids d'une livre à son extrémité x; si, dans la petite boîte E située à l'autre extrémité, se trouve un petit ressort capable de soulever un poids d'une livre, en agissant de bas en haut, il est clair qu'il équilibrera le poids x, et que, pour peu que sa force soit plus grande, il se débandera contre l'extrémité y du fléau, qu'il poussera jusqu'en B, l'autre extrémité montant alors jusqu'en F; — mais, si au lieu d'un seul ressort d'une livre agissant au point B, on applique deux ressorts semblables au point A, où l'espace suivant lequel ils agissent est précisément réduit à la moitié, on aura exactement les mêmes résultats. Or, de ce qu'un seul ressort E a produit le même effet que deux ressorts semblables D, il ne faudrait point conclure qu'il y a économie de force à appliquer un ressort unique à l'extrémité du levier, car les deux ressorts D se sont projetés hors de la boîte chacun d'un pouce, tandis que le ressort unique s'est projeté lui-même de deux pouces.

et, dans un cas comme dans l'autre, il y a une longueur de ressort employée, égale à deux pouces.

Dans cette expérience, on pourrait remplacer les ressorts par de petits poids, ou de petites cuvettes qu'on
remplirait d'eau, et l'on arriverait aux mêmes résultats.
— Une livre ou une pinte suspendue à l'extrémité du
bras de levier, produirait le même effet que deux livres
ou deux pintes suspendues au milieu, et l'on observerait
que la livre ou la pinte s'abaisserait de deux pouces,
tandis que la double livre ou la double pinte ne s'abaisserait que de la moitié ; — et la personne qui devrait re-
mettre en place ces petits poids, après qu'ils auraient
fait leur office, exécuterait exactement la même quantité de travail, soit qu'elle soulevât le double poids d'un
pouce, soit qu'elle soulevât de deux pouces le poids
simple. — Chaque atome matériel peut être considéré
comme retenu à la terre par son fil d'attraction, de sorte
que si un atome, par une cause quelconque, s'élève ou
s'abaisse de dix pouces, il se déroule ou s'enroule une
quantité de fil égale à celle de dix atomes, qui s'élèveraient ou s'abaisseraient d'un seul pouce ; — et lorsqu'un
poids d'une livre a produit le même effet qu'un poids de
deux livres, il n'y a pas eu plus d'économie que si l'on
eût employé deux mètres de corde, au lieu d'un mètre
de la même corde doublée ; il en est de même de tous
les autres cas.

Si un homme placé en *A*, dans la dernière figure,
exerce une force de cent livres pour soulever le poids,
un enfant placé en *B* arrivera au même résultat au
moyen d'une force de cinquante livres seulement ; mais
l'homme n'aurait à presser ou à faire descendre son
poids que d'un pied, tandis que l'enfant serait obligé de
lui faire parcourir un espace de deux pieds ; par conséquent, bien que l'enfant à l'aide de son levier semble

être doué de la même force que l'homme, on voit qu'il n'en est pas ainsi, et que le premier étant obligé d'agir pendant l'espace de deux pieds, l'autre n'agissant que dans un espace moitié moindre, l'enfant serait épuisé, lorsque l'homme conserverait encore toute sa force. — Faut-il s'étonner dès-lors que l'enfant puisse accomplir, pendant une courte durée, le même travail que l'homme, puisqu'il emploie une machine dont la construction lui permet de faire, pour ainsi dire, deux efforts dans le même temps que l'homme n'en fait qu'un seul.

La figure 39 va nous servir à faire comprendre la nature des *puissances mécaniques :* soit *A*, un poids de quatre livres fixé à l'extrémité de la tige du levier *A B*, tournant sur un axe ou point d'appui *C*, et dont le bras *C B* a quatre fois plus de longueur que *C A*; une livre placée en *A B*, équilibrera les quatre livres de l'extrémité *A*, et le plus léger poids additionnel en *B* lui fera emporter l'autre; supposons maintenant qu'un arc *B b*, soit fixé au long bras du levier, et que cet arc porte quatre petites palettes sur chacune desquelles on puisse placer des balles d'une livre; si l'une des balles du plan *d* venait à rouler sur la première palette, elle équilibrerait le poids *A*, et si l'on y ajoutait un fort petit poids, un grain, par exemple, elle le soulèverait, et descendrait elle-même jusqu'au plan *e*, situé à un pouce plus bas; la seconde balle du plan *d* venant alors se placer sur la deuxième palette, produirait le même effet que la première, et redescendrait ensuite en *e*, comme celle-ci; enfin, la troisième et la quatrième agiraient de même, chacune à leur tour, de sorte qu'on verrait qu'après avoir toutes passé de *d* en *e*, elle se trouverait avoir soulevé l'autre extrémité du levier d'un pouce. Or, bien qu'un des poids d'une livre soulève un poids de quatre livres, il n'en faudrait point conclure que la machine a créé de la force, car on doit remarquer que le poids de quatre livres ne s'est mu que d'un quart de pouce, tandis que celui d'une livre s'est mu d'un pouce entier; et, en dernier résultat, voici quelle serait la somme des phénomènes, si l'on peut ainsi s'exprimer : quatre livres en s'abaissant d'un pouce, ont élevé d'un pouce quatre autres livres ; ce qui n'a rien de bien surprenant, sans doute. Eh bien ! il n'y a ni *machine*, ni *puissance mécanique* qui présente d'autres avantages que le levier dont il s'agit ici.

Il paraît donc que, de même que la *quantité de mouvement* d'un corps se mesure par sa vitesse, et le nombre des atomes qui composent sa masse ; de même, la *quantité d'action* se mesure par la pression exercée, *l'espace* parcouru durant un temps donné ; ainsi pour comparer les effets utiles de deux forces, il faudra comparer la durée pendant laquelle elles agissent, et leur intensité ; — on trouverait, par exemple, que les quantités d'action sont égales lorsqu'une force d'une livre agit dans un espace de dix pieds, et qu'une force de dix livres agit dans l'espace d'un pied (1).

Un cheval qui tire avec une force de cinquante livres, peut encore faire six milles à l'heure. — Le piston d'une

---

(1) Quelle que soit la nature particulière des agens appliqués à mouvoir une machine, on assimile leurs effets à ceux que la pesanteur imprime à des masses données ; on imagine qu'au point d'application du moteur est attaché une corde qui, passant par-dessus une poulie de renvoi, traîne une masse d'un poids connu ; l'espace décrit par ce poids étant égal à celui que parcourt le point d'application, la *quantité d'action* est mesurée par ce poids multiplié par l'espace parcouru.

Il fallait un terme fixe de comparaison, on a pris en France ce qu'on appelle la *dynamie*, c'est la force capable d'élever *un kilogramme à un mètre de hauteur* : dans le cas où le moteur est très-puissant, on a une autre unité de mesure mille fois plus grande que la première, et

machine à vapeur se meut généralement avec une vitesse
de deux cents pieds par minute, et il est soumis à une
pression d'environ vingt livres par pouce quarré. — Tel
cours d'eau peut avoir une force de cent livres, et
une vitesse de cent cinquante pieds par minute. Or, il
serait facile, par de simples considérations arithmétiques, d'avoir le rapport de ces forces, s'il était nécessaire de les appliquer à un travail quelconque (a). —
Cependant, il n'est peut-être pas inutile d'avertir le lecteur qu'il y a un grand nombre de circonstances importantes dont il faut absolument tenir compte dans la pratique, et qui dépendent de la nature des forces employées, et de celle des résistances à vaincre, circonstances que le plan de cet ouvrage ne nous permet même
point d'indiquer. Dans le plus grand nombre de cas, il
y a une perte inévitable de force, parce que la résistance, en cédant, fuit pour ainsi dire la puissance,
comme lorsqu'un vaisseau cède au vent qui le chasse,
ou bien encore comme les palettes de la roue hydrau-

---

qu'on appelle *grande dynamie*, c'est donc la force capable d'élever
1000 kilogrammes à un mètre, toujours dans la même unité de temps.

(a) Soit donc P le poids que peut élever une force F, à M mètres
de hauteur en h heures, P' le poids que peut élever F' à M' mètres
en h' heures, ces forces sont entre elles comme leurs *quantités d'action*,
c'est-à-dire qu'on a

$$F : F' :: \frac{PM}{h} : \frac{P'M'}{h'}.$$

Ainsi, supposons que F ait élevé 20 kilogrammes à 30 mètres en
quatre heures, et F' 10 kilogrammes à 62 mètres en cinq heures, ces
forces seront entre elles comme $\dfrac{20 \times 30}{4} : \dfrac{10 \times 62}{5}$, ou comme
150 : 124; ou enfin, et approximativement, la deuxième force F' n'est
guère que les $\dfrac{5}{6}$ de l'autre.

(*Note du traducteur.*)

lique, dont le mouvement est rapide, et qui fuit le courant qui la pousse. Les chevaux employés au tirage
peuvent exercer une grande action, si leur vitesse ne dépasse point cinq milles à l'heure; mais si cette vitesse
est portée à douze milles, presque tout l'effort dont ils
sont capables est employé à les mouvoir.

On peut admettre comme une règle générale que,
quoique des *quantités égales* de mouvement puissent se
faire équilibre, lorsqu'elles sont appliquées à certaines
parties d'un levier à peu près en repos; cependant,
lorsque l'une d'elles agit dans les points voisins d'un axe
ou d'un point d'appui pour imprimer une vitesse
considérable à quelques parties éloignées, une grande
partie de la force est perdue par la pression qu'elle
exerce sur l'axe ou l'appui fixe.

Quel nombre infini de vains essais, d'ailleurs plus ou
moins ingénieux, se fussent épargnés tant de faiseurs
de projets, tant de rêveurs mécaniciens, s'ils eussent
été de bonne heure convaincus qu'il n'est ni machine,
ni combinaison de machines capable d'accroître la
puissance qui y est appliquée. — Malheureusement il
ne se passe point d'années où l'on ne voie encore prendre
une quantité innombrable de brevets pour de prétendues
découvertes, dont les auteurs n'ont point hésité à sa-
crifier leur modique fortune pour s'assurer les richesses
futures et imaginaires qui doivent infailliblement, selon eux, être les fruits de leur invention. C'est un des
phénomènes, une des bizarreries les plus remarquables
de la nature humaine, que cette obstination de certains
individus à poursuivre si constamment des résultats im-
possibles, à rentrer sans relâche dans la route sur laquelle ils n'ont trouvé que la misère et des dégoûts.
Nous aurons l'occasion de voir dans plusieurs parties de
cet ouvrage quelques-uns des projets de ces hommes

abusés, de ces chercheurs de mouvement perpétuel, et nous ferons du moins servir leurs erreurs à quelque chose, à notre instruction.

Levier, *treuil*, etc. * (Voyez l'analyse.)

On a probablement donné à ces machines le nom de machines simples, parce qu'elles sont les plus simples, que la circonstance de solidité dans les masses matérielles ait permis à l'homme d'employer pour lier entre elles, ou pour opposer l'une à l'autre des puissances et des résistances de différente intensité. Nous allons passer à leur description, tout en indiquant quelques-unes de leurs plus utiles applications.

* *Levier*. *

Une tige quelconque, reposant en un de ses points sur un appui ou axe qui devient son centre de mouvement, est un levier ; ce nom lui a sans doute été donné parce que cette machine servit d'abord à lever ou soulever des poids.

La figure 40 montre un levier soulevant un bloc de pierre ; *a* est l'extrémité du levier où s'applique la *puissance*, *f* est le *point d'appui*, et la masse *b* est le poids ou la *résistance*. Suivant la règle donnée (page 147), la puissance peut être d'autant plus faible que la résistance, que la distance de cette puissance au point d'appui est relativement plus considérable, ou, en d'autres termes, qu'elle se meut dans un plus grand espace. Un homme, par exemple, qui agirait en *a*, à une distance du point d'appui deux fois plus grande que celle qui sépare ce même point d'appui du centre de gravité de la pierre *b*, la souleverait si le poids de cette pierre était un peu moindre que le double du sien propre ; remar-

quons toutefois que , pour chaque pouce d'élévation ,
l'homme se trouverait obligé de descendre de deux
pouces ; et que , si le point d'application au lieu d'être
en *a* était placé à la moitié de *a f*, il faudrait alors deux
hommes au lieu d'un pour exécuter le même travail.

Il n'y a d'autres limites , à la différence des forces
qu'on peut opposer l'une à l'autre au moyen du levier
que la longueur de ce levier et sa force. Tout le monde
connaît le célèbre mot d'Archimède.

Dic ubi consistam , cœlum terramque movebo.
Un point d'appui ; je meus et le ciel et la terre.

Mais tout le monde ne sait peut-être pas que, pour changer la position de la terre d'une très-petite fraction de
pouce, le philosophe eût été obligé de se mouvoir lui-
même pendant quelques millions d'années, et cela avec
la vitesse d'un boulet de canon !

Ainsi que nous l'avons vu plus haut , ce tour de
force d'Archimède , tout homme qui saute l'exécute
(mathématiquement parlant) ; car il chasse la terre
derrière lui lorsqu'il s'élève , et l'attire , au contraire ,
lorsqu'il retombe.

Lorsqu'il s'agit , dans la pratique, de calculer les effets
d'un levier , il est indispensable de tenir compte de son
poids propre , et de la courbure qu'il peut prendre pendant l'action ; mais , en théorie , on néglige ces deux
circonstances, et on considère le levier comme une tige
parfaitement rigide et sans aucun poids.

La règle que nous avons donnée pour calculer les
effets du levier, savoir : que dans l'équilibre de cette
machine , il faut toujours que la puissance et la résistance soient en raison inverse de leurs distances respectives au point d'appui ; cette règle , disons-nous , est applicable à tous les cas possibles , quelle que soit la position

relative du point d'appui, et quelle que soit la forme du
levier (1).

Pour les besoins des arts, et pour faciliter les descrip-
tions, on a divisé les leviers en trois genres, selon les
positions relatives de la puissance, de l'appui et de la
résistance : on appelle levier du premier genre, celui
où le point d'appui est situé entre la puissance et la
résistance ; en voici des exemples :

La barre de fer, ou *pince*, de la figure 40, et dont
on se sert pour soulever de lourds fardeaux. Les ca-
nonniers emploient cette espèce de levier pour manœuvrer la pièce pendant la bataille ; c'est encore un des
instrumens du maçon, du constructeur de vaisseau, du
roulier, etc. ; enfin, c'est celui dont les voleurs se servent pour forcer les fermetures, etc.

La masse du marteau ordinaire présente souvent à
une de ses extrémités une bifurcation qui le rend propre à remplacer quelquefois la tenaille ; son usage permet à un enfant, dont l'effort réel n'équivaudrait peut-
être point à cinquante livres, d'arracher un clou auquel
on suspendrait inutilement une masse de mille livres ;
— c'est que sa main se meut alors dans un espace de
huit pouces peut-être, pour soulever la tête du clou
d'un quart de pouce. Cet exemple nous montre aussi

---

(1) Une formule très-simple représente ces différens cas d'équilibre :
Soient la puissance. . . . . P
La résistance. . . . . R
La distance de la puissance au point d'appui . . . . a
La distance de la résistance au point d'appui . . . . b
on a toujours
$$P \times a = R \times b$$
qui donne une de ces quantités lorsqu'on connaît les trois autres.
(*Note du traducteur.*)

qu'il est peu important que le levier soit droit ou coudé, pourvu qu'il produise toujours entre la puissance et la résistance, la différence de vitesse nécessaire ; la partie du marteau qui repose sur la planche, est évidemment le point d'appui.

Les pinces ou tenailles sont de doubles leviers réunis par un axe, qui est alors un point d'appui commun. L'extraction d'un clou au moyen des tenailles peut nous montrer tous les avantages que présente l'emploi des outils : 1° le clou est saisi par les mâchoires dures et ré-sistantes de l'instrument, bien mieux qu'il ne pourrait l'être à force égale par les doigts ; 2° on remplace la force très-faible de l'extrémité des doigts par celle de la main tout entière, qui se transmet à la résistance, en quelque sorte, à travers les poignées de l'instrument ; 3° la longueur de ces poignées augmente l'effet de l'action manuelle ; 4° en appuyant l'une des mâchoires contre la planche, on obtient un point d'appui qui donne à l'ins-trument tous les avantages du levier de la figure 40.

Les *ciseaux* sont aussi des leviers doubles ; de même que ces énormes cisailles qui, assistées de toute la puis-sance d'une machine à vapeur, coupent le fer en barres ou en lames, avec la même facilité que le papier est coupé par la main.

Le *fourgon* de nos cheminées est encore un levier du premier genre ; il pose sur une des barres antérieures de la grille comme point d'appui, et déplace ou brise la houille agglutinée, qui est alors la résistance.

Le *mât d'un vaisseau* peut encore être regardé comme un levier du premier genre, dont les voiles sont la puis-sance ; le centre de flottaison du navire est alors le point d'appui sur lequel il soulève le lest, ou le centre de gra-vité qui devient la résistance. On conçoit alors comment

des voiles très-élevées augmentent *la bande* d'un navire,
et pourquoi de telles voiles deviennent très-dangereuses
sur des bateaux non pontés. — Quelques insulaires de
l'océan indien donnent à leurs bateaux une largeur très-
petite, et une longueur comparativement très-grande,
afin d'en augmenter la vitesse; mais alors, pour contre-
balancer la force avec laquelle leurs grandes voiles tendent
à les renverser, ils adaptent à leur embarcation un *boute-
hors :* c'est une planche d'une certaine longueur qui se
projette en dehors, du côté du vent, et sur l'extrémité de laquelle plusieurs hommes de l'équipage vont
s'asseoir.

Il n'y a peut-être point d'exemples de levier du premier genre plus intéressans que les appareils qui servent
à peser : soit que, comme dans la *balance* ordinaire,
les bras du levier soient égaux, soit que, comme dans
la *romaine*, il y ait entre eux certains rapports fixes
d'inégalité.

Nous avons vu que, pour que des quantités de matière
ou des masses puissent s'équilibrer lorsqu'on les fixe à des
distances égales du point d'appui, il fallait que ces masses
fussent égales. Tout levier qui nous permettra de placer
des masses à des distances égales de son point de suspension, et qui tournera facilement sur ce point, pourra
donc faire l'office d'une balance. On voit (fig. 41) la
forme ordinaire de ce qu'on nomme le fléau de l'appareil. L'axe ou pivot qui devient le centre du mouvement, a ordinairement une forme angulaire semblable
à celle d'un coin, par exemple ; — dans les balances
très-sensibles qui servent aux expériences scientifiques,
cet axe de mouvement est aussi tranchant qu'un *couteau*, dont d'ailleurs il prend le nom ; de plus, il repose
sur un plan aussi dur et aussi uni que possible, d'agate
ou d'acier, de manière à tourner immédiatement,

quelque petite que soit la différence des poids situés à droite ou à gauche du fléau. Les bassins de la balance sont soutenus par des cordons qui se réunissent à une pièce tranchante comme la première, afin qu'on puisse déterminer très-exactement leurs points de suspension. Si les deux bras du levier ou du fléau ne sont point parfaitement égaux en tout, il est clair qu'une petite masse suspendue au bras le plus long ou le plus lourd, équilibrera une masse plus forte suspendue au bras le plus court ou le plus léger. Si l'un des bras, par exemple, avait un demi-pouce de longueur de plus que l'autre, et que la marchandise qu'on achète fût placée dans le bassin situé de ce côté, l'acheteur se trouverait frustré d'une quantité qui dépendrait de la différence de longueur des bras de levier; de sorte que si le bras qui porte la marchandise, avait 8 pouces de longueur, le bras qui porte le poids ayant toujours un demi-pouce de moins, l'acheteur perdrait exactement une once par livre, ou en général un seizième du poids de tout ce qu'il achèterait (1). Il lui serait au surplus très-facile de

---

(1) La formule que nous avons donnée peut servir à vérifier ce calcul, bien simple d'ailleurs : en considérant la marchandise comme résistance R, on tire de la relation ci-dessus celle-ci, $R = \dfrac{P\,a}{b}$; or, l'auteur suppose ici que la distance de la puissance ou du poids P au point d'appui est $7\frac{1}{2}$ pouces, celle de la résistance R ou de la marchandise étant 8, c'est-à-dire que ces distances sont entre elles comme 15 et 16, d'où $a = 15$, $b = 16$; la valeur de P est d'ailleurs une livre ou 16 onces. Mettant ces valeurs dans la formule, on obtient

$$R = \frac{16 \times 15}{16} = 15.$$

On voit donc que la résistance, ou la marchandise, équilibrerait le poids d'une livre, en ne pesant elle-même que 15 onces.

Au surplus, il est encore possible, au moyen d'une balance reconnue fausse, d'obtenir le poids exact d'un corps. Le premier moyen, connu

découvrir la fraude, en transposant ou changeant de plateaux la marchandise et le poids; car alors la marchandise, déjà trop légère, le deviendrait, pour ainsi dire, doublement, et située à l'extrémité du bras de levier le plus court, l'équilibre n'aurait plus lieu. Le fléau des balances qui servent à des opérations très-exactes, doit avoir son centre de gravité à très-peu près dans l'axe de suspension, mais un peu au-dessous cependant. En effet, s'il se trouvait au-dessus, l'équilibre ne pourrait avoir lieu que lorsqu'il serait dans la normale, à l'axe de suspension. Dans toute autre position, la balance pencherait du côté où le centre de gravité se trouverait situé, elle ne se releverait plus; elle serait *folle*, comme on le dit. D'un autre côté, si ce centre de gravité était situé trop au-dessous de l'axe de suspension, il produirait sur cet axe l'effet du lest sur un navire, il tendrait à le faire persister dans la position horizontale; enfin, il rendrait la balance *paresseuse*, c'est-à-dire qu'elle ne trébucherait que sous des différences de poids trop fortes pour l'exactitude des pesées.

On connaît un moyen de faire des pesées très-exactes en employant une balance fausse, pourvu toutefois

---

sous le nom de *double pesée,* étant indiqué par l'auteur anglais, nous n'en parlerons pas; voici le second:

Appelons l'un des bassins de la balance B, l'autre B', Q le corps dont on veut connaître le poids.

1° Placez ce corps dans le premier bassin B et observez le poids p qui lui fait équilibre; 2° transportez le corps Q dans B', et observez le nouveau poids p' qui lui fait équilibre, le poids vrai du corps $= \sqrt{pp'}$.

Si, par exemple, l'on trouve que placé dans un bassin il pèse 10 kilogrammes, et que dans l'autre il pèse 10^k.81, on en conclut que le poids vrai $= \sqrt{108,1} = 10^k.4$

(*Note du traducteur.*)

qu'elle oscille librement : après avoir pesé le corps dans un des plateaux, et trouvé qu'il fait équilibre à un certain nombre de poids-mesures *p*, on retire le corps, et on le remplace par des poids-mesures en nombre suffisant pour équilibrer de nouveau le poids *p* ; le nombre de poids introduits en dernier lieu exprimera le véritable poids du corps.

On peut quelquefois faire servir une tige flexible, une planche, une branche d'arbre, à trouver le poids d'un corps en y suspendant ce corps, et observant avec soin quelle courbure il lui donne ; on reproduit ensuite, à l'occasion, la même courbure au moyen de poids connus.

La *romaine* (fig. 42) est un levier dont les bras sont inégaux. Si nous supposons que le crochet suspendu à la plus courte branche soit placé à un pouce de distance de la suspension *c*, un poids d'une livre *b*, placé en un point quelconque de la longue branche, équilibrera un nombre de livres *a*, suspendues de l'autre côté, égal à la distance en pouces où *b* se trouvera de la suspension. Ceci suppose toutefois que la romaine, lorsqu'elle n'est chargée d'aucun poids, demeure horizontale ; or, pour obtenir cette condition, on sent assez qu'il suffit de proportionner les masses des deux bras de levier, de concentrer pour ainsi dire la matière en un petit espace du côté de *a*, en l'allongeant de l'autre côté aux dépens de son épaisseur. La figure 42 montre la disposition de cette machine, lorsqu'un poids d'une livre fait équilibre à quatre livres.

Les Chinois, peuple si remarquable par la simplicité à laquelle ils ont réduit les instrumens d'un usage journalier, pèsent tous les petits objets avec une romaine assez curieuse et extrêmement sensible : elle se compose d'une petite règle en bois d'environ six pouces de

2. 11

longueur, percée en un de ses points d'un petit trou traversé par un fil de soie qui porte un nœud au-dessous de la réglette ; ce nœud lui sert de point d'appui ; on attache au levier le plus court un bassin qui reçoit les objets à peser, et le long de l'autre branche se meut un petit poids dont les distances diverses à la suspension sont notées comme dans les romaines que nous connaissons.

On appelle leviers du second genre, ceux où la force, considérée comme résistance, se trouve entre le point d'appui et la puissance. Dans ce deuxième système, la puissance est toujours favorisée.

La brouette commune en est un exemple. — L'homme qui la pousse en la soulevant, diminue d'autant plus pour lui le poids total de la charge, que le centre de gravité de cette charge est plus rapproché de l'axe de la roue que de ses mains.

Deux hommes qui portent un fardeau suspendu à une perche, comme figure 42 (*bis*), le partagent également si ce point de suspension est au milieu de la perche. — Chaque porteur devient un point d'appui pour l'autre ; mais si la charge est suspendue en *d*, par exemple, à une distance du porteur *a*, égale au quart de la longueur de la perche, ce dernier en porte les trois quarts, l'autre *b* portant le reste, c'est-à-dire le quart seulement.

Les deux chevaux qui traînent une charrue sont attelés à une pièce transversale, ou palonnier, dont le milieu est retenu par un anneau à un croc fixé à la charrue elle-même. Ces chevaux doivent tirer bien également, pour que le palonnier demeure toujours parallèle à l'essieu de l'avant-train. Lors donc qu'on est obligé, comme pour les terres fortes, d'employer trois chevaux, on

voit que si l'on veut conserver ce parallélisme, on pourra
atteler deux chevaux à une même extrémité, et un seul
cheval à l'autre, pourvu toutefois qu'on donne à celui-
ci un bras de levier double de l'autre, c'est-à-dire qu'on
accroche le palonnier par un point situé aux deux tiers
de sa longueur, à partir du côté où il n'y a qu'un seul
cheval.

La rame d'un bateau est encore un levier de ce genre,
dont le point d'appui est l'instable liquide.

Le casse-noisettes de nos tables en est un autre exemple
bien familier; personne n'ignore que son emploi permet
à une faible femme de briser une enveloppe que ses
doigts délicats ne pourraient jamais rompre.

L'examen de ce genre de leviers nous expliquera encore pourquoi, lorsqu'on se prend le doigt dans une
porte auprès des gonds, la douleur est si aiguë et la
blessure souvent dangereuse : le centre d'action de la
porte se meut dans un espace comparativement assez
grand, et agit par conséquent avec une grande force de
levier sur une résistance placée à une très-petite distance
du point d'appui, où le mouvement est peu sensible. Les
enfans, pour qui ce genre d'accidens n'est pas rare, s'é-
tonnent toujours de cet effet.

La branche d'un arbre qui cède sous le poids de ses
fruits, en automne, est un nouvel exemple offert par la
nature : le poids des fruits et de la branche peuvent être
considérés comme la puissance, la résistance est alors
la cohésion des parties supérieures de la branche, et le
point d'appui est la partie située au-dessous, celle qui se
rompt en dernier.

On appelle *leviers* du troisième genre, ceux où la puissance se trouve placée entre la résistance et le point
d'appui. Dans ce troisième système, c'est toujours la

11*

résistance qui est favorisée, c'est-à-dire que la puissance ayant nécessairement le plus petit bras du levier, il faut qu'elle soit plus grande que la résistance, même pour n'obtenir que l'équilibre.

L'homme qui se place auprès des gonds d'une grille, et qui pousse pour l'ouvrir, est forcé d'exercer un effort considérable, car il ne se meut alors que dans un espace peu considérable, relativement à celui que parcourt l'extrémité de la grille.

Lorsqu'on saisit une bûche avec des pincettes, les extrémités des branches de l'instrument se meuvent dans un espace bien plus grand que celui qui est parcouru par les doigts qui le font agir, et par conséquent la pression se trouve diminuée d'autant. — Personne ne redoute la pression à laquelle on pourrait soumettre son doigt, par exemple, entre l'extrémité des branches de cet appareil.

Les membres des animaux nous offrent à la fois l'exemple le plus intéressant et le plus remarquable de ce genre de levier. La mécanique se propose toujours, comme nous l'avons vu, ou de mouvoir lentement un poids considérable dans un petit espace, ou de mettre en mouvement un poids peu considérable dans un grand espace; or, il est ici bien plus nécessaire d'obtenir le dernier résultat que le premier; aussi la disposition et l'emploi des leviers, tels qu'ils existent, sont-ils très-convenables pour accomplir le but des mouvemens que les animaux sont appelés à faire, tout en conservant des formes légères et souvent même gracieuses. En effet, les muscles sont attachés aux os de notre charpente très-près des articulations. Cette application du levier est désavantageuse quant à la force, mais fort avantageuse quant à la vitesse, et surtout quant à la conservation des formes;

car si, par exemple, le muscle qui s'attache d'un côté à l'os du bras, et de l'autre à un os de l'avant-bras, pour opérer la flexion de ce dernier; si, disons-nous, ce muscle au lieu d'être attaché près de l'articulation du coude, l'eût été près du poignet, il eût, en agissant par contraction, comblé le vide qui existe entre le bras et l'avant-bras après la flexion, et aurait changé la forme actuelle en une masse triangulaire de chair et d'os.

Le muscle qu'on nomme *deltoïde*, et qui forme le coussinet de l'épaule, en se contractant de moins d'un pouce, élève le coude de vingt pouces environ; de sorte que si le coude surmonte lui-même une résistance de cinquante livres, il faut que l'action de ce muscle soit vingt fois aussi intense ou équivalente à mille livres. — Que l'on s'imagine donc quelle énorme force musculaire déploie un homme qui en soulève un autre à bras tendu, et cependant ce fait n'est point aussi rare qu'on le pense; on a même des exemples d'hommes assez robustes pour en soulever un autre de chaque bras, et à la fois.

Quelle est encore la puissance, la force musculaire des oiseaux qui se soutiennent dans les plaines de l'air pendant l'espace de plusieurs heures? — Il n'est point rare, dans les solitudes orageuses de l'Océan méridional, de voir le grand albatros, dont les ailes ont jusqu'à quatorze pieds d'envergure, suivre un navire pendant des jours entiers, sans jamais se reposer sur les vagues.

Une très-petite contraction des muscles attachés près des hanches donne au pas de l'homme une longueur de plus de trois pieds, au besoin.

Les arts emploient, à l'imitation de la nature, des combinaisons variées de leviers et de cordes. — Ainsi, les bras des télégraphes sont des leviers mus par des cordes, comme nos bras le sont à l'aide des muscles.

Lorsque cette opinion erronée prévalait encore, que

les machines créaient de la force, tandis qu'effectivement
elles n'ont d'autre usage que d'accommoder les forces
à certains buts, cette dernière espèce de levier, dans lequel on voit une grande force agissant à une petite distance déterminer une grande vitesse de mouvement,
était regardée comme un système très - désavantageux,
ce qui lui avait fait donner le nom de *levier perdant*.

Il est à peine nécessaire de remarquer que la règle qui
sert à déterminer la vitesse relative, la puissance, la
résistance de diverses forces appliquées à différentes
parties d'un levier, s'applique également à un système
quelconque de leviers. — Si, par exemple, un levier tel
que la puissance *un* puisse faire équilibre à la résistance
quatre, est mis en communication avec un second levier précisément semblable, celui - ci avec un troisième, etc., etc., cette puissance *un* pourra dès-lors faire
équilibre à une résistance *seize* appliquée au bras le plus
court du deuxième levier, à une résistance *soixante-*
quatre appliquée au bras analogue du troisième levier,
et ainsi de suite (1).

Cette règle, d'ailleurs, n'est applicable que lorsque
les forces agissent perpendiculairement au levier; si
elles lui sont obliques, il y a une diminution correspon-

---

(1) Ce qui peut s'exprimer ainsi : dans l'équilibre, la puissance multipliée par le produit de toutes les distances au point d'appui, est égale
à la résistance multipliée aussi par le produit de toutes les distances au
même point; ou bien, P désignant la puissance D, D', D''.... les distances successives de la puissance au point d'appui dans chaque levier,
R la résistance, d, d', d''.... les distances correspondantes, on a
$$P \times D \times D' \times D'' \ldots = R \times d \times d' \times d'' \ldots$$
Ainsi, quatre leviers consécutifs où le point d'appui se trouve dix fois
aussi près de la résistance que de la puissance, suffisent pour faire équilibre à une résistance dix mille fois aussi grande que la puissance.

(Note du traducteur.)

dante à l'obliquité , qui peut être mesurée au moyen des principes développés sous le titre de *décomposition des forces*. Par exemple , figure 43 , un poids d'une livre *b*, suspendu à la longue branche du levier coudé *b d a*, n'agit effectivement qu'en raison de la distance horizontale *f d*, toujours plus courte que *d f*, de même que le poids de deux livres *a* ne résiste que comme s'il était suspendu à l'extrémité *e* de la branche horizontale *d e*, toujours plus courte que *a d ;* l'équilibre n'aurait donc lieu, dans le cas actuel , que si *e d* était la moitié de *d f*, et dans tous les cas semblables on ne devra compter que la distance *horizontale* de la puissance ou de la résistance au point d'appui (1). Les balances dites *à levier coudé*, sont construites sur ce principe : elles portent d'un côté une masse pesante *a* , et de l'autre un bassin suspendu en *b* , dans lequel on place l'objet dont on veut obtenir le poids. Lorsque le système est arrivé à l'équilibre, on déduit le poids de la substance , en comparant les distances respectives de la puissance et de la résistance à l'appui fixe, distances qu'on mesure sur l'horizontale *ef*.

* *Treuil, cabestan, combinaison de roues et de cylindres.* *

Le figure 44 montre une de ces combinaisons, connue sous le nom de *treuil*. *d* est une roue faisant corps

---

(1) C'est ce qui fait dire que, dans l'équilibre du levier, le *moment* de la puissance est égal à celui de la résistance par rapport à l'appui fixe , parce qu'on est convenu d'appeler *moment d'une force* le produit de son intensité par la longueur de la perpendiculaire abaissée sur sa direction, à partir d'un point fixe qui est ici le point d'appui.

(*Note du traducteur.*)

avec le cylindre e; la seule inspection de la figure montre qu'en tournant ensemble, la roue développerait ou enroulerait une longueur de corde plus grande que celle enveloppée ou déroulée par le cylindre. Il n'est pas moins évident que ces longueurs de corde sont dans le rapport des diamètres de la roue et du cylindre. Si le rapport de ces diamètres était comme quatre à un, un poids d'une livre b, suspendu tangentiellement à la cir-conférence de la roue, équilibrerait un poids de quatre livres a suspendu tangentiellement à la circonférence du cylindre (1).

On voit, figure 49, le même système sous un autre point de vue. Cette figure indique suffisamment les mo-tifs pour lesquels on a donné à ce système le nom de levier perpétuel. La puissance a et la résistance b se trouvent, en effet, liées par un levier a c b tournant sur le point c, comme point d'appui. L'avantage de cette machine est cette espèce de perpétuité d'action.

La *grue* commune qui sert à soulever les fardeaux, est un système du même genre, dont les formes sont

---

(1) En effet, on peut, à la rigueur, assimiler tout système semblable, à un levier dans lequel la puissance P se trouverait appliquée à une distance du point d'appui (qui est ici l'axe commun de la roue et du cylindre), égale au diamètre de cette roue, le point d'application de la résistance étant lui-même à une distance du point d'appui égale au rayon du cylindre. La formule du levier est donc applicable à ce sys-tème, de sorte que si nous voulons appeler r le rayon de la roue, et r', le rayon du cylindre, notre formule $P a = R l$ deviendra

$$P r = R r',$$

ce qui veut dire que dans l'équilibre du tour, treuil ou cabestan, la puissance est au poids qu'on veut soulever, ou à la résistance, comme le rayon du cylindre est à celui de la roue.

On voit qu'ici nous faisons abstraction du diamètre des cordes; si l'on voulait en tenir compte, il faudrait ajouter aux distances à l'axe e demi-diamètre des cordes employées.

(*Note du traducteur.*)

très-variées. On peut en général les considérer comme composées d'un cylindre, sur lequel s'enroule la corde à laquelle est attachée la résistance, et d'une grande roue fixée sur le même axe que ce cylindre, à la circonférence de laquelle agit la puissance : cette puissance est l'action musculaire, ou le poids d'hommes ou d'animaux. Cette roue est quelquefois remplacée par un tambour que des hommes meuvent, comme l'écureuil meut le cylindre de sa cage.

Le cabestan de nos navires, figure 46, se rapporte encore à ce genre de machine. C'est un cylindre vertical *b* qui, en tournant sur son axe, tire le câble *a b c*. Le mouvement de rotation lui est donné par l'action des matelots, sur les barres de cabestan *d e f*, qu'on introduit au moment du besoin, dans la partie qu'on appelle tête du cabestan, et qui surmonte ordinairement le pivot. Ces barres peuvent être considérées comme les dents d'une grande roue, et l'effet produit par les hommes qui manœuvrent la machine, est en raison de leurs distances au centre. Le cabestan est surtout employé à bord des vaisseaux, pour lever l'ancre et exécuter des manœuvres qui exigent une grande force.

La *manivelle c* (fig. 44), est encore de la classe de machine qui nous occupe. C'est au moyen d'une manivelle que tourne la meule à aiguiser, que se manœuvre la grue; une clef de montre n'est elle-même qu'une manivelle : la manivelle peut être considérée comme une roue; or, il est évident que la main de celui qui la meut engendre un cercle dans l'espace, et que le résultat est absolument le même, que cette roue soit pleine ou ne le soit point.

Nous n'avons peut-être point d'exemple plus intéressant de ce mécanisme que celui de la partie des montres communes qu'on nomme la *fusée*, pièce aussi utile qu'ingénieuse : on voit en **A**, figure 47, ce qu'on appelle le tambour ou barillet ; *a b* est la fusée, pièce de forme conique, dont la surface est recouverte d'une rampe spirale en plan incliné ; une chaîne *c*, formée de petits chaînons d'acier, s'enroule sur le tambour et sur la fusée. La figure montre l'état des choses quand le développement est à moitié ; mais si le ressort vient d'être complètement monté, la surface du tambour est nue et la chaîne recouvre la fusée de bas en haut ; cette chaîne est accrochée par un de ses bouts au bas de la fusée, et par l'autre sur le barillet ; on conçoit dès-lors qu'en tournant l'arbre *m n* de la fusée avec une clef forée en quarré, on force la chaîne à s'enrouler sur la surface, et à tirer le barillet pour l'obliger à tourner sur son arbre *y z*, qui est tenu immobile ; or, le ressort fixé par un bout à l'arbre *y z*, et de l'autre à la paroi interne du tambour, s'enroule alors autour de cet arbre, puis fait effort pour tirer la chaîne en sens contraire ; la fusée tourne donc par cette action, et communique son mouvement à d'autres pièces. On voit que dans le commencement du mouvement, où le ressort a toute sa puissance, il agit avec le petit bras de levier du diamètre supérieur de la fusée, et qu'à mesure qu'il se développe, et que par conséquent son énergie s'affaiblit, son bras de levier va toujours croissant. Ce ressort regagne ainsi la force qu'il perd, par les conditions où son action s'exerce ; de là une uniformité plus ou moins parfaite dans la marche de l'instrument.

On emploie quelquefois une fusée du même genre au lieu d'un cylindre, pour élever l'eau des puits dont la profondeur est considérable : lorsque le seau est au fond, celui qui tourne la manivelle a une grande résistance à vaincre, à cause du poids de la corde qui s'ajoute à celui du seau et du liquide ; il y a donc avantage pour lui à ce que cette corde s'enroule d'abord sur un petit diamètre, comparativement à celui du cercle qu'il décrit; puis, comme la longueur de la corde diminue à mesure que le seau s'élève, il lui est permis alors d'employer un diamètre plus grand; il n'y a plus d'inconvénient à ce que la corde s'enroule sur le gros bout de la fusée.

Au moyen du double cylindre, figure 48, on parvient encore à équilibrer des forces d'intensités très-différentes. — On voit qu'en agissant sur la manivelle c, la corde du petit cylindre a se développe, pendant qu'elle s'enveloppe au contraire, tour pour tour, sur le cylindre d'un plus grand diamètre b, de sorte que la partie de corde qui se trouve au-dessous et à laquelle est suspendue la résistance d, se raccourcit à chaque tour de toute la différence des circonférences a et b. Si le poids d s'élève d'un demi-pouce seulement, pendant que le manche de la manivelle décrit une circonférence de cinquante pouces, une livre appliquée à cette manivelle tiendra en équilibre un poids de cent livres suspendu en d.

On peut encore, au moyen d'une roue d'un très-grand diamètre, comparativement au cylindre, équilibrer des forces d'intensités très-différentes, mais la machine alors a des proportions fort incommodes, et on remplace ordinairement ce système par celui de la figure 49, lorsqu'on recherche une grande différence dans les vitesses. On voit trois roues h, g, c : la première c, qui n'est point dentée, porte à son centre une petite roue dentée d, qu'on appelle *pignon;* or, les dents de ce pignon et de la roue g, ne peuvent engrener ensemble qu'autant qu'elles sont égales et également espacées; il est clair dès-lors que le contour de la roue g doit porter d'autant plus de dents qu'il est plus grand,

et en général les nombres de dents de deux roues d'en-
grenage sont entre eux comme les rayons de ces roues.
Si donc le pignon *d* a six fois moins de dents que la
roue *g*, il fera faire à celle-ci une révolution entière
pendant qu'il en fera lui-même six ; de même la seconde
roue en tournant six fois, fera faire une révolution entière à la troisième roue *h*. La première roue fera donc
trente-six révolutions, pendant que la dernière n'en fera
qu'une seule ; de sorte que si le diamètre de la roue *c*,
à laquelle est appliquée la puissance, est trois fois aussi
grand que celui du pignon *f*, qui porte la résistance,
trois fois trente-six ou cent huit, est la différence de vitesse, et par conséquent d'intensité entre les poids et
les puissances qui se font équilibre dans ce système (1).

C'est sur ce principe qu'on a construit des grues, au
moyen desquelles un seul homme peut élever plusieurs
milliers de livres. Il serait même possible, avec un tel
système, de parvenir à déraciner un chêne, sans autre
moteur qu'un petit moulin à vent de quelques pouces de
diamètre ; cette opération, on le sent, exigerait un
temps considérable.

Nos montres et nos horloges nous offrent des exemples bien connus de systèmes semblables. Un tour de clef
devient équivalent, au moyen d'une série de roues,
à environ quatre cents battemens du balancier ; ainsi,
le petit effort que la main exerce sur la clef pendant
quelques secondes, imprime un mouvement qui dure

---

(1) Dans l'équilibre de ce système, la puissance F est à la résistance
P, comme le produit de tous les rayons des pignons r, r', r''.... est au
produit de tous les rayons des roues R, R', R''....

$$F \times R \times R' \times R'' \times.... = P \times r \times r' \times r''....$$

Le lecteur qui s'occupe d'applications consultera avec fruit l'article
nombre des dents de roue du Dictionnaire technologique.

(*Note du traducteur.*)

vingt-quatre et même trente heures. Une augmentation dans le nombre de rouages a permis de construire des gardes-temps, qu'on ne remonte qu'une seule fois par an ; et si les matériaux ne s'usaient pas, ou s'usaient moins, il serait possible de les faire marcher ainsi pendant plusieurs siècles.

On communique encore le mouvement d'une roue à l'autre figure 50, au moyen de lanières, de cordes qui les embrassent ; ce système est employé par le tourneur, par le gagne-petit, pour repasser les couteaux, par la fileuse enfin, pour le rouet avec lequel elle forme son fil. Une roue ac, de trente pouces de circonférence, fait faire soixante révolutions à la roue b, qui n'a qu'un demi-pouce, pendant qu'elle-même n'en fait qu'une seule.

* Le plan incliné *

Est le troisième moyen d'équilibrer des forces d'intensités différentes, par une combinaison de solides. — La force qui, figure 51, pousse un corps quelconque a de c vers d, ne l'élève en effet que de la hauteur verticale ed, bien que son action se prolonge sur toute la longueur cd du plan incliné. Si le plan avait une longueur double de sa hauteur, c'est-à-dire si cd était le double de ed, un poids d'une livre b agissant au moyen de la poulie d tiendrait en équilibre sur le plan, le poids de deux livres a, en quelque lieu qu'il fût placé sur ce plan (1).

---

(1) Lorsqu'une puissance P (le poids b de la figure) agissant parallèlement à la longueur du plan incliné, retient un corps pesant R (le poids a) en équilibre sur un plan incliné, la puissance est à la résistance comme la hauteur h du plan (le côté ed) est à sa longueur l (le côté cd) ou

$$P : R :: h : l, \text{ d'où } P \times l = Rh.$$

Un cheval qui traîne un chariot sur une route qui s'é-
lève d'un pied, sur une longueur de vingt, soulève
effectivement un vingtième de la charge, tout en surmontant les frottemens et l'inertie du chariot (1). Cet
exemple suffit pour nous montrer de quelle importance
il peut être de faire les routes de niveau, et quelle erreur commettaient nos pères en donnant partout à leur
route une direction rectiligne, qu'elles eussent à traverser des plaines unies ou qu'elles dussent s'élever par-
dessus des collines, tandis que le plus souvent ils auraient
pu, en n'augmentant que fort peu la distance à parcourir
pour arriver au même point, éviter toute montée et toute
descente. On conçoit, sans doute, aussi l'avantage des
routes en zigzag, pour arriver d'un point inférieur à un
point supérieur ; car les chevaux tirent avec d'autant
plus de facilité que l'inclinaison de la route avec l'horizon est moindre, et cette inclinaison diminue avec la
longueur de la route. L'application de cette règle a sans
doute été souvent remarquée par les voyageurs ; combien de routes aussi sûres que commodes conduisent à
des forts ou à des habitations situées au sommet de
montagnes très-élevées ?

Les charretiers intelligens n'ignorent point ce rapport entre la longueur du plan ou de la route et son
inclinaison ; aussi les voit-on toujours monter en zigzag
les pentes un peu roides, allant d'abord de droite à gauche, puis de gauche à droite, et ainsi de suite jusqu'au
sommet.

Les routes à ornières en fer, de nos temps modernes,

---

(1) Le poids est à la force comme la longueur du plan incliné est à sa
hauteur.

Le poids est à la pression comme la hauteur est à la base (la ligne *ce*
de la figure).   (*Note du traducteur.*

offrent souvent une application intéressante du plan
incliné. Lorsqu'elles sont parfaitement de niveau, le
cheval ou le moteur, quel qu'il soit, n'a à vaincre que le
frottement; mais lorsque le transport des objets doit
toujours se faire dans la même direction, comme pour
les minerais, par exemple, on donne à la route une
légère pente, de sorte que le moteur n'a plus qu'à ré-
gler le mouvement.

Nous voyons souvent les avantages du plan incliné
lorsqu'on charge ou décharge les chariots de roulage;
deux hommes, à l'aide de cette machine, manœuvrent
facilement des masses que vingt hommes ne pourraient
peut-être point mouvoir à l'aide de leur force musculaire. Dans quelques canaux, on a remplacé les écluses
par des plans inclinés le long desquels on élève les bateaux tout chargés, à l'aide de machines puissantes.

On a supposé que c'était au moyen du plan incliné
que les Anciens (les Egyptiens en particulier), avaient
élevé ces immenses constructions que le temps semble
devoir à jamais respecter.

Nos escaliers ne sont, en principe, que des plans inclinés, mais dont l'inclinaison eût été si forte qu'il a
fallu, pour pouvoir s'y soutenir, y disposer des surfaces
horizontales et perpendiculaires qui forment les marches.

Nous avons vu qu'un corps qui tombe librement par
l'action de la gravité, parcourt environ quinze pieds
dans la première seconde de sa chute. Si ce corps roulait sur un plan incliné, il se mouvrait avec une vitesse
comparative d'autant moindre que la longueur du plan
incliné est plus grande que la hauteur (1). Si, par
exemple, la pente d'un plan incliné était d'un pied sur

---

(1) Le rapport de la hauteur et de la longueur est le sinus de l'incli-

quinze, le corps qui aurait à le parcourir de haut en bas ne se mouvrait que d'un pied dans la première seconde.

Le plus grand rapport existe entre les lois mathématiques, qui renferment toutes les circonstances de mouvement dans le pendule, et la chute des corps le long des plans inclinés.

* Le coin *

N'est autre chose, en quelque sorte, que l'assemblage de deux plans inclinés formant un prisme triangulaire, qu'on insère par le tranchant de l'une de ses

---

naison i du plan avec l'horizon, c'est-à-dire qu'on a

$$\frac{h}{l} = \sin. i.$$

Cette relation donne la valeur de la force accélératrice à laquelle le corps se trouve soumis, lorsqu'il descend librement le long du plan. On a aussi, e étant l'espace qu'il parcourt pendant un temps donné t en vertu de la gravité, g et v étant sa vitesse.

$$e = \frac{1}{2} g t^2 \sin. i = \frac{v^2}{2 g \sin. i} = \frac{1}{2} t v \ldots \ldots (a)$$

$$v = g t \sin. i = \sqrt{(2 g e \sin. i)} = \frac{2 e}{t} \ldots \ldots (b)$$

$$t = \sqrt{\left(\frac{2 e}{g \sin. i}\right)} = \frac{2 e}{v} \ldots \ldots \ldots (c)$$

Mais ce corps peut être projeté sur le plan, ou de haut en bas, ou de bas en haut, avec une certaine vitesse que nous représenterons par a, on a alors

$$v = a \mp g t \sin. i \ldots \ldots \ldots \ldots (d)$$

$$e = a t \mp \frac{1}{2} g t \sin. i = \frac{a^2 - v^2}{2 g \sin. i} \ldots \ldots (e)$$

en faisant $v = o$ dans les équations d et e la première donnera le temps après lequel le corps cessera de monter, et la seconde, l'espace qu'il aura parcouru.

(*Note du traducteur.*)

arêtes (figure 52), entre les parties d'un corps qu'on
veut diviser. Ce sont donc ici les plans qui se meuvent
sur la résistance ; on a appliqué au coin les règles au
moyen desquelles on détermine l'avantage mécanique
du plan incliné. On considère alors la puissance comme
parcourant l'espace ou la *longueur cd*, dans le même
temps que la résistance se meut suivant *a b*. Mais cette
règle ne s'accorde point avec le pouvoir extraordinaire de cette machine ; il paraît que pendant le mouvement de trépidation produit par le choc du marteau
sur la machine, elle s'insinue ou s'avance pour dis-
joindre les parties auxquelles elle est appliquée, avec
plus de vitesse que cette règle n'en indique (1).

Le coin est d'un usage très-répandu ; c'est au moyen
du coin qu'on divise les buches suivant leur longueur ;
qu'on exerce de très-fortes compressions, comme dans
la presse à huile ; qu'on soulève de très-grands poids,
des vaisseaux de guerre sur chantiers, par exemple, en
les chassant par-dessous la quille.

Un ingénieur de Londres, qui avait élevé une cheminée très-lourde et d'une grande hauteur, pour le
service de ses fourneaux et de ses machines à vapeur,
s'aperçut au bout de quelque temps qu'elle commen-
çait à s'incliner, par l'effet de l'humidité des fonda-

---

(1) On dit, en théorie, que dans le cas d'équilibre de cette machine,
la puissance qui agit perpendiculairement à la *tête* du coin, c'est-à-dire
au parallélogramme qui le termine, est à la somme des résistances que
les parties qu'on veut séparer opposent perpendiculairement à ses
côtés, comme la tête du coin est à sa hauteur, ou

$$\frac{P}{R} = \frac{t}{h} = \frac{ab}{cd} \quad (voy. \text{ la figure)};$$

mais la théorie physique du coin est fort obscure, et l'on ne doit point
s'attendre à obtenir des résultats exacts, au moyen de cette formule.

(*Note du traducteur.*)

tions ; il parvint à lui rendre sa position verticale, en
chassant des coins avec force à la base d'une de ses
faces.

Les clous, les alènes, les aiguilles, les épingles, ne
sont encore que des espèces de coins ; on peut en dire
autant des couteaux, des rasoirs, des haches, et de
tous les instrumens tranchans. — Quelques-uns agissent à la manière des scies, — qui ne présentent elles-
mêmes qu'une série de petits coins. — Il est nécessaire
de les mouvoir dans le sens de leur longueur, en même
temps qu'ils pressent contre l'objet à diviser. Il paraît
que la vibration que ce mouvement produit parmi les
molécules, permet à l'instrument de s'insinuer beaucoup plus facilement entre elles. On peut presser impunément le rasoir le mieux affilé, mais pour peu qu'on
lui donne de mouvement contre la main dans le sens
longitudinal, il pénètre à l'instant dans les chairs.

* La Vis *

Est encore une des machines dites élémentaires ; on
peut en quelque sorte l'assimiler à un coin tournant,
car elle a les mêmes rapports avec le coin ordinaire,
qu'une route qui serpente autour d'une colline avec la
route directe qui conduirait au même point.

Une vis (fig. 53) peut être considérée comme un cylindre $a\,d$ entouré d'un filet en spirale qui tourne dans
une pièce c, portant un sillon spiral correspondant
qui reçoit le filet de la vis. Cette pièce prend le nom
d'écrou ; elle est quelquefois mobile ; chaque tour de
vis la fait descendre, ou soulève l'écrou de la distance
qui sépare deux filets consécutifs : cette distance est
donc l'espace parcouru par la résistance pendant que la
puissance se meut dans la circonférence décrite par

l'extrémité *f* du levier *f d.* Le rapport entre ces longueurs ou ces espaces est quelquefois comme cent à un ; de là les prodigieux effets qu'une petite puissance parvient à produire au moyen de la vis (1). Les vis entrent dans la composition d'une multitude de presses, pour exprimer l'huile ou le suc des végétaux, les amandes, les pommes, le raisin, la canne à sucre, etc. Elles servent à réduire des volumes considérables et dès-lors fort embarrassans ; les balles de coton, par exemple, dont quelques-unes à l'état ordinaire rempliraient un vaisseau, sont comprimées par elles en des masses compactes, dont la densité devient plus grande que celle de l'eau ; — on les retrouve dans les presses à imprimer, où elles compriment avec force le papier contre les caractères ; — dans celles qui conservent la correspondance du commerçant, etc., etc. Enfin, c'est le grand agent des établissemens où l'on fabrique la monnaie.

On est parvenu à faire des vis qui présentent cent filets consécutifs dans la longueur d'un pouce, et à des distances parfaitement égales ; c'est au moyen de vis semblables que le constructeur d'instrumens de mathématiques divise les cercles qu'on emploie dans l'astronomie et la géodésie, avec une précision extraordinaire. Supposons qu'une telle vis fasse mouvoir un pla-

---

(1) *P* étant la puissance appliquée à l'extrémité du levier, *R* la résistance, *d* le *pas* de la vis, c'est-à-dire l'intervalle compris entre deux filets consécutifs, mesuré parallèlement à l'axe du cylindre, *c* la circonférence décrite par la puissance, on a pour la relation d'équilibre

$$\frac{P}{R} = \frac{d}{c}$$

Cette formule montre que l'avantage mécanique, en théorie, est d'autant plus grand que la circonférence *c* est plus grande, ou que le pas de la vis est plus petit.

(*Note du traducteur.*)

teau de métal, ou la circonférence d'un cercle, au-dessus duquel est placée une pointe d'acier qui peut monter
et descendre verticalement, si l'on abaisse la pointe
pour chaque tour de la vis, on obtiendra autant de lignes
sur ce plateau, que la vis aura fait de tours entiers ;
mais, comme on peut à volonté ne faire faire à la vis
qu'un centième ou un millième de tour, on conçoit
qu'on peut obtenir jusqu'à cent mille lignes distinctes
dans la longueur d'un pouce.

La vis est encore la pièce principale de ces instrumens appelés micromètres, au moyen desquels on détermine le volume des corps célestes, ainsi que celui des
objets microscopiques.

Si l'on suppose que la roue d'un treuil soit dentée, et
que ses dents engrènent avec les filets d'une vis qu'une
puissance fait tourner au moyen d'une manivelle, on
aura une idée de la *vis sans fin* (1). La vis est un mécanisme d'une grande utilité, malgré la résistance qu'un
frottement, toujours très-considérable, oppose à la force
motrice.

Le tire-bouchon ordinaire est une vis sans cylindre ;
on l'emploie, non pour lier des forces opposées, mais
pour pénétrer et se fixer dans le liége. On fait cependant aujourd'hui des tire-bouchons qui exercent leur
action au moyen d'une seconde vis, ou d'une crémail-
lère et d'un pignon.

---

(1) P étant la puissance dans cette machine, R la résistance, d le
pas de la vis, r le rayon du cylindre de cette vis, c la circonférence
décrite par la puissance, et R le rayon de la roue ; on a pour l'équation d'équilibre dans cette machine :

$$\frac{P}{R} = \frac{d \times r}{c \times R}$$

* La Poulie *

Est encore une des machines dites simples, au moyen
de laquelle on parvient à équilibrer des forces d'intensité différente. La poulie simple (fig. 54) se compose
d'une roue ab, creusée en gorge à sa circonférence
pour recevoir un cordon $cabd$, et à l'axe de laquelle
on suspend la résistance c.

Il est évident que dans un tel système, la résistance c
(poids de dix livres, par exemple) partage son effort également entre les deux parties ca, bd de la corde, de
sorte que la puissance qui maintiendrait le poids en
équilibre, n'exercerait qu'un effort équivalent à cinq
livres ; d'un autre coté, s'il lui fallait soulever le poids
d'un pied, il lui faudrait réduire le côté ac d'un pied,
et le côté bd également d'un pied, c'est-à-dire qu'elle
aurait à se mouvoir dans un espace de deux pieds ; voilà
donc quel serait l'avantage mécanique de la poulie,
pour le cas actuel comme pour tous les autres (1) : la
puissance se meut dans un espace de deux pieds pour
élever cinq livres, tandis que, sans la machine, il aurait
élevé dix livres d'un seul pied (*).

---

(1) Dans l'équilibre, au moyen de la poulie *mobile*, on a :
La puissance P est à la résistance R comme le rayon de la poulie
mobile r est à la corde c qui soutend l'arc enveloppé par le cordon, ou
$$P : R :: r : c \text{ d'où } P \times c = R \times r.$$
(*) Si les cordons sont parallèles, la corde c devient un diamètre
c'est-à-dire égale à deux fois le rayon de la poulie, donc
$$P : R :: 1 : 2$$
C'est-à-dire que la puissance est toujours la moitié de la résistance.
La poulie *fixe* ne présente aucun avantage mécanique, la puissance
est toujours égale à la résistance.
Si, au lieu d'une seule poulie mobile, on en emploie plusieurs em-
brassées chacune par un cordon attaché, d'une part à un point fixe,

On combine souvent un certain nombre de poulies, qu'on réunit par une même chape (**). Ces assemblages (fig. 55) prennent le nom de moufles. Une corde unique passe successivement sur les gorges de toutes les poulies de ce système, et le rapport de la puissance à la résistance est déterminé par le nombre de cordons qui vont d'une moufle à l'autre. Ici nous avons quatre cordons, une puissance de cent livres équilibrerait donc une résistance de quatre cents livres (***). Comme lorsqu'on emploie ces poulies assemblées, il est en général plus commode de reposer sur le sol pour exercer la traction, on fait passer le prolongement du dernier cordon sur

---

et de l'autre, au centre de la poulie voisine, la puissance P est à la résistance R comme le produit des rayons r, r', r''.... est au produit des cordes c, c', c''.... des arcs enveloppés par les cordons, ou

$$\frac{P}{R} = \frac{r \times r' \times r'' \times \cdots}{c \times c' \times c'' \times \cdots}$$

Si les cordons sont parallèles, les cordes deviennent des diamètres, c'est-à-dire doubles des rayons des poulies, on a donc

$$\frac{P}{R} = \frac{1}{2^n}$$

C'est-à-dire que la puissance est à la résistance comme l'unité au nombre 2 élevé à une puissance indiquée par le nombre n de poulies.

(**) Si l'on emploie des *moufles*, c'est-à-dire des systèmes de poulies assemblées dans une même chape, sur le même axe ou sur des axes particuliers, l'une des moufles étant attachée à un point fixe, l'autre supportant la résistance et se mouvant avec elle, la puissance est égale à la résistance divisée par la somme des cosinus des angles a a' a'' ... que font, avec la verticale, les cordons qui vont d'une moufle à l'autre, ou

$$P = \frac{R}{\cos a + \cos a' + \cos a'' + \cdots}$$

(***) Enfin, si les cordons en nombre n sont parallèles

$$P = \frac{R}{n}$$

(*Note du traducteur.*)

une roue placée à une hauteur convenable au-dessus du
sol. Cette portion de corde n'étant point directement
liée au poids qu'on veut soulever, ne doit point être
comptée dans l'évaluation du rapport de la puissance à
la résistance.

Les poulies *fixes*, comme celles *a c* de la figure 56,
ne présentent aucun avantage mécanique, car la résistance se meut précisément comme la puissance ;
elles ne servent qu'à changer la direction de la puissance. Au moyen de ces poulies, le matelot peut, sans
quitter le pont de son navire, hisser une voile ou un
signal à l'extrémité du grand mât, — et dans la construction des édifices élevés qui exigent souvent qu'on
transporte en quelques minutes des matériaux très-
pesans, à une hauteur considérable, on a souvent recours à ce système : on attèle un cheval à l'extrémité *d*
de la corde, puis on le fait marcher devant lui sur un
terrain de niveau ; son action se transmet à la charge *b*
qui s'élève comme si ce cheval eût pu transporter le poids
avec la même vitesse, en grimpant le long d'une mu-
raille verticale.

Il est un cas cependant où la poulie *fixe* peut paraître favoriser la puissance ; c'est celui où une des extrémités du cordon est attachée au corps d'un homme dont
les mains saisissent l'autre extrémité ; — pour plus de
sécurité, cette extrémité devrait aussi passer autour de
son corps ; il se supporte alors par l'action musculaire
de ses bras, et parvient facilement à se soulever jusqu'à
la hauteur où la poulie est fixée ; de sorte qu'il peut
ainsi se laisser descendre au fond d'un puits ou du sommet
d'un roc, avec la certitude de remonter sans l'assistance
de qui que ce soit. Une machine aussi simple serait,
dans bien des cas, d'une utilité inappréciable. — Avec
quelle facilité, par exemple, on parviendrait à descen-

dre ainsi de certaines parties de bâtimens incendiés, où il est quelquefois impossible d'appliquer des échelles! — Une poulie semblable est encore fort commode pour prendre un bain, sans l'assistance de personne, lorsqu'on est à bord d'un navire; on la fixe alors à une des fenêtres de la poupe.

C'est à bord des vaisseaux que l'usage de la poulie est le plus remarquable; qu'il s'agisse de descendre l'ancre, de guinder un mât, de hisser une voile, la poulie vient faciliter toutes les manœuvres, permettant ainsi à un petit nombre d'hommes de faire tout le service du navire. Cependant on emploie souvent aussi les poulies à terre, pour soulever des poids et vaincre d'autres résistances; elles remplacent quelquefois les grues et le cabestan.

Dans l'enfance de la chirurgie, à l'époque où le praticien avait plus de confiance dans sa force que dans son adresse, on ne rougissait point d'employer la poulie pour replacer des membres déboités, — et souvent avec beaucoup de danger pour le malade. Le chirurgien qui aurait aujourd'hui recours à de tels moyens, qui croirait encore nécessaire de torturer ainsi son patient, n'aurait droit, pour tout salaire, qu'à un traitement semblable.

Les leviers-coudés qui font le service des sonnettes, dans nos appartemens, équivalent en quelque sorte à des poulies fixes.

Il n'y a point d'autre motif qu'un ancien usage, pour limiter le nombre des puissances mécaniques, aux six machines que nous venons d'examiner successivement; celles qui suivent ont des droits suffisans pour être rangées dans la même classe, elles ne sont ni moins simples, ni moins puissantes; et nous verrons même dans la mécanique des fluides que les mécanismes, dont la puissance est la plus remarquable, n'appartiennent point réellement à la classe des solides.

Machines d'action oblique. — Ce titre comprend une variété nombreuse de systèmes propres à mettre en rapport des vitesses différentes.

Soient *AO* et *BO* (figure 57), deux fortes tiges réunies par un point en *O*, et formant ainsi un système assez semblable à la fausse équerre du charpentier. Si les extrémités *AB* des deux règles sont appliquées dans des entailles faites à deux obstacles, et qu'une puissance quelconque tire ou pousse dans le sens *OI* ou *IO*, le point *O* pourra se mouvoir dans un espace bien plus grand que l'accroissement de distance entre les extrémités *A* et *B;* la puissance appliquée en *O* surmontera donc une résistance d'autant plus grande, que l'espace relatif qu'elle parcourra sera plus grand que celui parcouru par les résistances ; et plus les tiges se rapprocheront de la ligne droite, plus l'avantage de ce mécanisme augmentera (1).

---

(1) Cette machine a reçu en France le nom de GENOU; le plus souvent l'extrémité *A* de la branche supérieure est liée par une charnière, à un point fixe, et l'extrémité *B* est alors mobile ; c'est elle, en quelque sorte qui exerce la pression ; de plus, au lieu d'appliquer immédiatement la puissance à la branche *AO* pour mouvoir *B,* on l'applique à une barre liée avec elle ; enfin, les deux tiges *AO BO* peuvent être inégales ou égales. Voici les relations d'équilibre pour ces divers cas :

P est la puissance ;

Q la pression exercée ;

r le bras de levier de la puissance, c'est-à-dire la distance du point fixe *A* au point d'application de la puissance, que nous supposons agir perpendiculairement à *A n* ;

Si nous supposons que l'extrémité *A* soit réunie par une charnière à un châssis fixe, et que l'extrémité *B* soit fixée contre la partie mobile de la presse à imprimer, qui comprime le papier contre les caractères, nous aurons une idée de la presse, aussi simple qu'ingénieuse, connue sous le nom de presse à la Russel, du nom de son inventeur. La force d'un seul homme appliquée en *O*, au moment où les tiges se rapprochent de la verticale, exerce une pression de plusieurs milliers de livres. — Cette presse, simple et économique, a remplacé la presse à vis dans quelques ateliers.

De même qu'en mouvant *O* vers *I*, dans la dernière

---

a est la longueur de la tige *A O*;
O est l'angle formé par les branches *A O* et *B O* du genou;
B celui *OBA*, on a

$$P : Q :: a \sin. O : r \cos. B.$$

La pression *Q* exercée par la puissance *P*, est donc :

$$Q = \frac{P \, r \cos. B}{a \sin. O}$$

Cette expression montre que la pression *Q* augmente à mesure que les branches *AO BO* s'approchent d'être en ligne droite. On voit aussi que la puissance a d'autant plus d'avantage, que le côté $AO = a$ est plus court, et que le bras du levier $A n = r$ est plus long.

Si les deux tiges sont égales, comme dans la figure 57, on a, pour la relation d'équilibre ;

$$P : Q :: 2 \, a \sin. B : r$$

ou, si l'on aime mieux introduire dans cette relation, l'angle *O*

$$P : Q :: 2 \, a \cos. \tfrac{1}{2} O : r$$

Enfin, si l'on appelle la ligne *OI* la flèche, et qu'on la désigne par *f*, on aura cette autre relation :

$$P \times r = Q \times 2 f$$

D'où l'on voit que dans l'équilibre du genou isocèle, la puissance qui tend à faire tourner le premier côté autour de son extrémité fixe, est à la résistance que l'extrémité mobile du second côté éprouve dans le sens de la rainure, comme le double de la flèche du genou est au bras de levier par lequel agit la puissance. (*Voy.* la Statique de M. Poinsot.)

(Note du traducteur.)

figure, les extrémités *AB* repoussent les obstacles avec une grande force, de même en poussant *O* dans une direction contraire *OI'*, la force appliquée en *O* tend à les rapprocher suivant la même loi. Si l'on regarde *AOB*, comme une partie de corde passant sur des poulies en *A* et en *B*, et que l'une des extrémités de la corde au-delà de *A* soit fixée à une résistance considérable, un seul homme parviendra à mouvoir la masse en tirant *O*, avec sa seule force musculaire.

La figure 58 montre encore comment on peut parvenir à mettre en équilibre une force oblique et une force directe d'intensités différentes. — Si pour tourner une roue *a e d*, on suspend un poids en *d*, il agit directement, car il descend aussi vite que la circonférence se meut ; mais s'il était placé en *e*, il n'agirait qu'obliquement à la direction du mouvement de cette partie de la roue, et ne pouvant descendre aussi vite que s'il était en *d*, il produirait un effet d'autant moindre que la ligne *e b* est plus courte que la ligne *d c*. C'est dont on se rendra compte très-facilement, si l'on se rappelle la théorie de la décomposition des forces et celles des leviers. De même, si l'on employait une roue semblable pour soulever des poids, l'action d'une même force apliquée en *e* ou en *d* dépendrait du rapport des lignes *e b* et *c d*. L'homme qui ferait tourner cette roue de *e* en *a*, avec un poids suspendu en *e*, aurait à exercer le même effort que s'il lui fallait faire avancer ce poids de bas en haut, le long du plan incliné ou de la courbe *e a*. Cette figure peut nous expliquer les variations d'intensité de la force qui agit sur une manivelle, suivant les différens points de sa révolution, et celles de la combinaison des leviers qui entrent dans les *presses à la Stanhope*, suivant leurs positions diverses ; enfin, elle nous montre les degrés de force des supports, suivant leur obliquité, soit

dans les constructions, soit dans le gréement des navires, etc., etc.

La figure 58 représente un assemblage de tiges mobiles sur leur centre, et telles qu'en rapprochant les
extrémités ab, elles prennent la position de la figure 59
le point c s'éloignant d'une distance bien plus grande
que celle dont les extrémités ab se rapprochent. Ce
système, propre à mettre en rapport des vitesses fort
différentes, est réellement une puissance mécanique
dont, il est vrai, on n'a point jusqu'ici tiré aucun parti
utile (1).

Passons à l'examen de quelques mécanismes propres à
équilibrer des forces d'intensités différentes, mais non
simultanément, et qui pourraient peut-être aussi avoir
quelques droits à la dénomination de puissances mécaniques.

On peut quelquefois se proposer d'exercer une forte
compression, mais le corps de l'homme étant trop faible pour donner une impulsion directe suffisante, il préfère l'employer à soulever, pendant un certain temps,
un poids suffisant à l'élévation nécessaire, pour qu'en
retombant, sa quantité de mouvement soit telle qu'elle
produise l'effet désiré. Par l'effort continu qu'il exercera
sur une manivelle, par exemple, il parviendra à soulever
le poids à une hauteur de vingt, de trente pieds, et ce poids

---

(1) Il paraît que ce petit appareil mécanique considéré pendant long-
temps comme un simple jeu d'enfant, a été appliqué utilement dans
la construction des échelles à incendie.

Il a cela de remarquable, que les vitesses des centres successifs de
mouvemens augmentent selon la progression des nombres naturels, 1, 2,
3, 4, 5, etc.

(*Note du traducteur.*)

pourra, en retombant, enfoncer un pieu, un pilotis dans la terre; si la quantité dont il s'enfonce est d'un pouce, ce mécanisme aura, pour ainsi dire, équilibré des forces dont les intensités étaient dans le rapport de trente pieds à un pouce.

Telle est l'action des marteaux, des béliers, des moutons ou sonnettes, des frondes, machines au moyen desquelles un effort modéré mais continu parvient à vaincre des résistances considérables.

Le volant, que quelques personnes peu familiarisées avec les principes de la philosophie naturelle ont regardé comme une puissance réelle, ne sert, le plus souvent, qu'à régulariser l'effet d'une force d'intensité variable. Si l'on emploie une manivelle, pour tourner une roue, la force n'agit point également dans tous les points de la circonférence décrite; alors on fixe sur le même axe que la roue une autre roue pesante qui s'oppose à l'accélération, qui absorbe, en vertu de son inertie, une portion du mouvement de la machine lorsqu'elle agit avec la plus grande force pour la lui rendre ensuite quand la force diminue; ils établissent ainsi une sorte de compensation d'où résulte une action régulatrice. Ainsi, dans les exemples du mouvement circulaire que nous offrent tous les jours la meule du gagne-petit, le rouet de la fileuse, etc., la force avec laquelle on presse sur la pédale est intermittente, elle ne s'exerce que par des impulsions distantes et successives, et cependant le mouvement est uniforme, parce que la roue plus massive, fixée sur l'axe de la manivelle, fait l'office d'un volant, d'un réservoir de force qui régularise l'action du moteur. Dans une machine à vapeur, le mouvement vertical alternatif du piston est converti, au moyen du volant, en un mouvement circulaire parfaitement régulier.

Cependant on a quelquefois employé un tel système pour concentrer la force ; ainsi, au moyen d'un poids, d'une manivelle ou de tout autre moyen, on accumule graduellement dans une roue un *momentum* considérable qu'on lui laisse, en quelque sorte, dépenser d'un seul coup, en échange de quelque grand effort de peu de durée. On pourrait donc, au moyen d'un volant, soulever un poids très-considérable : — il suffirait, par exemple, d'imprimer à une roue, en tournant une manivelle pendant quelques secondes, une certaine vitesse, puis de fixer tout d'un coup à son axe une corde qui, en s'y enroulant, soulèverait le poids en question attaché à son autre extrémité.

C'est ainsi qu'un volant dans lequel un seul homme accumule les résultats d'une action continue pendant une minute, agit ensuite sur une presse à vis, et restituant d'un seul coup toutes les impulsions successives qui y ont été comme entassées, frappe une médaille parfaite, ou transforme une plaque d'argent en une cuiller d'un beau travail, ou en tout autre produit utile ou agréable.

Un ressort, dans le même sens, peut devenir une puissance mécanique ; on sacrifie quelque temps pour le courber et lui faire produire ensuite une percussion énergique. La batterie d'un fusil nous montre ce phénomène sur une petite échelle ; l'action de l'arc sur la flèche en est un autre exemple.

Tels sont les principaux moyens que les corps solides nous permettent d'employer, pour opposer l'une à l'autre, des forces d'intensités différentes ; nous étudierons dans la deuxième partie de cet ouvrage, les puissances mécaniques que nous devons aux liquides et aux gaz. Tous ces mécanismes sont d'une valeur inappréciable, ils permettent à l'homme de proportionner les forces dont il peut disposer aux immenses travaux qu'il lui faut exécuter tous les jours. Ainsi il parvient à donner à son moulin, la même vitesse; qu'il soit mis en mouvement par un cheval, par un bœuf, par le courant rapide d'une rivière, par une chute d'eau, ou par le mouvement *proverbialement* rapide du vent. — Et chacune de ces forces, chacun de ces agens, grâces à ces mécanismes, il les applique aussi bien à tourner une meule pesante, qu'à tordre un fil de coton.

Le défaut d'hommes, et par conséquent le besoin d'assistance semble avoir conduit à l'usage des *machines* simples, soit pour soulever de lourds fardeaux, soit pour vaincre de grandes résistances; de là le nom de *puissances mécaniques* qu'on accorde particulièrement au levier, au plan incliné, au coin, à la vis, etc., etc.; mais cette dénomination malheureusement choisie donne presque toujours une idée très-fausse de leur véritable nature, leur fait attribuer une sorte de pouvoir inné de diminuer le travail; enfin, est en grande partie la cause de ce préjugé encore trop répandu qu'elles *créent* de la force; or, cette opinion est tellement loin de la vérité, que toutes les fois qu'on emploie une machine pour exécuter un travail, il y a toujours une dépense de force plus grande que si l'on eût agi directement sur la matière. Si nous donnons à cette assertion une forme paradoxale, c'est afin d'arrêter l'attention du lecteur sur les considérations suivantes.

Un homme peut bien, au moyen d'un assemblage de poulies, élever un poids que dix hommes soulèveraient avec peine, sans employer ce mécanisme; mais si le poids doit être élevé d'un mètre, les dix hommes l'élèveraient en tirant tous la même corde, et s'avançant d'un mètre, tandis que l'homme seul, avec ses *moufles*, devra parcourir dix mètres pour arriver au même résultat, c'est-à-dire qu'il lui faudra parcourir un espace dix fois plus considérable. Nous avons donc, dans l'un et l'autre cas, précisément la même quantité de travail, la même dépense de force, que la besogne soit exécutée en une minute par dix hommes, ou par un seul homme en dix minutes. Et, s'il s'agissait d'un travail continu, quel qu'il soit, si l'action des dix hommes, par exemple, devait durer un jour, il est clair qu'un seul homme mettrait dix jours à l'exécuter, et que la dépense d'argent serait aussi la même; car le prix journalier du travail de dix ouvriers doit nécessairement être égal à celui de dix journées de travail pour un seul. Il n'y a donc réellement aucune économie de force en employant les poulies, il y a au contraire une perte, car le frottement de la machine absorbe toujours une grande partie de l'action. Ce que nous venons de dire de la poulie s'applique à toutes les autres machines simples; aucune d'elles n'épargne de travail, mais elles permettent à une force comparativement très-faible, de prendre son temps pour vaincre une résistance très-considérable.

Les avantages réels de ces machines sont donc les suivans :

Un homme ou un moteur quelconque dont la force est d'ailleurs modérée, mais qui est toujours disponible, pourra, en travaillant pendant une durée proportionnellement plus longue, produire l'effet que cent hommes, que mille hommes produiraient en un instant par leur action simultanée; mais on préfèrera souvent n'employer qu'un seul homme et une machine, parce qu'il est souvent très-incommode et très-dispendieux d'en réunir un aussi grand nombre, et souvent aussi très-difficile de les faire agir de concert.

C'est ainsi que quelques matelots soulèvent une ancre pesante à l'aide d'un cabestan.

Aidé d'une vis et de quelques autres pièces, un seul

ouvrier parvient à presser une feuille de papier contre des caractères avec une force suffisante pour obtenir une empreinte parfaitement nette, tandis que l'effort direct de cinquante hommes n'eût peut-être point suffi ; mais, en admettant que dans l'un et l'autre cas, la pression eût pu être égale, comment faire agir cinquante hommes à la fois, sur une surface comme celle de la feuille de papier? puis, que feront-ils pendant l'intervalle nécessaire pour appliquer l'encre sur la forme? La vis fait donc ici le travail de cinquante hommes, et cependant cinquante hommes ne la remplaceraient pas.

Un maçon peut remuer une pierre qu'il faudrait dix hommes pour mouvoir ensemble; il s'arme d'un levier, et suffit seul à son entreprise. Il est vrai qu'il met dix fois plus de temps à l'amener où il veut, et même que les frottemens faisant éprouver des pertes, il mettra peut-être quinze fois plus de temps que dix hommes agissant ensemble; il devra cependant préférer l'emploi du levier au service des dix hommes qui, pour une assistance de quelques minutes, pourraient ensuite rester sans ouvrage tout le jour.

Si nous avons consacré à l'étude des machines simples, plus d'espace qu'on ne leur en accorde généralement dans les ouvrages du genre de celui-ci, c'est que nous regardons comme d'une importance extrême pour le lecteur, d'avoir des notions très-exactes sur ces machines. L'auteur espère qu'après un examen aussi détaillé, les lecteurs pourront facilement découvrir les erreurs de prétendus mécaniciens dont les essais attestent leur ignorance de cette loi générale : *dans toute machine, on perd en vitesse ce qu'on gagne en puissance,* ou, ce qui revient au même, *on perd en temps ce qu'on gagne en puissance.* — Ils ne regarderont donc jamais comme un fait possible qu'un levier, qu'un pendule, qu'un ressort, qu'un volant, etc., puisse rendre plus qu'il n'a reçu, puisse dépenser plus de force qu'il n'en a empruntée du moteur.

* *C'est encore par une combinaison de solides qu'on parvient à changer la direction du mouvement; de là l'immense variété de* MACHINES COMPLEXES. *
(Voyez l'analyse.)

C'est à la faculté de pouvoir changer la direction du mouvement, aussi bien qu'à celle d'équilibrer des forces d'intensités différentes, que l'homme doit les machines complexes dont le travail rivalise souvent de délicatesse avec celui de ses mains.

Ce serait une tâche beaucoup trop longue que de chercher à énumérer tous les modes possibles de transmission de mouvement; car, dans cette énumération rentrerait la description de presque tous les appareils employés dans les arts ou dans les sciences. Donnons cependant une idée de ces changemens de direction.

Changer le mouvement rectiligne en un mouvement circulaire. — Ce problème est résolu dans les moulins à eau ou à vent; les voiles ou les palettes reçoivent l'impulsion rectiligne du vent ou du courant, et produisent la rotation; — dans la meule du gagne-petit, ou le rouet de la fileuse, etc., etc., la pression du pied qui s'exerce de haut en bas sur la pédale, imprime à la roue un mouvement de rotation, et l'on a un exemple de *mouvement circulaire alternatif, transformé en mouvement circulaire continu;* réciproquement dans la roue qu'on fait tourner par un moyen quelconque, et dont la circonférence est armée de cames qui viennent successivement attaquer le manche d'un marteau mobile sur un axe, on a l'exemple d'un *mouvement circulaire con-*

tinu, transformé en circulaire alternatif; la masse soulevée pas les cames retombe par son poids sur l'enclume, en décrivant un arc de cercle dont le rayon est la distance de l'axe à la masse. L'archet qui manœuvre un foret montre un changement de *mouvement rectiligne alternatif en circulaire alternatif.* — Enfin, le mouvement alternatif vertical et rectiligne du piston de la machine à vapeur se transforme, dans la grande roue, en un mouvement circulaire continu, etc.

Nous ne pousserons pas plus loin cet examen. Une visite dans les ateliers des villes manufacturières, un coup-d'œil sur ce qui se passe tous les jours autour de nous dans les pays civilisés, en apprendra plus à ce sujet que tout ce que nous pourrions dire, et montrera dans toute sa splendeur, les applications des théories développées ci-dessus, et les miracles des arts mécaniques : — machines mues par l'eau et le vent, pour moudre le blé ; — machines pour scier le bois et lui donner des formes variées ; — machines qui saisissent, entre des rouleaux, des tiges de métal qu'elles réduisent d'un seul coup en lames minces, avec autant de facilité que si elles étaient d'argile ; — machines qui les recoupent en rubans flexibles ; — machines à filer qui exécutent leur tâche délicate avec plus d'uniformité que la main de l'homme, formant des milliers de fils à la fois, par la seule action d'une machine à vapeur ; — machines à tisser qui accomplissent un travail si difficile avec une si rare perfection ; — machines à papier qui convertissent les débris naguère inutiles de nos vêtemens en feuilles uniformes et flexibles, chargées de conserver les nobles produits du génie de l'homme ; — machines qui divisent et frappent des milliers de médailles en une heure, et qui tiennent un compte exact du travail qu'elles ont effectué ; — machines qui soulèvent des fardeaux, —

qui enfoncent les pilotis, — qui font tourner des roues, — qui marquent le temps; — instrumens d'agriculture, de navigation, d'astronomie, etc., etc. — Quelle définition Aristote donnerait-il de l'homme aujourd'hui, lui qui, il y a deux mille ans, l'avait défini animal *pouvant employer les outils?*

Dans le plus grand nombre des machines complexes, il entre toujours quelques-unes des machines dites simples, et la même machine présente quelquefois plusieurs de celles qui servent à transformer le mouvement.

* *Frottement.* * (Voyez l'analyse).

Il est une correction importante à faire dans l'évaluation de l'effet utile des machines où l'on n'a d'abord comparé que les vitesses relatives de la puissance et de la résistance, cette correction est la valeur de l'effort nécessaire pour surmonter le frottement que les parties mobiles exercent les unes sur les autres, valeur qui détruit toujours une partie de la puissance, et qui, dans la machine à vapeur, par exemple, où les parties frottantes sont nombreuses, consomme en pure perte quelquefois un tiers de la puissance motrice.

Les obstacles qu'oppose le frottement au mouvement des parties, paraît dépendre de deux causes : 1° du degré d'attraction entre les substances en contact; 2° des aspérités des surfaces qui ne sont jamais parfaitement polies, quoique ces aspérités ne soient point sensibles à l'œil nu.

On admet assez généralement que les aspérités, que les petites projections et les cavités dans les pièces de même substance, s'engrènent, se pénètrent mutuellement, comme les dents de scies semblables et appli-

quées l'une contre l'autre le pourraient faire; de sorte
que le frottement est toujours plus grand entre des substances homogènes qu'entre des substances hétérogènes,
ou d'un grain différent.

Il est un moyen très-simple de s'assurer de l'existence
du frottement et d'en mesurer l'effet :

Lorsque deux surfaces matérielles sont posées l'une
sur l'autre, il s'établit, par les efforts de la pesanteur,
et comme nous venons de le voir, une espèce d'engre-
nage; pour les mettre en mouvement, il faut les désen-
grener, ce qui exige qu'on surmonte les aspérités, ou
qu'on les brise; effets qui ne peuvent être produits
qu'à l'aide d'une force, et c'est cette force même qui
est la mesure du frottement.

Ou bien encore, si l'on place une masse pesante,
d'une matière quelconque, sur une surface plane horizontale, de même nature ou de nature différente, la
masse reste en équilibre sur le plan horizontal; mais,
pour peu qu'on incline ce plan, l'équilibre devra être
troublé; toutefois, la masse ne commence à s'ébranler
que lorsque ce plan, arrivé dans une certaine position,
a acquis une inclinaison dont l'angle varie avec la nature des surfaces frottantes. La valeur de cet angle fait
connaître celle du frottement (1).

---

(1) On s'accorde assez généralement à regarder le frottement comme
proportionnel à la pression, mais cette loi cesse d'avoir lieu lorsque
la pression devient très-grande.

En représentant par f le frottement exercé par un corps homogène
animé de l'unité de poids, on aura pour le frottement F d'un corps
de même nature renfermant un nombre N d'unités de poids,

$$F = N f$$

Si l'on mesure la valeur de l'unité de frottement, à l'aide du plan
incliné, on a A étant l'angle du frottement, c'est-à-dire celui que la

Ces deux moyens d'expérience peuvent servir de contrôle l'un à l'autre.

L'angle ainsi formé détermine la pente qu'on peut donner aux routes, le long des collines formées de terre, de sable, de gravier, etc., aux flancs d'un canal. Si le filet d'une vis enroule le cylindre sous un angle plus petit que celui du frottement, la force qui agit sur l'extrémité inférieure de la vis, ne peut jamais la forcer de remonter.

Sans le frottement, l'homme qui marche sur le sol éprouverait encore plus de difficulté à s'y maintenir que sur la glace; et les rivières qui aujourd'hui coulent avec calme, deviendraient des torrens affreux.

Les moyens suivans sont ceux qu'on emploie communément pour diminuer le frottement des surfaces.

1° On polit les surfaces frottantes; mais ce moyen ne peut être employé que dans certaines limites, car un poli parfait permet aux surfaces de se rapprocher au point qu'il s'établit entre elles une adhérence difficile à vaincre.

---

longueur du plan fait avec l'horizon lorsque le corps est sur le point de glisser

$$f = \text{tang. } A.$$

Cette valeur de f n'est vraie qu'autant que la pression n'est point très-grande.

Voici quelques résultats que Coulomb a obtenus en cherchant le rapport du frottement à la pression :

Fer contre fer . . . . $f = 0.28$
Fer contre cuivre jaune. . . . . $f = 0.26$
Chêne contre chêne, suivant le fil du bois. . . $f = 0.43$
Chêne contre sapin,   *idem.*   . . . $f = 0.65$

On suppose ordinairement et comme terme moyen entre les résultats le plus ordinairement obtenus, que $f = \frac{1}{3}$, ou, ce qui revient au même, que l'angle A est de 18°.20′; dès-lors $F = \frac{1}{3} N$, c'est-à-dire que le *frottement est un tiers de la pression.*

(*Note du traducteur.*)

2° Lorsque des pièces doivent frotter l'une contre l'autre, on les choisit, autant que possible, de nature différente; par exemple, on fait des axes d'acier, et on les fait porter par des supports en cuivre. Dans les machines de petite dimension, dans les garde-temps, l'axe d'acier joue souvent sur l'agate ou le diamant. La rapidité du patineur dépend, en grande partie, de l'hétérogénéité du patin et de la glace.

3° On interpose entre les parties frottantes, quelque matière convenable, comme l'huile pour les métaux, le savon, la graisse, la plombagine pour les bois. Les fêtes populaires nous offrent un exemple assez risible de l'influence de ces matières sur la diminution du frottement. Tout le monde sait que dans quelques villages, c'est encore aujourd'hui la coutume, à certains jours de l'année, de lâcher un cochon dont on a bien savonné la queue, et qui devient la propriété de l'homme assez adroit pour avoir saisi et retenu l'animal par son glissant appendice.

4° En diminuant l'étendue des surfaces qui se touchent, en réduisant, par exemple, autant que possible, le diamètre de l'axe d'une roue.

5° En employant des roues, comme pour les voitures, au lieu de traîner le fardeau sur le sol.

6° En faisant usage des roues dites à frottement, figure 60, qui diminuent encore le frottement d'un axe parfaitement uni, en le recevant sur leurs circonférences, qui tournent avec lui. On voit en a l'extrémité de cet axe, b c sont les deux roues.

7° En plaçant la masse à mouvoir sur des cylindres, ou des sphères; comme lorsqu'on transporte un arbre en le tirant sur des rouleaux; ou, comme lorsqu'on fixe des boulets à la partie circulaire inférieure de l'affût d'une pièce de canon. Dans l'un et l'autre cas, le frotte-

ment est à peine sensible, et la résistance ne vient que
des obstacles par-dessus lesquels les rouleaux ont à
passer.

De toutes les machines, ce sont, sans contredit, les
machines animales où les parties en contact ont le moins
de frottement à vaincre; et c'est une des perfections de
la nature qu'il nous est plus facile d'admirer que d'imiter. Là seulement les articulations jouent sans aucun
effort, un mucilage plus émollient et plus glissant que
l'huile même, vient faciliter leur mouvement; et des
glandes fixées auprès de toutes les jointures, sont chargées de préparer un liniment nécessaire qui se renouvelle
sans cesse, à mesure des besoins.

Les *voitures à roues* méritent un examen particulier,
tant parce qu'elles sont propres à nous montrer les diverses circonstances du frottement, que parce que, parmi
les machines, il n'en est guère de plus communes, et,
par conséquent, de mieux connues de la généralité des
lecteurs.

Les voitures à roues ont trois avantages remarquables sur les traîneaux qu'elles ont remplacés :

1° Le frottement, au lieu de s'exercer entre un patin
de fer et les pierres, ou le terrain irrégulier de la route,
est réduit à celui de l'essieu contre le moyeu, dont les
surfaces sont polies, graissées, et s'adaptent bien l'une à
l'autre.

2° Pendant que la voiture s'avance de quinze pieds,
par exemple, pour une révolution entière de la roue, la
partie frottante où l'essieu ne se meut que de quelques
pouces contre la surface interne d'un moyeu poli et
graissé.

3° La roue surmonte facilement un obstacle *a* ou *b*
(fig. 61), en s'élevant par-dessus cet obstacle, et faisant
décrire à l'essieu une légère courbe, comme on le voit

dans la figure ; elle monte alors comme sur un plan incliné, et aide ensuite l'animal qui tire de l'avantage mécanique d'un tel plan. — La puissance mécanique d'une
roue pour surmonter un obstacle donné croît avec la
grandeur de cette roue (1). On conçoit que le centre
d'une petite roue remonte le long d'une courbe bien plus
rapide pour surmonter le même obstacle. En général,
les roues élevées sont de beaucoup préférables aux bas-
ses, excepté lorsque les inégalités de la route sont telles,
que la petite puisse y rouler, tandis que la grande ne
peut porter que sur les bords de la flache ou du trou
qu'il faut franchir, formant ainsi une espèce de pont. Il
n'est point vrai toutefois que les grandes roues de derrière poussent en avant les petites roues de devant : en
dépit du préjugé populaire, ces roues de devant n'ont
un diamètre moindre que pour faciliter les mouvemens
obliques de la voiture, que pour lui permettre de tourner.

On voit donc que la différence de vitesse du traîneau
et de la voiture vient de ce que tandis que le premier
frotte contre toutes les aspérités de la route, est arrêté
par toutes les petites irrégularités, l'essieu de la seconde
glisse doucement sur une surface douce et unie, d'une

---

(1) Nous ferons remarquer ici que par grandeur de la roue, il ne
faut pas entendre la grandeur relative du diamètre ; l'expérience et la
théorie démontrent que l'accroissement de puissance n'a point lieu en
raison directe de la longueur des diamètres, mais seulement à peu près
dans le rapport de leurs racines quarrées ; de sorte que si une roue surmonte un obstacle avec une force donnée, il ne faut pas s'attendre à
lui faire surmonter le même obstacle avec une force moitié moindre,
en la grandissant du double ; si la roue avait quatre pieds dans le premier cas, il faudrait lui en donner seize pour obtenir le même effet
avec la force moitié moindre.

(*Note du traducteur.*)

quantité qui ne dépasse peut-être pas trente mètres par
chaque mille que parcourt la voiture en décrivant une
ligne légèrement ondulée. L'expérience a démontré que
la résistance que la voiture éprouve par l'effet du frottement, n'était que le centième de celle du traîneau.

Lorsqu'on descend une côte, il est d'usage d'*enrayer*
ou de fixer l'une des roues de la voiture; cependant on
voit les chevaux tirer avec une force presqu'égale à celle
qu'ils déploient sur une route de niveau où la roue est
libre : — ce qui nous montre, d'une manière bien sensible, l'effet d'un petit accroissement dans le frottement.

Toute simple que paraisse une roue de voiture, à des
hommes qui tous les jours en voient le jeu sans le remarquer; c'est un mécanisme encore plus ingénieux que
commun, dont l'invention est assurément fort remarquable, et dont il faut bien que la construction présente
quelques difficultés, puisqu'en dépit de la haute antiquité de ces machines, on dispute encore aujourd'hui
sur leur grandeur et sur leur forme.

Ainsi, par exemple, après avoir long-temps employé
pour tous les cas possibles, la roue plate *b e* (fig. 62),
l'expérience a appris que des rais plantés droits sur le
moyeu, ne résistaient point suffisamment à la pression
latérale de l'essieu quand la route était en dos d'âne,
ou que la roue tombait dans des trous; de là naquirent
les roues dites *écuées* dont on voit la forme en *c d*, même
figure; cette forme a sur l'autre ce grand avantage, que
dans de telles situations le rai incliné sur l'axe devient
normal à la section courbe de la route, et qu'il peut
mieux supporter l'accroissement de poids qui tombe ainsi
de son côté; la roue résiste aussi plus sûrement par sa
forme concave, au choc latéral que reçoit le moyeu, et
l'écartement de ces roues écuées laisse en outre plus
d'espace pour le jeu de la caisse de la voiture.

L'expérience et le raisonnement ont aussi démontré
l'inutilité de courber de haut en bas les essieux ; les
roues doivent être parfaitement verticales, comme dans
la figure, et non inclinées en dehors, comme on le voit
encore trop souvent. Cette disposition courbe de l'essieu
tend, dit-on, à prévenir la chute des roues qui se détachent ; il est encore plus certain qu'elles augmentent
considérablement le tirage, surtout dans les routes sablonneuses ; car des roues inclinées, au lieu de suivre
une route rectiligne, tendent continuellement à se mouvoir selon une courbe à la manière d'un cerceau ou
d'une brouette qui dévie du plan vertical, et les chevaux ont à vaincre pour toutes les roues cette tendance
à la déviation ; mais cet obstacle au mouvement s'accroît bien autrement lorsque les jantes des roues inclinées ont une certaine largeur ; la disposition de l'essieu
force de leur donner une forme conique, c'est-à-dire
un diamètre plus petit à l'extérieur qu'à l'intérieur ; dès-
lors de toutes les parties de ces roues mues en avant par
l'essieu sur lequel elles tournent, quelques-unes vont
glisser pendant que d'autres rouleront, la circonférence
la plus petite ne pouvant avancer autant que la plus
grande, dans la même révolution ; de là résulte un tirage
considérable qui fatigue les chevaux, use la ferrure et
dégrade la route. Un exemple familier peut faire sentir
aux moins instruits, la différence du mouvement de ces
roues, du mouvement conique au mouvement cylindrique ; si l'on fait rouler sur une table un pain de sucre,
un dé, ou mieux un verre à boire commun, il décrira
une courbe au lieu de se mouvoir en ligne droite, et si
on le force à se mouvoir suivant une telle ligne, ou l'un
ou l'autre de son bord ou de son fond glissera au lieu
de rouler ; si, au contraire, on fait rouler un anneau de
serviette, il décrira une ligne droite ; et, pour le faire

mouvoir suivant une courbe, il faudra que la partie extérieure ayant un plus grand cercle à décrire, glisse au lieu de rouler sur la table; d'où résulteront deux mouvemens qui ne sont nullement de même nature, et se nuiront au lieu de s'aider.

L'application des ressorts aux voitures, qui peut passer pour une amélioration comparativement assez récente, n'a point seulement pour but de les rendre plus douces, de transporter plus mollement les voyageurs sur des routes raboteuses; car outre ces avantages déjà assez estimables, ces ressorts diminuent considérablement le tirage. Sans ressorts, la charge entière doit s'élever par-dessus les obstacles, entière aussi elle descend dans les creux, et la dépression coûte autant d'efforts que l'élévation, parce qu'il faut toujours, en définitive, remonter la voiture de toute la quantité dont elle est descendue; si la voiture, au contraire, est suspendue par des ressorts, les seules parties situées au-dessous de ces ressorts se meuvent suivant les irrégularités de la route, les parties supérieures conservant toujours leur mouvement progressif en vertu de l'inertie de la matière. De là la supériorité des voitures très-modernes munies de ce qu'on appelle ressorts en dessous (*under springs*), et qui protégent la voiture contre l'effet des chocs en séparant des roues et de l'essieu les parties supérieures. Lorsque la caisse seule se trouve suspendue sur des ressorts, les chevaux ont encore à traîner par-dessus toutes les irrégularités de la route un train pesant et massif, et les chocs qui résultent nécessairement de cette mauvaise disposition obligent le constructeur à donner aux roues et aux autres pièces une solidité bien plus grande.

L'examen des meilleures formes à donner aux roues et aux voitures intéresse la majorité des hommes, mais particulièrement les médecins, qui ont souvent à diriger les transports de malades ou de blessés; et plus d'un praticien dans une grande ville ne doit qu'à la bonne construction de sa voiture le temps précieux qu'il consacre journellement à l'étude.

Il est peut-être difficile de concevoir quelque chose de plus parfait et de plus élégant que les voitures d'aujourd'hui, et il n'est pas étonnant que celui qui compare leur marche rapide sur des routes aussi pittoresques que bien entretenues, aux lourds et gauches véhicules qui rampaient autrefois sur des terrains boueux, ne se laisse point aller à cette opinion, qu'on a atteint aujourd'hui, en ce genre, le plus haut degré de perfection. Cependant nous sommes peut-être à la veille de nouveaux changemens dont l'importance ne saurait se calculer aujourd'hui; peut-être l'adoption générale des routes en fer nous forcera-t-elle à mettre nos voitures en harmonie avec le nouveau système, en altérant leurs formes. Il est maintenant bien généralement connu que le tirage d'un chariot chargé jusqu'au sommet d'une colline d'une longueur et d'une pente d'ailleurs modérées, exige une plus grande dépense de forces que pour lui faire parcourir trente ou quarante milles, sur une route en fer de niveau. De ce fait seul résulte que, bien que la dépense primitive nécessaire pour établir une ligne de routes en fer et nivelées, dépasse de beaucoup celle d'une route ordinaire, dans les lieux où le commerce a rendu les communications fréquentes, cet excès de dépense se trouverait bientôt balancé par l'épargne, et cette épargne deviendrait ensuite un profit pour toujours. Toutes réflexions sur les immenses avantages de faciles communications seraient inutiles aux lecteurs qui ne sont point étrangers à l'économie politique, c'est en faveur des autres que nous hasarderons celles-ci.

Pour peu qu'on ait étudié l'histoire de la race hu-

maine, on a pu remarquer une correspondance frappante
entre l'accroissement de communications faciles et les
progrès de la civilisation; en effet, ces progrès se font
d'abord remarquer, d'une manière sensible, le long des
rives des grands fleuves, le Nil, l'Euphrate et le Gange;
sur le rivage des mers intérieures, la Méditerranée;
dans les archipels, ainsi que nous le montrent les nombreuses îles de la Grèce; enfin, dans les vastes et fertiles plaines de l'Inde. C'est un fait, au surplus, qu'il est
facile de s'expliquer. Lorsque, par leur situation, un
grand nombre d'individus se trouvent ainsi formés en
peuplades, en une espèce de communauté; une idée utile,
une invention quelconque de l'un d'eux, qui, s'il eût
été isolé, fût restée stérile ou n'eût profité qu'à lui seul,
devient bientôt la propriété de tous, ou du moins tous
les membres de la communauté ou l'adoptent ou l'imi-
tent à leur profit, et elle devient ainsi un des fragmens
des petits domaines des sciences ou des arts. De plus,
dans une société nombreuse, le nombre de ces idées,
de ces inventions, s'accroît naturellement, et chaque
individu sentant que les yeux de la multitude sont fixés
sur lui, fait, sans aucun doute, de plus grands efforts
pour parvenir à quelque résultat utile, lorsqu'outre le
bien propre qui peut lui en revenir, il compte encore
sur l'estime et la considération que lui mériteront les
fruits de ses recherches; en un mot, l'émulation naît
dans la société. Mais bientôt les hommes apprennent à
connaître, à apprécier à toute leur valeur, les avantages
de communications faciles, ne se contentent plus de
celles que leur a données la nature, ils en créent de
nouvelles à leur tour, et après s'être emparés de toutes
les stations qui promettent isolément quelque accroissement de bien-être, ils les unissent entre elles, détruisent les barrières naturelles, créent des rivières et des

plaines, c'est-à-dire qu'ils creusent des canaux et sillonnent de routes leur patrie. — Dans les Iles britanniques, dont les heureux enfans ont si glorieusement pris l'avance sur les autres nations, qui les premiers ont montré les prodiges que peut opérer une sage administration, les avantages immenses qu'amena l'établissement de certaines lignes de routes et de canaux, enfanta bientôt une multitude d'entreprises analogues, et en un demi-siècle le royaume se trouva coupé dans toutes les directions de communications aussi sûres que faciles : — et il semble que ce noble ouvrage soit aujourd'hui sur le point d'être couronné par la substitution des routes en fer aux routes communes et aux canaux les plus fréquentés. Cette substitution s'opère de jour en jour ; déjà ce nouveau moyen de communication a remplacé l'ancien sur une longueur considérable, et quoique ces routes et les voitures qui les parcourent n'aient pas atteint tout le degré de perfection que les connaissances actuelles promettent pour l'avenir, les résultats ont été très-satisfaisans. Si ces progrès continuent, si le prix du transport des choses ou des personnes pouvait être réduit seulement au quart de ce qu'il est aujourd'hui, — et dans un grand nombre de situations il peut être moindre ; si le temps, la durée du transport des marchandises ou des voyageurs pouvait être aussi très-sensiblement réduite, ce qu'il est permis d'espérer, — l'adoption générale de ce système donnerait naissance à une révolution extraordinaire, sans exemple dans les annales du genre humain, et qui améliorerait, dans une progression incalculable, le bien-être de la société. Ainsi, sans que la distance des lieux soit en rien altérée, ils se trouveraient cependant, en quelque sorte, plus rapprochés les uns des autres, et toutes les parties du royaume jouiraient en même temps des avantages de leur situation propre et de celles des provinces voisines; tout serait à proximité, la ville et la campagne, les montagnes et le bord de la mer; et quelque lieu qn'un homme ait choisi pour sa résidence, le rayon de ses affaires ou de ses plaisirs (qu'on me passe cette expression), se trouverait considérablement agrandi. Les quartiers malsains et populeux des grandes villes se débarrasseraient de leur trop plein dans la campagne, et l'homme d'affaire, l'homme de bureau, le simple commis que le défaut de temps retient dans la rue voisine du lieu de ses affaires, choisirait, à quelques milles, une habitation plus saine et plus agréable, sans craindre de manquer l'heure fixée pour le travail. Les énormes frais de transport que coûtent aujourd'hui les marchandises pour arriver sur le marché, se trouvant ainsi considérablement réduits, le consommateur paierait moins en quelque lieu qu'il se trouvât, la consommation augmenterait proportionnellement à la différence de prix, et les bénéfices du producteur s'en accroîtraient d'autant. En un mot, un si heureux changement condenserait pour ainsi dire la Grande-Bretagne, en un cercle de quelques milles de diamètre, sans lui rien faire perdre de sa magnificence et de ses beautés pittoresques. — Cet effet magique peut aujourd'hui passer pour une vision, pour un rêve; mais à cela on peut répondre qu'il eût été moins sage, il y a soixante-dix ans, de prédire qu'on parcourrait en quarante-six heures la distance qui sépare Londres de la capitale de l'Ecosse; c'est cependant le terme moyen du voyage aujourd'hui. — Lorsqu'on ouvrit, en 1825, la route en fer auprès de Darlington, une petite machine à vapeur fit parcourir, en deux heures, une distance de vingt-cinq milles, à une série de chariots chargés; dans quelques parties du trajet, la vitesse dépassa vingt milles par heure : la charge entière fut estimée à celle d'un régiment, et la dépense de houille ne s'éleva pas à une couronne (6 fr. 5o c.). Une île coupée par des routes semblables deviendrait une forteresse imprenable ; car, sur quelque point de la côte que l'ennemi voulût débarquer, ce débarquement exigerait plus de temps qu'il n'en faudrait pour concentrer sur ce point toutes les forces de la nation.

* La force des matériaux dépend de leur grandeur, de leur forme et de leur position, aussi bien que de leur degré de cohésion. * (Voy. l'analyse.)

La théorie de la résistance des matériaux fait partie de la science de l'ingénieur, mais elle renferme quelques vérités générales avec lesquelles tout homme doit se familiariser, et que nous nous faisons un devoir d'exposer ici.

De deux corps homogènes, celui qui a le plus de volume est proportionnellement le plus faible.

Soient, figure 63, deux prismes de pierre *a b*, *c d*, qui font partie d'un roc *e c a*, dans lequel on les a taillés ; soient encore la longueur, la largeur et l'épaisseur de *c d* doubles des dimensions correspondantes dans *a b* ; on aurait tort de croire que le prisme *c d* supportera à son extrémité un poids proportionnel à son volume, car 1º dans le prisme *c d* chaque molécule de la surface d'attache en *c*, en ne faisant entrer dans le calcul que le poids du bloc, doit déjà résister par sa cohésion à deux fois autant de molécules que dans le prisme *a b* ; 2º toute la substance additionnelle, plus le poids qu'on peut suspendre à l'extrémité *d* de *c d*, agissent avec une force de levier double, contre la résistance à la rupture ou la cohésion en *c*. On voit donc que si ce prisme se

projetait en avant d'une distance un peu considérable,
il se romprait et tomberait par la seule action de son
poids.

Ce que nous disons ici d'un bloc ainsi retenu par
un seul bout, s'applique au cas où les deux extrémités seraient fixées de la même manière, et en général
à une masse quelconque, quelle que soit sa forme et
de quelque manière qu'elle soit supportée.

Afin donc que la résistance d'un solide soit porpor-
tionnelle à celle d'un autre solide de plus petites dimensions, il faut donner au premier encore plus d'épaisseur
et de largeur qu'on ne lui donne de longueur; et au-
delà d'une certaine limite, il n'est plus de proportions
qui lui permettent de résister à l'action de son seul
poids.

Cette loi limite les dimensions et modifie la forme de
la plupart des productions de la nature ou de l'art;
— des montagnes, des arbres, des animaux, des constructions mécaniques, des édifices, etc.

Des montagnes. Les substances minérales, dont la
cohésion est très-grande, forment des masses d'une élévation imposante : des rocs en surplomb, qu'on ne
peut contempler sans un sentiment de crainte, des précipices effrayans; telles sont, par exemple, les scènes
terribles et pittoresques que la nature nous offre dans
les lieux où le dur granit semble s'être fait jour à travers les entrailles de la terre; dans les Andes de l'A-
mérique, dans les Alpes, dans les Himalaya en Asie,
et dans les montagnes de la Lune de l'Afrique centrale.
Les substances minérales d'une cohésion moins forte
nous montrent, au contraire, des élévations plus mo-
destes, des formes moins anguleuses. La gradation est

si frappante et tellement constante en passant du granit à la craie, au sable, que le géologue peut souvent juger à sa forme seule, de la substance qui forme la montagne.

Mais le granit lui-même, le plus solide de tous les rocs, sous le rapport actuel, trouve une limite à sa hauteur et à une certaine inclinaison qu'il ne peut dépasser; et si quelques révolutions à la surface du globe, quelques causes inconnues pouvaient un seul instant produire des saillies, donner naissance à des surplombs qui dépassassent sensiblement ceux dont la terre nous offre aujourd'hui le spectacle dans quelques-unes de ses parties, la loi que nous venons d'indiquer ferait justice d'une telle monstruosité.

Les grotesques dessins de rocs et de montagnes qui distinguent les paysages des peintres chinois, les prétendues imitations de la nature qu'offrent leurs jardins sous ce rapport, ne sont que des caricatures de cette même nature, dont ils s'imaginent retracer toute la sublimité, et dont les originaux n'ont jamais existé que dans l'imagination de ce peuple. Quelques-unes des petites îles de l'Océan oriental, et certaines parties des chaînes de montagnes qu'on aperçoit le long des côtes de Borneo et de Palawan, montrent peut-être les limites de la singularité des formes. Dans la lune, où le poids des corps, où la gravité est moindre que sur la terre, — puisque la masse de celle-ci est moindre que celle de notre planète, — les montagnes peuvent avoir beaucoup plus d'élévation qu'ici-bas. — L'observation a prouvé en effet que plusieurs montagnes lunaires, que plusieurs des dentelures qui bordent son disque, dépassaient une hauteur de 4000 toises.

L'action des vents, des pluies, des courans, de la gelée, sur les masses minérales qui nous entourent, agissant incessamment sur leurs bases, les mine, les dé-

14*

tache à la longue, et cause de temps à autre des accidens naturels aussi terribles que majestueux.

D'immenses rocs se brisent, se déracinent en quelque
sorte et tombent, parce que la cohésion de leurs bases
ne peut plus faire équilibre à la gravité.

La taille et la forme des végétaux sont naturellement
limitées par la même loi : nous ne connaissons point
d'arbres qui atteignent une hauteur de 300 pieds, même
lorsqu'ils poussent bien verticalement, et que comme
dans les forêts encore intactes de la nature, ils sont à
l'abri des principales actions destructives ; la force très-
grande que doivent posséder les branches obliques et horizontales pour résister à l'action de leurs poids, resserre
leur dimension dans des limites fort étroites. Cette vérité,
que pour résister à la rupture les autres dimensions
ou les diamètres doivent croître bien plus rapidement
que la longueur, est frappante dans le règne végétal :
que l'on compare en effet les formes grêles et délicates
d'un jeune chêne dans la pépinière, avec l'épaisseur
relative de ses branches, lorsqu'il est devenu le roi de
la forêt, et qu'il a bravé pendant des siècles les vents
et les orages.

Les *animaux* peuvent encore nous fournir de nouveaux exemples de cette loi. Voyez quelle est la masse,
l'épaisseur de la charpente de l'éléphant, du rhinocé-
ros, du bœuf, comparées à la légèreté des membres du
cerf, de la gazelle ou du levrier ! A moins que la nature
ne donnât aux os une autre composition que celle que
nous leur connaissons, il lui serait impossible de produire un animal beaucoup plus gros que l'éléphant, il
se briserait par la seule action de son poids. On a pensé
que l'éléphant anti-diluvien devait avoir été amphibie,
et que l'eau devait en général porter le poids d'un corps
aussi énorme. La baleine est le plus grand de tous les

animaux, mais elle n'est pour ainsi dire point chargée de supporter sa masse, l'Océan seul en fait les frais. Le chat tombe impunément d'une hauteur assez grande, une hauteur de chute beaucoup moindre briserait les os de l'éléphant ou du bœuf.

Cette même loi prouve encore que les géans de la fable ne sauraient avoir existé sur cette terre, si l'on mettait en doute leur non-existence; la possibilité, sous ce rapport, aurait peut-être lieu pour la lune, où, comme nous l'avons déjà vu, le poids des corps est beaucoup moindre. Dans Jupiter, dont la masse est bien plus considérable que celle de la terre, un homme de taille ordinaire aurait à supporter dans le seul poids de son corps une charge suffisante pour le faire ployer sur ses jambes. L'épithète de *trapu*, qu'appliquent souvent des hommes de haute taille, à d'autres hommes courts et ramassés, est un aveu que la force de ces derniers, proportionnellement à leur taille, est plus grande que celle des premiers.

La même loi trouve son application dans les édifices. — Les maisons de quatorze étages, qui se trouvaient autrefois au-dessous du château d'Edimbourg, couraient le risque d'être écrasées par l'édifice supérieur.

Des toitures. La grande salle de Westminster approche des limites de largeur qu'il est possible, ou au moins convenable, de donner à une toiture qui ne doit point être soutenue par des piliers; on peut en dire autant des dômes de Saint-Pierre de Rome, ou de Saint-Paul de Londres.

Arches. Une arche de pierre d'une ouverture sensiblement plus grande que celle des magnifiques ponts qui traversent la Tamise à Londres, courrait le risque de ne pouvoir se soutenir, la résistance des matériaux ne serait sans doute pas suffisante, il y aurait écrasement dans quelques parties de la voûte.

Vaisseaux. La membrure d'un bateau n'est pas en volume le centième de celle d'un navire qui n'aurait que dix fois la longueur du bateau. Il entre peut-être dans une vergue de quatre-vingt-dix pieds vingt fois plus de bois que dans une vergue de trente pieds seulement, et cependant cette grande vergue est proportionnellement plus faible que la petite. Si dix hommes suffisent à la manœuvre d'un bâtiment de trois cents tonneaux, il s'en faudra de beaucoup que trente hommes puissent faire le service d'un navire trois fois plus grand. Les vaisseaux de très-grandes dimensions, semblables à ceux qu'on construisit en 1825 au Canada, et qui étaient chacun du port énorme d'environ dix mille tonneaux, sont extrêmement faibles en raison même de leurs dimensions ; la perte de ces immenses machines n'encouragera pas sans doute à les imiter.

L'examen des circonstances qui accompagnent l'effort exercé sur les solides, soit *transversalement*, soit *longitudinalement*, nous indiquera le degré de solidité des constructions dépendant de la *forme* et de la *position* de leurs parties. Nous reconnaîtrons que le moyen d'obtenir le *maximum* de résistance est de faire agir la force destructive sur la *totalité* de la masse, et avec le moins possible d'avantage mécanique.

Dans la *compression longitudinale*, comme, par exemple, fig. 64, lorsqu'une masse quelconque *a* agit par son poids sur un support vertical, la pression, si le support est bien rectiligne, ne peut avoir d'autre résultat que d'écraser ce support, en surmontant la répulsion des atomes et leur impénétrabilité. On voit donc qu'un pilier d'un petit diamètre, mais disposé bien perpendiculairement à l'horizon, sera capable de résister au poids d'une très-grande masse; qu'un pilier d, au contraire, originairement courbe ou qui commence à fléchir, n'oppose plus à l'effort destructeur qu'une partie de sa force; toute la charge porte en effet sur les seuls atomes du côté concave, qui se compriment alors, tandis que ceux du côté convexe, séparés de leurs aides naturels, s'écartent et se désunissent; les atomes du centre, dans un cas semblable, sont pour ainsi dire neutres, et la résistance du pilier ne se trouverait que très-peu diminuée si l'on pouvait les retrancher.

Les piliers d'une certaine hauteur sont plus faibles que les piliers courts, parce qu'ils se courbent plus facilement; et ils se courbent plus facilement, parce qu'un très-petit écartement entre un atome et celui qui lui est contigu, entre celui-ci et un troisième, entre ce troisième et un quatrième, et ainsi de suite, finissent par donner à l'ensemble une flèche de courbure considérable, tandis qu'un pilier très-court ne peut fléchir sensiblement sans que les atomes du côté convexe s'éloignent les uns des autres d'une quantité relativement très-grande, ce qui exige une force bien plus considérable que dans le premier cas.

La force qui tend à fléchir un support, fig. 65, peut être considérée comme agissant avec un bras de levier $a\,d$, d'une longueur égale à la distance de l'extrémité au centre, tandis que la résistance n'agirait qu'avec un bras de levier très-court, égal à la distance du côté à ce centre : dès-lors si l'on diminue la hauteur du support ou du pilier, ou si on augmente son épaisseur dans quelques parties $e\,c\,d$, on diminue d'un côté le bras de levier de la puissance qui tend à rompre, et on augmente celui de la résistance, c'est-à-dire que, dans l'un et l'autre cas, la force du pilier s'accroît.

Une colonne qui a des saillies ou qui est renflée dans certaines parties, est donc plus solide, elle offre plus de résistance à la rupture que celle qui est parfaitement cylindrique.

Un tube de métal creux résiste mieux qu'une tige solide dans laquelle entrerait la même quantité de matière, parce que le contour qui est alors plus éloigné du centre, résiste avec un bras de levier plus long. Aussi a-t-on fait les piliers de fonte creux, afin que pour la même quantité de métal ils offrissent plus de résistance.

Dans les balances délicates qui servent aux expériences scientifiques, on a formé le fléau avec deux cônes métalliques creux, disposés base contre base, afin d'obtenir, sous le plus petit poids possible, le *maximum* de force. L'enveloppe de ces cônes n'a pas plus d'épaisseur qu'un feuillet de papier à écrire.

C'est en vertu de ce même principe, et dans le même but, qu'on a creusé intérieurement les mâts et les vergues des navires.

Les ouvrages de la nature nous offrent de nombreux exemples du même genre.

La tige d'un grand nombre de végétaux, au lieu de présenter une surface cylindrique extérieure, est anguleuse et tubulée, ou offre des saillies qui augmentent sa force de résistance. Cette tige est creuse pour le blé, le sureau, le bambou des tropiques, etc.; elle réunit la force à la légèreté. — Celui qui parcourt les tropiques est à chaque instant frappé des nombreux usages auxquels les indigènes de ces climats ont fait servir le bambou; il ne peut cesser d'admirer avec quelle adresse ces hommes ont su mettre à profit la rectitude, la légèreté de ce produit végétal, et les cavités de ses tiges. Comme on trouve des bambous de toutes dimensions, il suffit presque de le couper suivant la longueur voulue pour l'employer immédiatement, car la nature s'est chargée de le tourner, de le polir, de le forer, etc. Dans la plupart des îles de l'Océan indien, le bambou est, pour ainsi dire, la matière universelle, il entre dans tous les objets à l'usage des habitans, — il forme ce qu'on pourrait appeler la charpente des habitations; c'est encore la substance de l'ameublement; chaises, lits, etc., sont en bambou; les flûtes, les instrumens à vent sont des tiges de bambou, percées de trous latéraux, à des distances voulues. Les tuyaux de conduite pour l'eau sont aussi des tiges de bambou dont on a percé les diaphragmes; enfin, les bouteilles ou les barils sont des sections de bambou faites perpendiculairement à l'axe de la plante, et fermées de part et d'autre, par ces mêmes diaphragmes naturels. Il n'est pas jusqu'aux cordes qui ne soient en bambou, qu'on fend et qu'on refend alors dans le sens de sa longueur, et dont on tord les filamens.

Enfin, nous retrouvons l'application de cette même loi dans le règne animal : — dans les plumes des oiseaux, dans leurs os, comme dans ceux de presque tous les quadrupèdes dont la force de résistance est principalement due à cette disposition ou aux formes anguleuses qu'ils présentent à l'extérieur.

* Pression transversale. *

Lorsqu'une poutre horizontale (fig. 66) repose sur ses deux extrémités *a b*, son poids seul tend à la courber plus ou moins, de haut en bas, en son milieu; les fibres de la partie supérieure se compriment, tandis que celles de la partie inférieure prennent de l'alongement; et la flexion ou la tendance à la rupture est d'autant plus grande que la distance entre les appuis est plus considérable, ou que son épaisseur est moindre.

On estime le danger de rupture d'une poutre ainsi placée, en regardant la force qui tend à la faire fléchir ou à la briser comme agissant à l'extrémité d'un levier qui aurait pour longueur la distance de l'appui au centre de la poutre, tandis que la résistance n'aurait pour bras de levier que la distance de la face à ce même centre; il n'y a donc qu'une petite partie du côté convexe de la poutre qui résiste. Cette dernière circonstance est fort remarquable, et l'on s'est assuré qu'une égratignure faite sur la face convexe d'une planche ainsi disposée, suffisait quelquefois pour commencer la fracture.

Puisque le bras de levier de la résistance diminue avec l'épaisseur, il est clair qu'une planche résistera moins qu'une poutre, et que cette poutre elle-même résistera moins étant placée sur une de ses faces que sur une arête. On devra donc, lorsque des pièces isolées devront résister à la flexion, et, par suite, à la rupture, dans un sens déterminé, leur donner le plus d'épaisseur possible dans ce sens. C'est d'après ce système qu'on a construit les charpentes à la Philibert Delorme, qui, le premier, les a mises en usage. On pose côte à côte des files de planches dont les abouts sont croisés, avec des chevilles à écrou; on unit ces files pour composer des fermes très-légères et très-fortes, afin de supporter les toits sans les charger.

Si la *forme voûtée* résiste si bien à la pression transversale, c'est que l'effort qui tend à rompre agit à la fois et presque également sur toutes les parties de la pièce.

En comparant la figure 67 avec la figure 66, on re-marquera que les atomes de la partie inférieure de l'arc s'appuyant sur des obstacles immobiles par leurs extré-mités *a* et *b*, sont presque autant comprimées que les parties supérieures, et que de plus ils ne peuvent se sé-parer les uns des autres sans que les atomes des faces supérieures s'écartent; ils se prêtent donc un secours mutuel, et l'arche jouit d'une force de résistance pres-que égale à celle d'un support vertical.

La détermination des formes de plus grande résis-tance, eu égard à la dimension des arches, et à la nature des matériaux qu'on emploie, rentre dans le domaine de la *science des mesures* ou des mathéma-tiques.

Les ingénieurs chargés de la construction des ponts négligent trop souvent dans leurs calculs, l'effet de la poussée horizontale des voûtes sur les piédroits. Chaque arche peut être considérée comme une machine d'action oblique (*voy.* page 185) qui tend à repousser ces pié-droits. Plus d'une fois l'on a vu la chute d'une arche amener la destruction totale de l'édifice, et (l'effort des arches adjacentes ne se trouvant plus balancé par l'arche détruite) tout s'affaisser à la fois, comme un château de cartes.

On ne sait à quelle époque on commença à employer la voûte, mais on a lieu de croire que son usage ne date point d'une haute antiquité; la nature a sans doute mis l'inventeur sur la voie, car les contrées montagneuses offrent de nombreux exemples d'arches jetées au-dessus de précipices ou de courans rapides. Rien ne surpasse la force et l'élégance de quelques ponts mo-dernes, parmi lesquels on peut placer aux premiers rangs ceux qui traversent la Tamise, dans la capitale de l'Angleterre.

On a construit des ponts en fer dont l'ouverture des arches est double de celle dés ponts de pierre. Les matériaux étant beaucoup plus tenaces, il a été facile de former ainsi un ensemble bien plus léger ; le pont de trois arches qui établit la communication entre Londres et Southwark, est un noble specimen de ce genre de constructions, et dont la grâce et l'élégance ont quelque chose de vraiment magique, si on le compare à d'autres constructions du même genre qui n'ont guère qu'un demi-siècle.

Les coupoles de Saint-Pierre de Rome et de Saint-Paul de Londres, sont construites d'après les mêmes principes. On augmente leur résistance contre la poussée horizontale au moyen de fortes pièces de fer solidement fixées à leurs bases.

L'arche gothique qui, comme on le sait, se termine en pointe, est calculée pour supporter la plus grande partie du poids à son sommet ou à la clef. Son usage ne convient donc point aux ponts, elle entre au contraire dans la composition de nombreux morceaux d'architecture très-remarquables, qui font encore aujourd'hui l'ornement de plusieurs parties de l'Europe.

Les exemples suivans nous montrent, dans de petits objets, les avantages de la forme voûtée ; un verre de montre qui n'a que fort peu d'épaisseur, supporte, sans se rompre, une pression considérable. — Une roue écuée résiste bien mieux aux chocs de toute espèce qu'une roue parfaitement plate ; — un tonneau plein peut tomber sans danger d'une certaine hauteur, tandis qu'une grande boîte quarrée se briserait en mille pièces pour une même hauteur de chute. — On descend à des profondeurs très-grandes dans la mer un flacon sphérique bien bouché, sans danger de rupture, une bouteille à parois planes s'y brise en dépit de son épaisseur.

Le règne animal offre plus d'un exemple de la force
de résistance qui résulte de cette forme, on peut citer
entr'autres la boîte osseuse qui renferme la cervelle, et
le crâne de l'homme en particulier qui a le plus de surface proportionnellement à son épaisseur : — il était impossible de trouver une forme plus légère, et qui convînt
mieux à sa destination : la protection d'une partie vitale
extrêmement importante. — La coquille de l'œuf est un
autre exemple de la même classe : quels chocs n'est-on
pas obligé d'imprimer quelquefois pour pénétrer avec la
cuiller ou le couteau jusqu'à la substance qu'elle renferme ; quelle protection ingénieuse la nature a su trouver pour la vie dormante de l'animal ! Un grand nombre
de substances minérales ont la même composition que la
coquille d'œuf et les petites écailles qu'on en enlève ne
s'écrasent si facilement sous le doigt, que parce que leur
forme n'est plus la même.

Nous terminerons ici cet aperçu sur la théorie de la
résistance des matériaux, théorie dont les applications
importantes sont du ressort de l'ingénieur ; c'est à lui
qu'il appartient de déterminer, par le calcul, les meilleures formes à leur donner pour chaque cas particulier ;
il est donc nécessaire qu'il ait fait une étude approfondie
de la *science des mesures* ou des mathématiques (1).

---

(1) Le traducteur a cru devoir se dispenser de donner ici les formules nécessaires aux calculs sur la résistance des matériaux, et cela
par deux motifs : le premier, c'est que la partie physique de cette
théorie est encore aujourd'hui fort incomplète, et le deuxième, c'est
que ce n'est point dans un ouvrage du genre de celui-ci que le lecteur
à qui elles pourraient être utiles les cherchera. La résistance des solides et la théorie des voûtes, dont l'auteur anglais a cherché à donner un aperçu, sont l'objet de traités spéciaux assez étendus, que les
lecteurs plus instruits devront consulter, et dont il n'est guère possible de présenter les résultats sans dépasser les limites qu'on peut
consacrer à des notes.

Un des plus beaux problèmes en ce genre fut parfaitement résolu par l'illustre ingénieur Smeaton, dans la construction du célèbre phare d'Eddystone. Il s'agissait de déterminer la forme et les dimensions d'une construction qui n'avait d'autre base qu'un roc à fleur d'eau, et qui devait, au milieu d'un courant rapide de l'Océan, résister en outre à toute la fureur des ouragans. — Celui-là seul qui, chassé par la tempête, pendant l'obscurité de la nuit, a épié, au milieu de terribles angoisses, la lumière bienfaisante du phare, celui-là seul, dis-je, peut apprécier à sa juste valeur, l'importance des études qui conduisent à de tels résultats; lui seul comprend bien tous les avantages qui résultent de l'état social, lui seul peut-être sent tout le bonheur d'avoir pour contemporains des hommes dont les talens ont une si grande influence sur le bien-être général, et qui, tout en augmentant leur fortune ou leurs jouissances particulières, accomplissent l'œuvre de la plus sublime philantropie, et tendent à resserrer tous les hommes dans les liens d'une fraternité qui ne reconnaît plus de distinctions nationales.

MÉCANIQUE

ANIMALE ET MÉDICALE.

MÉCANISME DU SQUELETTE HUMAIN.

MAINTENANT que nous avons terminé l'étude générale de la mécanique des solides, nous allons éclairer encore nos théories par l'examen des phénomènes mécaniques de la charpente humaine, — sublime ouvrage d'un ingénieur infaillible.

Il n'est peut-être point une seule partie du corps humain, une seule action de l'homme qui ne fournisse matière au développement et à l'application des théories sur lesquelles nous venons de jeter un coup-d'œil ; quelque accident qui lui arrive, quelque assistance que l'art médical vienne lui offrir, on peut être à peu près certain de les voir liés par un rapport plus ou moins éloigné, avec les vérités que la philosophie naturelle a découvertes. Si nous devions entrer ici dans l'examen approfondi de cette assertion, nous nous verrions forcé de comprendre, dans un ouvrage très-général, l'édifice entier de l'anatomie, de la physiologie, de la chirurgie et de la médecine. Nous nous bornerons donc à l'étude des faits principaux, et qui pourront faciliter celle des phénomènes que nous omettons pour ne point trop agrandir notre cadre ; nous ne passerons point sous silence toutefois les détails importans qui échappent trop souvent à l'attention des jeunes élèves dont les études ont été trop rapides.

Le *crâne* a déjà été cité comme un exemple de forme

propre à donner à cette enveloppe une force de résistance considérable. Le cerveau est formé d'une substance si tendre et si délicate, qu'une légère pression
locale suffit pour troubler ses fonctions. Il était donc
nécessaire de le protéger par une enveloppe solide, et
cette enveloppe, cette boîte crânienne a cela de très-remarquable, qu'elle est plus forte et plus épaisse précisément dans les parties les plus exposées. Un dôme n'est construit que pour résister à l'action d'une force unique, la
gravité qui s'exerce toujours dans la même direction; sa
force s'accroît donc régulièrement du sommet jusqu'aux
parties inférieures qui doivent résister au poids de l'ensemble et à la poussée horizontale; mais, dans le crâne,
la ténacité de la substance dont il se compose, est infiniment plus forte qu'il n'est nécessaire pour résister à la
gravité, et cet excès de force s'ajoutant à celle qui dérive de sa forme même le rend capable de résister aux
actions destructives extérieures, qui peuvent s'exercer
dans toutes les directions. Lorsqu'on réfléchit sur la
force extraordinaire que la coquille d'œuf doit à la disposition de ses parties, il devient facile de comprendre
quels chocs la boîte crânienne peut recevoir impunément.

Dans le fœtus, ce qui devient plus tard l'enveloppe
osseuse du cerveau, n'est d'abord qu'une membrane
flexible et coriace. L'ossification se développe dans cette
membrane long-temps avant la naissance, elle commence en un certain nombre de points, d'où elle s'étend
ensuite progressivement, présentant autour de ces points
l'apparence d'écailles appliquées à la surface du cerveau, et maintenues ensemble par les parties de la membrane qui ne sont point encore ossifiées. Durant la par-
turition, ces différentes parties rapprochent leurs bords
l'un contre l'autre, et diminuent fort à propos le volume

de la tête, en altérant sa forme ; mais bientôt elles s'attachent l'une à l'autre par des projections osseuses qui se croisent, se pénètrent en quelque sorte, et s'unissent par des joints à queue d'aronde, bien faiblement imités par le menuisier. Ces joints forment ce qu'on appelle les sutures du crâne, elles ne deviennent visibles que dans l'extrême vieillesse. Pendant la première enfance, le crâne conserve une certaine élasticité qui lui permet de supporter sans danger les chocs si fréquens inséparables des premières leçons de mécanique de l'enfance, la marche, etc... Le crâne, parvenu à sa maturité, se compose de deux *tables* séparées par une substance d'un tissu spongieux, le *diploé;* la table extérieure est très-résistante, et toutes ses parties s'engrènent l'une dans l'autre, ainsi que nous venons de le dire, comme certains travaux de menuiserie ; la table intérieure est plus dure et plus cassante, de consistance *vitreuse,* ses bords sont simplement en contact, car sa fragilité rendrait l'assemblage à queue d'aronde tout-à-fait inutile.

Un choc violent et partiel, comme celui de la balle d'une arme à feu, déprime et brise la partie du crâne qui le reçoit; si la percussion est moins forte, et qu'elle s'exerce sur une surface de contact plus étendue, le crâne, par sa forme voûtée, résiste quelquefois, mais souvent aussi il se brise; dans un cas semblable, la fracture ne se trouve point dans la surface de contact du corps choquant, mais bien à une certaine distance, — égale en général à environ la moitié de celle qui sépare la surface de contact de celle qui lui est diamétralement opposée ; c'est en quelque sorte une image des effets de la *poussée horizontale* d'une voûte sur ses piédroits. Lorsqu'un homme tombe la tête la première, elle ne se brise, le plus souvent, que par le poids du corps qui la suit, et qui presse alors avec force l'épine dorsale contre sa base.

La *mâchoire inférieure* nous présente une application du levier plus avantageuse sous le rapport mécanique que dans toute autre partie animale. Les deux muscles, le masseter et le temporal agissent presque perpendiculairement sur cette mâchoire, tandis que presque tous les autres muscles, le deltoïde, par exemple, qui sert à relever le bras, agissent dans une direction fort oblique, et par conséquent avec une perte de puissance proportionnelle à leur obliquité. Un objet serré entre les grosses dents de derrière, s'y trouve soumis à une pression considérable, qui résulte de l'action directe de ces muscles, agissant avec beaucoup de force dans la mastication. On concevra donc facilement que l'homme parvienne ainsi à briser des corps extrêmement durs, et l'on se formera une idée de la force extraordinaire des mâchoires du lion, du tigre, du requin, du crocodile, etc.

Les *dents* occupent un des premiers rangs dans cette classe de parties animales qui semblent être chacune le produit d'agens distincts et merveilleux, tant il paraît difficile de supposer d'abord que cette immense variété de formes, si bien en harmonie avec leur destination, soit l'effet de quelques lois simples de la science de la vie. — L'appareil dentaire se compose d'une réunion extraordinaire de coins et de ciseaux disposés avec un art infini pour le genre de travail que ces instrumens ont à exécuter, c'est-à-dire pour déchirer et triturer les alimens; l'émail qui les recouvre jouit d'une dureté telle, que dans l'enfance de la société, c'était des dents d'animaux qui faisaient l'office de nos instrumens tranchans d'aujourd'hui. Il semble cependant que les lois de la vie, tout étonnantes qu'elles sont, n'aient pas suffi pour

développer la croissance des dents, recouvertes d'un
émail dur et poli, comme elles développent celle des os
dont la substance est plus tendre; de là, la nécessité
d'une disposition spéciale, d'un arrangement particulier
encore plus extraordinaire. Une denture provisoire vient
orner la bouche de l'enfant, quelque temps après sa
naissance; parvenu à l'âge de six ou sept ans, cette denture est remplacée par une autre plus forte qui lui servira pour le reste de la carrière qu'il peut avoir à parcourir; denture qui ne se complète toutefois que plus
tard, par les dents de sagesse, ainsi nommées parce
qu'elles ne se montrent que lorsque l'enfant a achevé sa
croissance.

L'*épine dorsale* ou la *colonne vertébrale* offre dans
son ensemble un mécanisme aussi varié et aussi curieux
que toutes les autres parties de la charpente humaine;
c'est le support central, et la chaîne principale de communication entre toutes les autres parties. Elle est encore
chargée de la conservation, de la protection d'un prolongement de la cervelle, la moëlle spinale, plus importante encore pour la vie animale, que la majeure
partie de la cervelle elle-même. On trouve réunies dans
l'épine, des qualités incompatibles en apparence, notam-
ment une grande élasticité, une flexibilité extraordinaire
dans tous les sens, et une force capable de supporter
de grands fardeaux et de protéger efficacement le plus
important des fluides animaux, celui auquel elle sert en
quelque sorte de conduit.

Elasticité. On peut dire que la tête repose sur une
colonne vertébrale, de même que la caisse d'une voiture
repose sur ses ressorts; cette colonne se compose en
effet de vingt-quatre os distincts ou *vertèbres* liées les
unes aux autres par une substance cartilagineuse émi-
nemment élastique, dont le volume équivaut à la moitié

15*

environ de celui d'une vertèbre. Ces cartilages se pressent
du côté où l'épine fléchit, et se renflent du côté opposé,
de manière qu'il n'en résulte aucune ouverture; de plus,
l'épine est courbée à peu près comme un *s* italique,
forme qui lui permet de céder facilement à une pression
subite qui s'exercerait à l'une ou à l'autre de ses extrémités. Cette courbure pourrait paraître un défaut dans
une colonne destinée à supporter un poids, mais la disposition des muscles voisins est telle, qu'ils lui laissent
toute sa force et toute son élasticité en conservant un
thorax spacieux.

Flexibilité. — L'épine peut être comparée à une
chaîne formée de vingt quatre pièces distinctes, jointes
par des surfaces frottantes extrêmement douces, et qui
permettent le mouvement dans toutes les directions.

La flexion, à peine sensible d'un os à l'autre, devient
considérable sur la totalité de la chaîne. Les surfaces
d'articulations sont si nombreuses, elles s'adaptent si
parfaitement l'une à l'autre; enfin elles s'attachent par
des ligamens si forts et si nombreux, que cette combinaison de pièces offre réellement une résistance plus
grande que ne pourrait le faire un os unique de même
volume.

La *force* de l'épine nous est démontrée tous les jours
par les fardeaux considérables que l'homme transporte
en les plaçant sur sa tête ou sur son dos. Chaque vertèbre prise isolément peut être considérée comme un
double arceau, comme un anneau très-solide de forme
irrégulière qui protége la moelle épinière avec toute la
force que nous avons vu être inhérente à cette forme.
Remarquons enfin que les parties de l'épine augmentent
de volume de haut en bas, c'est-à-dire précisément
dans le rapport des accroissemens de poids auxquels elle
doit résister.

Le grand nombre de pièces qui entrent dans l'épine dorsale, la manière dont elles s'adaptent les unes aux autres pourraient peut-être faire penser que les accidens, les maladies, les distortions de cette pièce importante de la machine humaine, doivent être très-fréquentes; il n'en est pas ainsi cependant dans les circonstances naturelles, c'est-à-dire qu'elles ne sont que l'effet d'un état forcé; cette remarque explique comment il se fait que nous ayons des centaines, des milliers même d'ouvrages sur le traitement des maladies de toutes les autres parties du corps, tandis qu'il y a encore quelques années il n'en existait qu'un très-petit nombre sur les affections de l'épine. Ce n'est en effet que fort récemment que l'attention des médecins s'est dirigée sur cette partie de l'art médical, le traitement des déformations de la colonne vertébrale. Ce fait résulte de deux causes: la première, c'est que l'art médical, l'hygiène, la thérapeutique, etc. ont, comme toutes les autres sciences, été soumises à une analyse plus sévère qu'autrefois, qu'elles ont suivi la marche progressive des lumières; mais la deuxième et la principale est le changement récemment opéré dans le système d'éducation des femmes, dont beaucoup sont parvenues au dernier période de leur croissance, contrefaites et déformées. — Ceci mérite quelques considérations particulières.

L'exercice des différentes parties du corps n'est pas moins nécessaire à la plupart des animaux, que les alimens eux-mêmes; et si pendant le temps de la croissance cet exercice est suspendu pour un motif ou pour un autre, le corps se déforme pour toujours, ou tout au moins n'acquiert jamais les formes et les proportions qui lui conviennent. L'excès de vie et d'énergie dont la nature a doté les jeunes animaux, n'a d'autre but que

de les pousser incessamment à un exercice corporel indispensable; aussi remarque-t-on dans les enfans qui
ne sont point contraints, qu'ils changent à chaque instant
d'occupation, que leurs idées se succèdent avec une
rapidité étonnante; ils sautent, ils dansent; c'est d'a-
bord un jeu, puis un autre, puis un autre encore; jamais
le plus court chemin pour arriver à un but que recherche
l'homme mûr, n'est de leur goût; ils semblent toujours
craindre de n'avoir point assez d'occasions de développer
leur énergie musculaire. — On retrouve cette disposition dans les petits animaux, dans les petits chats, dans
les petits chiens, dans les agneaux, etc. Cependant, en
dépit de l'énergie avec laquelle la nature semble s'être
exprimée sur l'extrême importance de l'exercice pendant le jeune âge, la *mode,* la mode tyrannique, cette
implacable ennemie du sens commun, est venue sur ces
derniers temps établir une discipline d'école pour les
jeunes femmes des hautes classes de la société, précisément contraire aux décrets de la nature. Les consé-
quences d'une obéissance passive à des lois aussi absurdes, sont telles, qu'aujourd'hui l'étranger qui arriverait de la Chine, supposerait naturellement que,
par cette discipline d'école on se propose d'obtenir des
distorsions de l'épine dorsale, des déformations de tout
genre, comme dans son pays on emploie le soulier de fer
pour obtenir à toute force un petit pied. Ce rapport lui pa-
raîtrait d'autant plus raisonnable, que les frères de nos
victimes femelles, qui ont naturellement reçu de la nature
la même constitution, sont d'ailleurs robustes et bien
formés. La *fille du campagnard* est libre de sauter, de
danser, de courir, s'il lui en prend la fantaisie; elle
obéit sans contrainte à l'impulsion que lui donne la nature, jusqu'à ce qu'une fatigue salutaire la réduise à
un repos qu'il lui est également permis de prendre; elle

acquiert ainsi une constitution robuste, et aucun état forcé ne vient altérer ses formes ; mais *la demoiselle*, la malheureuse fille de famille, que ne lui en coûte-t-il pas pour obtenir cette glorieuse épithète de fille *bien élevée!* combien de peine ne prend-on point pour lui persuader de combattre de toutes ses forces le penchant naturel à une activité aussi *commune!* Avec quelle constance on la dirige en sens inverse des volontés de la nature ! Ajoutez à ces sages avis, les études multipliées auxquelles il lui faut se soumettre pour devenir une femme *comme il faut*, études qui la fixent chaque jour pendant un grand nombre d'heures sur des occupations sédentaires ; ajoutez encore les règles suivant lesquelles elle doit s'asseoir, et vous comprendrez facilement de quelle faiblesse on la dote pour la vie, en la privant ainsi d'exercices variés d'une nécessité absolue. — On regarderait comme une grande cruauté de forcer une jeune personne à se tenir debout une journée toute entière ; il tombe sous le sens que ses jambes se fatigueraient outre mesure ; eh bien ! ce genre de cruauté s'exerce constamment, et sans qu'on veuille le remarquer, contre l'épine dorsale, comme si le dos ne pouvait se fatiguer aussi bien que les jambes. Ainsi, on lui permettra de s'asseoir parce qu'elle sera restée long-temps debout, mais on prendra le plus grand soin pour que les muscles du dos travaillent pour ainsi dire sans relâche ; on lui accordera un tabouret, ou une chaise excessivement étroite, avec un dossier bien perpendiculaire, mais nul autre siége qui lui fournirait un appui : vous connaissez, en effet, la décision suprême de la mode ; vous n'ignorez point qu'il n'est ni convenable, ni gracieux de s'accoter. Or, ni l'un ni l'autre de ces siéges ne peuvent, en effet, soulager efficacement l'épine, et le tabouret est peut-être encore moins nuisible que la chaise ;

car du moins il permet la flexion dans tous les sens , et
les différens muscles se reposent alternativement, tandis
que celle-ci oblige la partie supérieure du corps de conserver toujours une même position verticale et fixe ,
véritable carcan qui cloue la jeune fille dans une immo-
bilité presque parfaite. La fatigue excessive qui résulte
bientôt de cette position, ne tarde pas à courber l'épine
dans un sens ou dans un autre , et cette courbure devient
permanente. Arrivée à ce période , une deuxième courbure au-dessus ou au-dessous de la première, commence
à se former en sens inverse de celle-ci , car il est
nécessaire de se rejeter constamment de l'autre côté
pour maintenir le centre de gravité au-dessus de sa base ;
la distorsion est alors complète , et l'épine vue de face ,
paraît deux fois courbée comme une *s* italique. Quelquefois , enfin , l'épine en se courbant prend aussi un
petit mouvement de torsion , et les deux courbes ne se
trouvant plus dans le même plan , offrent un exemple de
lignes que les mathématiciens appellent à double courbure.

Lorsque , par l'effet de cette malheureuse discipline ,
le dos a commencé à s'incliner , cette inclinaison s'accroît bientôt très-rapidement, grâce aux moyens qu'on
emploie pour y remédier. En effet , on a recours à des
corsets extrêmement durs , destinés , dit-on , à soutenir
la colonne vertébrale , mais qui , en effet, suppléent à
l'action des muscles et les laissent s'affaiblir de telle
sorte que le corps est désormais incapable de se soutenir
seul. On recommande alors de nouveau l'emploi de la
chaise étroite , à dossier perpendiculaire; viennent ensuite les poulies , et en dernier ressort les lits mécaniques , sur lesquels on retient la jeune fille nuit et jour
aux dépens de sa santé, etc., etc. Enfin , les seuls re-
mèdes qu'on se garde bien d'employer , sont l'exercice

et le grand air , et le repos après cet exercice. On a cru
prévenir le mal en enfermant , dès l'âge tendre , de
pauvres enfans dans ces corsets, en ne leur donnant pour
siége que la chaise à dossier perpendiculaire , ou pour
lit qu'un plan dur ; mais il est probable qui si ces moyens
curatifs ou préventifs eussent été employés aussi généralement et aussi strictement que certaines gens le
croient encore nécessaire , nous n'aurions plus en Angleterre de jeunes personnes assez fortes pour s'acquitter
des fonctions que l'état social leur a départies. Que
penserait-on de celui qui , pour donner de la force ou
de la grâce à un jeune cheval de race , le tiendrait attaché au râtelier , après l'avoir sanglé dans des liens de
bois qui ne laisseraient à son corps aucune liberté de
mouvement. Voilà pourtant le genre d'absurdité et de
cruauté dont on se rend coupable dans ce pays envers
les plus parfaits des êtres créés.

Enfin , on a attribué cette distorsion de l'épine à des
affections scrofuleuses , et les mères de prendre alors
les plus grands soins pour les cacher : de là, la nécessité
pour elles de s'adresser à des charlatans éloignés de leur
résidence , dont le traitement était plutôt calculé pour
augmenter leur fortune , que pour remédier effectivement au mal. Les maladies de l'épine , il y a quelques
années , étaient encore le domaine de certains disciples
irréguliers d'Esculape , qui , s'ils ne parvinrent point à
des résultats satisfaisans , en tirèrent tout au moins un
profit considérable. Aujourd'hui que la science et l'observation ont reconnu les causes de ces maladies , leur
traitement est rentré dans les attributions du médecin ,
et ces distorsions deviennent de jour en jour moins
communes. Nous avons montré que rien n'est aussi
facile que de les prévenir , et que les seules conditions
se réduisent à améliorer d'une manière générale la santé

du patient, et à le soumettre à des exercices qui fortifient spécialement les parties affectées.

On s'attend peut-être à trouver ici une longue description de machines propres au traitement de ces dif-
formités ; mais fort heureusement le nombre de celles
qui sont effectivement utiles est extrêmement limité :
— un sofa pour y reposer, un choix de moyens agréables
pour exercer la malade, tels qu'une corde à sauter, un
volant, une échelle de corde pour y grimper, une manivelle à tourner, etc. ; — et si la jeune personne doit
employer quelques heures à l'étude du piano, elle devra être assise sur une chaise munie de bras élevés à
peu près à hauteur des coudes, et recouverte d'une
espèce de ciel d'où partiraient des lisières qui viendraient
soutenir la tête et les épaules ; ces lisières pourraient
passer sur des poulies disposées à la partie supérieure
et à l'arrière de la chaise ; on y suspendrait d'ailleurs
des poids convenables. L'auteur s'est souvent servi
d'une petite grue en bois fort légère, dont l'emploi était
d'autant plus commode que ce petit appareil s'adaptait
aux chaises ordinaires ; mais ce n'est point ici qu'il lui
est permis d'en donner la description ; il terminera donc
ce coup d'œil sur les moyens mécaniques à employer
dans les cas semblables, moyens qui, du reste, ne
doivent être considérés que comme des auxiliaires utiles
de l'exercice.

Les côtes. Articulées avec douze vertèbres dorsales,
les côtes qu'on pourrait appeler les os extenseurs de
la cavité de la poitrine, constituent par leur ensemble
un mécanisme qui résout complètement un problème
mécanique d'une grande difficulté, et qu'on pourrait
énoncer ainsi : former avec des parois solides une
cavité qui puisse augmenter et décroître alternativement. En effet, les côtes, au lieu d'être articulées à

angle droit avec l'épine, le sont dans une direction un peu descendante. Il en résulte que tout ce qui tend à les rapprocher de l'angle droit augmente la capacité de la poitrine, et fait avancer le sternum; c'est ce qui arrive toutes les fois que les muscles soulèvent les parties antérieures de ces arceaux, c'est-à-dire à chaque inspiration.

Nous avons encore à remarquer dans chaque côte, sa double connexion avec deux vertèbres dorsales adjacentes, et avec une projection de la vertèbre inférieure, formant ainsi un assemblage très-solide, et qui laisse cependant toute la liberté de mouvement nécessaire; de plus, nous la voyons à la partie antérieure ou à l'extrémité sternale, se transformer en un cartilage flexible qui lui laisse toute la liberté nécessaire, sans qu'on ait eu recours à un assemblage, et qui par son élasticité est admirablement calculée pour résister à des chocs inattendus.

Les muscles dont l'origine est sur les côtes et s'insèrent dans les os du bras, nous donnent un exemple d'action et de réaction égales et contraires. Lorsque les côtes sont fixes, ces muscles meuvent le bras; lorsqu'au contraire le bras est fixe, s'il repose sur une chaise, par exemple, ces muscles meuvent les côtes. C'est ce qu'on peut remarquer dans l'asthme et la dyspnée.

Le squelette humain, avec ses côtes dépouillées, est tellement lié chez le vulgaire avec les idées de mort et de douleur, avec toutes les terreurs d'un avenir douteux, que, pour la plupart des hommes, c'est un objet d'horreur et de dégoût; le philosophe, au contraire, dont l'esprit est capable de s'élever à des considérations indépendantes et des lieux et des temps, ne voit dans ce mécanisme admirable, dans la disposition, dans l'ordonnance de ses parties si habilement combinées, qu'un sujet inépuisable de réflexions, qui excitent son attention au plus haut degré, indépendamment même d'études spéciales.

L'*articulation de l'épaule* est aussi remarquable par sa force que par la grande étendue de mouvement qu'elle permet. La tête arrondie de l'os de l'épaule pose sur une cavité peu profonde du scapulum, afin que cet os puisse tourner librement dans tous les sens; et comme à raison de ce peu de profondeur il y avait danger de dislocation, cet accident a été prévenu par deux projections osseuses disposées à la partie supérieure et postérieure, et qui fortifient cette articulation. De plus, pour augmenter autant qu'il était possible l'étendue des mouvemens si nécessaires à un organe de préhension, il a été permis aux deux os qui forment l'épaule de se mouvoir l'un sur l'autre, et l'épaule entière jouit elle-même d'une certaine mobilité sur le tronc.

L'*omoplate* est un exemple extraordinaire de force et de légèreté, qui nous montre une nouvelle application des règles mécaniques développées dans la première partie. Légèrement concave, elle participe des avantages de la forme en voûte que nous avons reconnus dans la roue écuée; et de même que dans celle-ci la matière est réunie à la circonférence, dans les rais et au moyeu, de même, dans l'omoplate, la plus grande partie de la substance est concentrée sur ses bords et aux épines, circonstance qui, pour la même quantité de matière, augmente considérablement la force de résistance.

Dans les os du bras, considérés comme leviers, on peut remarquer que les muscles qui les meuvent sont attachés fort près du point d'appui, et que la direction suivant laquelle ils tirent est fort oblique. Cette obliquité d'action, ce rapprochement du point d'appui qui favorise l'étendue des mouvemens, absorbent nécessairement une grande partie de la puissance. Les muscles doivent

donc être doués d'une très-grande force ; on a calculé,
en effet, que dans l'effort nécessaire pour soulever un
homme sur la main, les muscles de l'épaule tiraient
avec une force équivalente à deux mille livres.

En dépit des précautions prises pour assurer la solidité
de l'articulation scapulo-humérale, les dislocations ne
sont point rares au milieu des milliers d'accidens,
de chutes auxquelles l'homme se trouve constamment
exposé dans la variété infinie de rôles qu'il est appelé à
jouer sur la scène sociale.

Dans le traitement des dislocations ou des fractures
des diverses parties de la charpente humaine, le chirurgien ne peut manquer de déployer son adresse ou de
mettre à nu son ignorance. Avec quelle facilité le membre
déplacé vient reprendre sa position naturelle sous la
main habile qui le guide, et à quels tourmens horribles
et souvent inutiles une confiance aveugle n'expose-t-elle
pas la malheureuse victime qui s'abandonne à la pré-
somptueuse ignorance ! C'est une douleur trop réelle,
pour un homme doué d'une vive imagination d'ouvrir
les annales de l'ancienne chirurgie, de se peindre un
malheureux homme soumis à une torture pour ainsi dire
inquisitoriale, de le voir tiré par des poulies et de puissantes machines chargées d'accomplir par la force ce
que l'adresse seule eût pu faire. Mais pourquoi de nos
jours même voit-on encore quelques exemples, rares il
est vrai, d'individus estropiés pour la vie par un tel abus
des machines ? C'est peut-être que le chirurgien qui
d'ailleurs possède les connaissances les plus distinguées
dans son art, a dédaigné l'étude des lois de la philosophie mécanique ; c'est peut-être qu'il emploie le plus souvent des instrumens dont il ne connaît point la puissance.

On s'étonne aujourd'hui, à bon droit, des méthodes
et des erreurs chirurgicales promulguées même par des

auteurs d'une grande réputation ; erreurs, du reste, qui
ne peuvent être attribuées qu'à leur ignorance en mécanique. Croirait-on, par exemple, qu'un membre aussi
distingué de la chirurgie anglaise que l'est M. Pott, ait
osé avancer que, dans la réduction des dislocations de
l'épaule et de la hanche, il était inutile d'exercer aucune
traction sur la main ou sur le pied, parce que les diverses articulations qui séparent ces parties de celles qui
sont disloquées *empêchaient l'effort d'arriver jusqu'à
celles-ci.*

D'autres chirurgiens, qui n'avaient en mécanique que
des connaissances superficielles, toujours plus dangereuses qu'utiles, ayant appris que le levier était une
machine d'une puissance pour ainsi dire illimitée, ten-
tèrent de réduire les luxations à l'aide de ce seul instrument. Telle est la méthode dite du levier (*leverage*).
Ainsi le membre disloqué fut attaché à l'extrémité d'un
levier dont le point d'appui était ou le dos d'une chaise
ou le dessus d'une porte, la résistance était le poids entier du corps de la victime, et la puissance était le chirurgien ou son aide, placé à l'autre extrémité. — Cette
opération s'exécutait hardiment et sans qu'on pensât
seulement qu'on pouvait ainsi ou briser l'os, ou rompre
et déchirer les ligamens et les parties molles autour de
l'articulation.

D'autres, enfin, apprennent de la même manière les
effets de la poulie mobile, et les voilà qui remplacent
par une force d'extension invincible, la traction modérée qui suffit en pareille circonstance, traction incapable de séparer les muscles et les ligamens de leurs attaches.

Il n'entre point dans le plan de notre ouvrage
d'examiner avec plus de détails tous les accidens, dont le
traitement bien entendu exige des connaissances en

mécanique ; ces détails appartiennent en effet à un traité
de chirurgie pratique, nous ne nous sommes proposé
que de montrer aux jeunes élèves quels secours ils peuvent retirer de cette science, et de leur faire voir qu'à
l'aide de ses principes généraux ils parviendront souvent
à la solution des difficultés de leur art; dirigés par un
sens droit, ces principes les placeront, dans bien des circonstances, au-dessus du chirurgien qui les ignore, et qui
d'ailleurs aura plus d'âge et de pratique. Afin de rendre
cette leçon plus frappante, l'auteur prendra la liberté de
citer sa propre expérience. A une époque où l'âge ne lui
avait encore donné que peu d'occasions d'exercer son art,
il se trouva jeté dans une situation qui lui démontra
toute l'importance de connaissances mécaniques, au
moins générales. Vingt-six mois de séjour à bord d'un
vaisseau servi par un nombreux équipage, et destiné à
une navigation aventureuse qui le mit souvent en relation
avec les sauvages habitans de côtes peu fréquentées, lui
fournirent peut-être plus d'occasions d'étudier des blessures singulières, des cas compliqués de dislocations
et de fractures, que la plupart des praticiens n'en voient
dans toute leur vie; or il peut assurer que l'étude qu'il
avait faite des sciences que l'homme de l'art néglige trop
souvent, lui fut, dans toutes ces circonstances difficiles, de la plus grande utilité.

L'*humérus*, ou l'os qui forme la partie supérieure du
bras, n'est point parfaitement cylindrique, mais cylin-
droïde, c'est-à-dire qu'il est renflé en certaines parties
pour augmenter sa force de résistance à la rupture,
d'après les principes développés dans le chapitre de la
force des matériaux.

L'*articulation du coude* est un gond parfait et si solidement assuré que la dislocation arrive rarement sans
fracture.

L'*avant-bras* se compose de deux os, le *radius* et le *cubitus*, séparés par une forte membrane. La grande largeur que lui donne cette structure laisse une place suffisante pour l'origine des muscles nombreux qui vont mouvoir la main, et les doigts qui la terminent. C'est au mode de connexion très-remarquable de ces deux os, que l'homme doit la facilité d'accomplir ce qu'on appelle les mouvemens de pronation et de supination, mouvemens qui se produisent toutes les fois que la main exerce une torsion, ou encore lorsqu'elle perce une planche, par exemple, au moyen d'une vrille.

Les vieux chirurgiens qui se laissaient plus souvent conduire par la routine que par la raison, appliquaient quelquefois, dans le cas de fracture de l'un de ces os ou de tous les deux, un bandage serré, qui en rapprochaient les parties brisées de manière à altérer la forme du bras pour toujours, en lui faisant perdre toute sa force.

Le *poignet*. Le grand nombre de petits os qui le forment amortissent considérablement les chocs que reçoit la main, et qui ne se transmettent dès-lors aux parties supérieures que très-affaiblis.

Le *ligament annulaire* est une espèce de bande très-forte qui bride une large coulisse, dans laquelle passent tous les tendons qui lient les muscles supérieurs aux doigts. Ce ligament fait ici l'office de poulies fixes, il dirige ces tendons et les empêche, pendant leur action, de se projeter comme la corde d'un arc tendu entre les deux points d'attache, ce qui déformerait le système en l'affaiblissant.

La *main humaine* offre un mécanisme tellement admirable, elle est un instrument de tact si remarquable à tous égards, qu'il fut un temps où l'on attribua la raison supérieure de l'homme à ce qu'il possédait un tel serviteur, et, on peut aussi le dire, un tel mentor. Sans doute,

si des sabots eussent remplacé ses doigts, l'homme ne se
fût jamais beaucoup élevé au-dessus de la brute, probablement même il n'aurait pu assurer l'existence continue
de son espèce; — mais il n'en faut pas conclure que la
main soit la cause de son intelligence; la main n'est
qu'un instrument subordonné, que dirige et met en action
un organe supérieur, celui de l'intelligence elle-même.

La *région pelvienne* est formée par cette forte ceinture
osseuse irrégulière, sur laquelle repose l'extrémité inférieure du rachis ou de l'épine, et à laquelle se rattachent
les jambes. C'est le centre du squelette. Il fallait là un
os large pour établir la communication entre la colonne
centrale ou l'épine, et les deux colonnes latérales de
l'édifice, ou les jambes; or la forme circulaire était à la
fois la plus légère et la plus forte. —Si l'on cherche maintenant à concevoir quelles modifications cette forme devait recevoir pour assurer la position de l'épine, pour
laisser aux cuisses une certaine liberté de mouvemens,
pour l'attache des muscles inférieurs ou supérieurs, pour
que l'homme puisse s'asseoir enfin, on trouvera que le
problème a été résolu de la manière la plus parfaite. Les
échancrures dans les os du bassin, les vides qui y sont
laissés, nous offrent un nouvel exemple d'une diminution
de poids, pour obtenir d'ailleurs une force égale. Toute
cette ceinture est parfaitement calculée pour protéger les
importans organes qu'elle renferme.

L'*articulation de la hanche* avec le fémur est du
genre de celle qu'on appelle *énarthrose*, c'est-à-dire
qu'elle consiste en une tête arrondie qui roule dans une
cavité; il en résulte que la cuisse, et, par suite, le pied,
peuvent se mouvoir dans tous les sens sur la hanche, se
porter en avant, en arrière, en dedans, en dehors,
effectuer une circumduction et même tourner sur leur
axe. Si nous considérons maintenant qu'un cartilage

1.   16

articulaire revêt les deux surfaces frottantes; qu'un ligament borde le contour de la cavité, et en augmente la
profondeur; qu'une capsule fibreuse assez lâche pour
permettre le mouvement, et assez résistante pour prévenir le déplacement, s'attache d'une part au pourtour
de la cavité, et de l'autre au fémur; enfin qu'une membrane synoviale tapisse l'intérieur de l'articulation, et y
verse une synovie qui vient en faciliter le jeu, et qui
se crée à mesure du besoin, nous aurons une idée de la
distance qui sépare le plus parfait des ouvrages de l'homme
des mécanismes de la nature.

L'*os de la cuisse* ou le *fémur* est un os long, très-
remarquable par les deux éminences qu'il présente à sa
partie supérieure, le grand et le petit *trochanter* auxquels les muscles moteurs viennent s'attacher, et qui
augmentent considérablement le bras de levier de la
puissance. Le fût de l'os, si l'on peut ainsi s'exprimer,
n'est pas droit, il est au contraire très-sensiblement convexe en avant. L'ignorance à la vue courte pourrait
regarder cette circonstance comme un défaut, le fémur
pouvant être considéré comme une colonne destinée à
supporter un poids; mais cette courbure, au lieu de
l'affaiblir, lui donne au contraire la force de résister à
l'action de la masse de muscles qui gît vers la partie antérieure et la renfle. C'est ce qu'on appelle le *vaste*.

Le *genou* peut être considéré comme un joint à charnière d'un mécanisme très-compliqué, et dont l'étude
réclame toute l'attention du chirurgien. Les parties
frottantes étant plates et peu profondes, ce joint ne doit
pas sa solidité à sa forme, mais aux ligamens nombreux
et très-résistans qui le maintiennent. Les ligamens du
côté interne des genoux, ont cela de commun avec les
ligamens annulaires, qu'ils résistent constamment à un
effort considérable, et que leur force augmente pro-

portionnellement à la résistance qu'ils ont à vaincre. La ligne médiane de la jambe, même dans les hommes les plus parfaits, s'incline légèrement à l'intérieur, à la hauteur du genou; dans quelques individus, cette inclinaison est même fort considérable, mais elle n'augmente point avec l'âge : l'exercice suffit le plus souvent pour redresser les jambes des enfans chez lesquels cette inflexion n'est point très-sensible. Cette légère courbure, en rejetant sur les ligamens une partie de l'effort auquel la jambe doit résister dans le saut ou dans la course, augmente fort utilement l'élasticité des membres de sustentation.

Le genou est muni d'un assemblage singulier de cartilages, que quelques anatomistes ont appelés *cartilages de frottement*, à cause du rapport qu'ils supposaient exister entre leur emploi et celui des roues à frottement. Leur but paraît être de disposer le mieux possible les surfaces frottantes de l'articulation dans toutes ses positions.

Nous verrons dans la deuxième partie de cet ouvrage (*Mécanique des fluides*), que les os qui forment le genou sont retenus l'un contre l'autre, indépendamment des ligamens qui les unissent, par une pression constante exercée par l'atmosphère, et qu'on peut évaluer à environ soixante livres.

Les grands muscles de la partie antérieure de la cuisse, se contractent en un tendon un peu au-dessus du genou, par dessus lequel ils passent pour venir s'attacher à la partie supérieure de la jambe. Le tendon s'ossifie à la jointure même, et forme la rotule, qu'on appelle souvent la *poulie du genou*. Cette disposition favorise la puissance des muscles, puisqu'elle augmente la distance du cordon au centre du mouvement. La rotule est

16*

d'ailleurs une espèce de bouclier, qui protége en avant cette articulation importante.

Au-dessous du genou, la jambe, de même que l'avant-bras décrit plus haut, se compose de deux os, le *tibia* et le *péroné*; le tibia est le plus gros, et celui qui, articulé en haut avec la cuisse, en bas avec le pied, supporte le poids du corps; le péroné est plus petit, et situé au côté externe de la jambe. Ces deux os sont plutôt prismatiques que cylindriques, et la disposition de leurs surfaces angulaires augmente leur résistance contre les actions extérieures; enfin, leur ensemble présente une surface spacieuse pour l'origine des muscles nombreux qui doivent mouvoir le pied.

L'articulation de la jambe avec le pied, est un gond parfait et d'une grande solidité : à la partie antérieure est un ligament annulaire qui retient à leur place la plus grande partie des tendons qui se rendent au pied et aux orteils; l'un de ces tendons passe au-dessous d'une projection osseuse, dans une coulisse parfaitement douce, qui fait l'office d'une petite poulie fixe.

Le *talon*, en se projetant en arrière d'une quantité considérable, forme un levier sur lequel agissent les muscles solides du mollet, réunis à un énorme tendon connu sous le nom de *tendon d'Achille*. Ce sont ces muscles qui soulèvent le corps lorsqu'on s'élève sur la pointe des pieds, lorsqu'on danse, qu'on marche, etc. Le talon des nègres a une longueur comparativement très-grande, forme qui ne s'accorde point avec nos idées de beauté; cette grande longueur rendant suffisante pour tous les cas possibles l'action des plus petits muscles, le mollet du nègre est proportionnellement plus petit que celui des autres races d'hommes.

L'homme qui marche avec grâce lève toujours le talon avant la pointe du pied; il semble que le pied soit une

roue qui se meuve dans le sens de la marche ; le poids
du corps supporté par les muscles du mollet , ainsi que
nous venons de le voir , repose un moment sur la partie
antérieure du pied et des orteils , et le pied présente
alors une certaine courbure, où le plan de sa base se divise en deux parties pour former un angle ; mais si l'on
marche avec des sabots , ou avec des souliers assez durs
pour ne point permettre cette flexion , le talon se soulève alors en même temps que l'orteil , le pied se meut
tout d'une pièce , et comme l'action des muscles du
mollet diminue alors considérablement , ces chaussures
ne tardent point à diminuer très-sensiblement cette
partie de la jambe , à laquelle la coquetterie attache généralement une si grande importance. Cette remarque
est confirmée par la seule inspection des jambes , tant
des garçons de ferme en Angleterre , qui ne portent en
général que des souliers extrêmement lourds et inflexi-
bles , que par la classe des rouliers , qui se chaussent de
la même manière. Ces hommes qui , pour la plupart ,
ont l'apparence de la vigueur et de la santé , et chez
lesquels les parties supérieures du corps sont en général
fort belles , se terminent pour ainsi dire par des fuseaux
qui , joints à leur démarche lourde et gauche , manquent
rarement d'exciter l'hilarité de l'observateur. Les frères
de ces mêmes hommes , employés à d'autres travaux ,
ne sont cependant point ainsi contrefaits , et la comparaison qu'on établit entre eux inspire toujours le regret
qu'une belle race d'hommes consente ainsi à se déformer , en compensation d'une diminution fort légère dans
le prix de leur chaussure. — La ville de Paris nous offre
un exemple inverse de celui-ci. Comme les rues de cette
capitale ne sont point bordées de trottoirs , les dames
y marchent presque continuellement sur la pointe du
pied ; la grande action des muscles a considérablement

développé chez les Parisiennes la partie de la jambe qui
nous occupe, et pour laquelle on peut dire qu'elles
peuvent défier le monde entier ; — il est d'ailleurs probable qu'elles n'attribuent point cette qualité à un vice
trop réel de leur ville favorite.

Celui que la maladie a retenu au lit pendant quelque
temps, est presque toujours frappé de la diminution extraordinaire du volume de ses jambes, comparée à celle
des bras ; on peut attribuer cette espèce de disproportion
à ce que dans l'état normal, les muscles des jambes étant
toujours plus activement employés que ceux des membres
supérieurs, leur volume s'en accroît d'autant : c'est le
contraire dans l'état morbide.

Ces divers faits, ainsi que l'influence bien reconnue
des exercices gymnastiques sur la forme du corps,
viennent encore à l'appui de ce que nous avons dit plus
haut relativement à l'usage des corsets pour les femmes.
— Ces supports factices suppléant à l'action des muscles
dorsaux et lombaires disposés par la nature autour de la
colonne centrale pour la maintenir, ces derniers s'affaiblissent, et lorsque l'assistance du corset est suppri-
mée, ou lorsqu'elle devient inégale, le dos ploie ou se
tord. Ces funestes inventions ne peuvent pas plus donner
de la force à une femme originairement bien faite, qu'ils
ne peuvent remédier au mal lorsqu'il est déclaré. Qu'on
soumette à cette cruelle loi de la mode une jeune pay-
sanne bien portante et arrivant de la campagne, et l'on
verra souvent qu'après un temps même assez court,
son épine d'abord solidement maintenue par des muscles
fermes et épais, laissera compter toutes les éminences
postérieures non-seulement au toucher, mais à la simple
vue.

L'*arcade plantaire* se fait remarquer par la disposition de ses parties admirablement calculées pour affaiblir

les chocs, que, sans l'élasticité de son ensemble, les deux
bases de sustentation transmettraient à tout le corps. Les
talons et les phalanges des orteils sont les deux extrémités de cette voûte élastique sur laquelle repose la
jambe.

Il n'est peut-être pas sans intérêt de remarquer combien imparfaitement, sous le rapport de l'élasticité, une
jambe de bois remplace le membre naturel. La jambe
de bois conservant toujours la même longueur, le centre
du corps est forcé de décrire à chaque pas un arc de
cercle dont le centre est marqué par l'extrémité inférieure de la tige, ce qui fait qu'à chaque pas il s'élève
et s'abaisse alternativement; — ce qui n'arrive point dans
l'état ordinaire, parce que le genou fléchissant légèrement, la jambe s'allonge ou se raccourcit suivant le besoin, dans les différens temps de la marche. De même, le
cavalier qui a, comme on le dit, de la roideur, et qui
maintient son épine bien verticale, et sur la même ligne
que la tête, éprouve à chaque temps de trot une secousse
incommode et violente qui le fatigue; celui qui a acquis
plus d'habitude de l'équitation, s'incline au contraire
un peu en avant et sans s'élever sur les étriers, sa tête
se trouve portée presque sans secousse, parce que l'épine
devient pour elle ce qu'est un ressort de voiture pour la
caisse du véhicule.

Si nous examinons maintenant le squelette humain
d'une manière générale, nous pouvons remarquer,
1° l'art ingénieux, sublime, avec lequel toutes les
parties se rattachent l'une à l'autre, — leur disposition sagement combinée pour résister aux efforts de
tout genre; — exemple : l'augmentation de volume des
vertèbres de l'épine depuis la partie supérieure jusqu'à
la partie inférieure, — la différence de volume des os
des bras et de ceux des jambes, etc., etc.; — 2° la plus

heureuse réunion de la force et de la légèreté ; exemple :
les cavités intérieures des os longs , — leur forme souvent anguleuse , — leur plus grande épaisseur ou leur
courbure , là où ils devaient résister à un plus grand
effort , — le développement des extrémités auxquelles
les muscles s'attachent, et qui augmente avec le bras
de levier de la puissance; 3° la nature et la force des
matériaux employés dans l'édifice , et qui varient avec
le but auquel ils étaient destinés : — tantôt recouverts
d'un émail qui leur donne presque la dureté du fer, on
les voit sous forme de dents , broyer , triturer, et déchirer les substances qui doivent servir d'alimens; tantôt,
comme dans le crâne, ils sont plus tendres , mais cependant doués d'une consistance , et d'une force de résistance remarquables ; dans le milieu des os la densité
augmente, et le volume diminue , afin de conserver leur
force en laissant un espace suffisant pour le renflement
des muscles ; aux extrémités, au contraire , ils perdent
en densité ce qu'ils gagnent en volume ; ils deviennent
spongieux en prenant le développement nécessaire pour
les articulations; dans l'épine, le corps des vertèbres qui
reposent sur un lit élastique de substance interverté-
brale est léger et spongieux , tandis que les surfaces
d'articulations et les projections sont fort dures. Dans les
articulations , nous remarquons ces substances douces,
élastiques et résistantes qu'on appelle cartilages , et qui
recouvrent l'extrémité des os , les défendent , et sont en
quelque sorte les coussinets sur lesquels ils reposent,
et qui sont chargés en même temps d'adoucir les frottemens. — Dans les petits enfans , tous les os sont mous
et cartilagineux , c'est-à-dire parfaitement calculés pour
supporter impunément les chocs et les accidens auxquels ils sont inévitablement exposés; nous voyons même
que là où l'élasticité est constamment nécessaire, comme

à l'extrémité antérieure des côtes, ces cartilages ne s'os-
sifient jamais autour des joints ou des articulations. On
remarque encore les ligamens qui lient les os ensemble, et
qui jouissent d'une ténacité que peu d'autres substances
possèdent ; enfin nous voyons les fibres musculaires
dont les contractions font mouvoir les os , et par suite
le corps, s'attacher à des distances convenables à une
forte corde qu'on appelle tendon , et transmettre leur
effort à une distance quelconque, comme des matelots
qui tirent ensemble sur un seul câble; si ces muscles
eussent passé tous par-dessus les joints pour se rendre
aux parties sur lesquelles ils devaient agir , on voit de
suite qu'il en eût résulté une difformité ou tout au moins
des formes lourdes, massives, et dès-lors peu gracieuses.
—Les tendons sont encore très-dignes de remarque par
la force extraordinaire dont ils jouissent sous un volume peu considérable , et par l'onctuosité de leurs surfaces. Le squelette humain présente une infinité d'autres
détails fort intéressans , mais que nous n'énumérerons
point ici, parce que ceux sur lesquels nous avons jeté
un coup-d'œil suffisent à notre but.

Telle est la charpente humaine. — Moins curieuse et
moins compliquée, peut-être , que quelques autres parties de ce système sublime , et que nous passerons en
revue dans la deuxième partie de cet ouvrage , mais
tellement étonnante , tellement parfaite cependant ,
qu'on doit plaindre celui qui peut l'examiner attentivement sans en être vivement ému (1).

---

(1) NOTE DE L'AUTEUR, à la seconde édition de l'ouvrage.

Un membre distingué de la faculté anglaise, qui paraît
avoir considéré souvent le squelette humain sous ce point de
vue qui élève la pensée de l'homme vers le Créateur, a ré-

La force de l'homme a été appliquée comme puissance à une infinité de travaux, — à tourner une ma-

---

cemment publié, sous le titre de *Mécanique animale*, un
Essai dans lequel il semble se proposer de montrer dans la
structure des animaux, la perfection des moyens employés
par la nature pour parvenir à ses desseins. Cet opuscule,
qui fait partie de la *Bibliothèque des Connaissances usuelles* (1),
a reçu de la plupart des journaux, ainsi que des zélés pro-
pagateurs de la science, des éloges qui n'ont pu manquer de
contribuer au succès vraiment extraordinaire dont il a joui.
Trente mille exemplaires, assure-t-on, se sont écoulés depuis
la mise en vente de cet ouvrage, qu'on a signalé à l'attention
publique comme « une des productions les plus remarquables
» des temps modernes. » Si le lecteur compare cet Essai à la
section de nos élémens de philosophie naturelle qu'il vient de
parcourir, section avec laquelle il a les plus grands rapports, puisqu'il porte le même titre, puisque la disposition
des parties est la même, puisqu'enfin les deux auteurs trai-
taient le même sujet, il pourra remarquer, qu'aux détails de
quelques-uns des faits que nous avons présentés ici comme
preuves assez frappantes des desseins du Créateur, l'auteur
de l'Essai a substitué une exposition faite avec beaucoup de
soins, de ce qu'il regarde comme de nouvelles preuves de la
sagesse et de la puissance de Dieu, comme des exemples plus
frappans de desseins encore plus profonds qu'on n'en avait
aperçu jusqu'ici. Si ces nouveaux exemples, ces nouvelles
preuves avaient produit sur moi le même effet que sur les
rédacteurs des journaux ou sur le public, il m'eût été
fort agréable de les incorporer dans cette seconde édition
de nos élémens; malheureusement il n'en est point ainsi.
D'un autre côté, l'immense succès de l'ouvrage, la popula-
rité dont il jouit, ne me permettent point de paraître ignorer

---

(1) Traduite en français sous le titre d'*Encyclopédie populaire*. — Paris,
Audot.

nivelle, — à tirer une corde , — à faire mouvoir une
roue ou tambour en marchant à son intérieur , comme

---

son existence, et de là une nécessité pour moi qui ai traité
le même sujet, de faire connaître l'opinion que je puis en
avoir. Or, puisqu'il faut le dire, l'auteur me paraît s'être
complètement mépris, et les desseins ou les moyens qu'il
attribue au Créateur sont, selon moi , fort éloignés de cette
sagesse toute divine dont ils doivent nécessairement participer. C'est sans hésitation que je publie mes remarques , eu
égard à l'auteur et à la société toute philantropique dont il est
membre, certain que je suis de mériter l'approbation de l'un
et de l'autre, si ces remarques sont fondées; il n'en est point
de même, je l'avoue, eu égard à un grand nombre de personnes dont l'âme tendre et pieuse s'est laissée entraîner par
les sentimens qui ont dirigé l'auteur de cet Essai , et qui n'ont
pu manquer de sympathiser avec lui ; je crains de me rendre
coupable envers elles d'une violence en quelque sorte sacri-
lége , mais elles conviendront sans doute elles-mêmes que ce
motif ne suffirait point pour taire la vérité. D'ailleurs, il n'est
point nécessaire de rien outrer, de rien exagérer pour tirer
de la structure du corps humain des preuves de la sagesse et
de la bienveillance qui ont présidé à sa création : nous nous
permettrons donc de relever quelques erreurs de l'auteur de
cet Essai. — Il n'est guère de chapitre qui n'en présente au
moins une.

CHAPITRE Ier. — De la Tête.

L'auteur, après avoir montré que le crâne jouit de la force
de résistance des voûtes et des arches, mais ignorant en apparence qu'il existe des voûtes ou des arches tellement distinctes les unes des autres, que sous le rapport des proportions , etc., etc. , elles se trouvent jouir de propriétés différentes, contraires même, cherche à prouver la perfection
remarquable des desseins du Créateur, en établissant une comparaison entre le crâne et les propriétés de l'arche d'un pont

l'écureil dans sa cage, ou comme le chien qui fait tourner la broche, etc. — Chacune de ces méthodes a ses

---

ou celle des dômes, etc.; — puis il témoigne toute sa surprise qu'il ait fallu un temps si long pour apprendre à bâtir
des dômes, dont chacun portait un modèle donné par le
souverain architecte! — Si l'on considère le crâne, dit-il,
comme une voûte, et les os pariétaux comme formant cette
voûte, ces os doivent être renforcés par les os temporaux et
sphénoïdes qui se trouvent à la naissance de la voûte (page
33 de la traduction de M. Boquillon). . . . *Mais la meilleure*
comparaison qu'on puisse faire de la forme de la tête, est
celle du dôme (page 34). — *Un dôme est une voûte élevée*
sur une base circulaire ou elliptique, et le crâne humain n'est
pas autre chose qu'un dôme elliptique plus élevé que le rayon
de sa base (même page). — *Si nous nous en rapportons aux*
faits historiques, nous pouvons présumer qu'un dôme est l'une
des constructions les plus difficiles de l'architecture, puisque
le premier dôme connu est le panthéon érigé à Rome, sous le
règne d'Auguste, et qui est encore debout. Le dôme de Sainte-
Sophie, construit à Constantinople à l'époque de l'empereur
Justinien, s'écroula trois fois pendant son érection, et celui
de la cathédrale de Florence resta cent vingt ans à achever,
faute d'un architecte . . . . . *Cependant on peut dire, dans un*
sens, que chaque architecte qui tenta cette entreprise, ainsi
que chaque ouvrier employé à cet édifice, avaient dans leur
tête le modèle le plus parfait d'une pareille construction (page
35). — Or les matériaux, la forme, les proportions, etc.,
de l'arche architecturale, sont calculés pour résister à l'action d'une force unique constamment en action, toujours
dirigée dans le même sens, assurant même ainsi la stabilité
de l'arche, la gravité, en un mot; la construction vient-elle
à s'incliner, même légèrement, est-elle ébranlée par un trem-
blement de terre, elle s'écroule à l'instant. D'un autre côté,
il y a une infinité de formes voûtées, par exemple, et pour
citer des exemples familiers, il y a la voûte ou l'arche d'un

avantages particuliers ; mais dans le plus grand nombre
de cas l'effet utile dont l'homme est capable, est le plus

tonneau, d'un baril, d'une coquille d'œuf, d'une noix de
coco, etc., dans lesquelles la ténacité de la matière est bien
plus grande qu'elle n'est nécessaire pour que ces substances
résistent à l'action de la gravité ; cet excès de force s'ajoutant à celle qu'elles tirent de leur forme, les protègent efficacement contre toutes les autres actions extérieures, contre
les pressions inégales, contre les chocs, de quelque côté
qu'ils arrivent, etc. — Or le crâne, qu'on pourrait appeler
la coquille de cervelle, avec la face et la bouche situées à
la partie antérieure et inférieure, se rapproche bien plus
de ces diverses formes voûtées ; il lui fallait en effet le moyen
de résister à des chocs latéraux, à des pressions latérales,
bien plus fréquentes que les actions qui s'exercent dans le
sens de la gravité. — Un dé, une ruche, etc., se rapprochent bien plus du dôme que le crâne, parce que, comme
le dôme, ils sont ouverts d'un côté ; cependant comme ils
sont relativement fort petits, comme la ténacité de la matière qui les forme est plus que suffisante pour résister aux
efforts auxquels ils sont exposés, ils n'exigent point les précautions de sécurité qu'on prend pour le dôme. — Ceux qui
auront parcouru cet ouvrage, apercevront sans doute maintenant dans quel embarras l'auteur s'est placé pour avoir
voulu prouver la perfection du crâne par des faits qui, s'ils
eussent été vrais, auraient montré tout autant de défauts
dans l'édifice qui fait l'objet de son admiration !

CHAPITRE II. — *De l'Épine.*

Notre auteur prétend qu'il existe une analogie très-remarquable entre l'épine dorsale et le mât d'un vaisseau : or, en
lui accordant qu'on pût tirer quelque leçon utile de cette
comparaison d'un mât, qui est toujours droit, rigide et solidement fixé, avec la colonne vertébrale, qui est courbée,
flexible et composée de parties mobiles, il paraîtra sans

grand possible, lorsque sa force musculaire est uniquement employée à le transporter jusqu'à une certaine

---

doute assez évident que l'auteur ne pouvait guère espérer sortir avec succès de l'embarras dans lequel ce faux point de vue a dû le jeter, et surtout si au désavantage de cette position, il faut ajouter le peu de données exactes qu'il possède sur l'art nautique. — L'ignorance sur ce dernier point est assez prouvée par les assertions suivantes, qui sont autant d'erreurs, mais qui n'en entrent pas moins dans ses comparaisons forcées. — Il est dit, page 49: les personnes qui ont été à portée d'observer le tangage d'un vaisseau en pleine mer, ont dû se demander pourquoi les mâts ne sont pas perpendiculaires au navire, ou plutôt pourquoi le mât de misaine est perpendiculaire, tandis que le grand mât et le mât d'artimon font un angle avec le pont, dans la direction de l'avant à l'arrière. *Cette disposition verticale du misaine permet de faire virer vent devant avec plus de facilité.* —On voit encore (page 49) que le mât d'artimon et le grand mât sont inclinés vers l'arrière, pour diminuer le danger qui résulte pour eux du mouvement de tangage en avant. —Puis (page 46), lorsqu'un vaisseau est mis à la mer pour la première fois, ses agrès dormans reçoivent une grande extension du mouvement du navire; après quoi on les resserre fortement, *car si une tempête survenait pendant que les agrès sont ainsi relâchés, le mât porterait contre le pont, ce qui déterminerait sa rupture; c'est même à cette cause qu'est due la perte de la plus grande partie des mâts dans les gros temps.* — (Même page.) *Les embarcations qui naviguent dans le golfe de Finlande sont celles qui résistent le mieux à la tempête, parce que leurs mâts ne sont point attachés au corps du bâtiment, mais reposent seulement sur la quille.* Notre auteur pourra facilement se convaincre qu'il a été induit en erreur sur tous ces points, s'il veut se donner la peine de consulter un marin passablement instruit.

hauteur, d'où il se laisse redescendre tranquillement, on opposant son poids à la résistance à vaincre.

CHAPITRE III. — *De la Poitrine.*

Comme il fallait ici, ainsi que dans les autres parties de l'ouvrage, montrer une perfection qui n'eût pas encore été remarquée, l'auteur nous assure que (page 52) le thorax est particulièrement remarquable par la manière dont les os sont unis les uns avec les autres, et principalement par l'articulation des côtes au sternum, au moyen de cartilages élastiques. — *Cette disposition les rend propres à conserver la vie lorsque la puissance musculaire de la respiration est devenue trop faible.*—On lit encore, page 55 : *la puissance inerte des cartilages des côtes conserve la vie en entretenant la respiration, lorsque la puissance musculaire se trouve trop faible pour donner lieu à cet acte.* Autant valait-il dire qu'un ressort fixé au levier d'une pompe, continuerait à élever l'eau lorsque le bras de celui qui le fait jouer serait trop fatigué pour agir.

CHAPITRE IV. — *Structure des os et des jointures.*

Après avoir cité la célèbre démonstration de Borelli sur la manière dont les oiseaux restent attachés pendant leur sommeil aux branches des arbres; après avoir montré, d'après lui, que le poids de l'animal tend les tendons des pattes de manière à leur faire saisir et serrer la branche sans le moindre effort musculaire, il s'étonne que les anatomistes recourent à cette démonstration d'anatomie comparée, lorsqu'ils ont dans le corps humain la plus belle application possible de ce principe. Or, voici cette application : il compare les deux positions du soldat sous les armes, après le commandement *attention*, ou après celui de *repos.* Il trouve que dans la première position, le poids du corps agissant dans la direction de la ligne à plomb, doit élever l'angle de l'os de la hanche. De cet angle, ajoute-t-il, un large et fort ligament descend jusqu'à la rotule, les muscles puissans qui

Un maçon élèverait en un jour au sommet d'un bâtiment deux fois autant de briques en montant à vide

---

soulèvent la jambe sont attachés à la rotule et au ligament
situé un peu plus bas ; ils agissent sur les os de la jambe, les
tendent et empêchent la flexion de l'articulation. — Dans la
seconde position (page 92), lorsque ces muscles sont en repos, lorsqu'ils ne font aucun effort, le ligament qui s'étend
de l'os de la hanche à la rotule est tendu par le poids du
corps, il supplée alors à l'effort des muscles, étend la jambe
et rend fixe l'articulation du genou : l'extension de la jambe
rend aussi fixe l'articulation de la cheville du pied, et par
conséquent la jambe devient ainsi un pilier solide pour le
poids du corps, sans qu'aucun effort musculaire soit nécessaire pour produire cet effet. Or, ceci est une erreur, et
ce qui fait que la jambe devient un pilier solide sans qu'aucun effort musculaire soit nécessaire pour produire cet effet,
c'est que le genou tombe un peu en arrière et porte l'effort
sur les ligamens postérieurs de l'articulation ; et ce qui prouve
qu'il n'y a point, comme on le prétend, de ligament tendu
entre la région pelvienne et la rotule, c'est que cette dernière est lâche et mobile lorsqu'on augmente la distance entre
ces deux parties en fléchissant le genou.

CHAPITRE V. — *Sur les Tendons.*

L'auteur a encore ici accumulé un grand nombre d'erreurs en voulant trouver dans leur construction des qualités extraordinaires. Partant de ce fait bien connu, que lorsqu'une corde rompue a été épissée, c'est-à-dire lorsqu'on en
a réuni de nouveau les extrémités en les entrelaçant, en les
tissant l'une avec l'autre, elle se rompt rarement une seconde
fois en ce point ; mais oubliant sans doute qu'en ce même
point la corde est alors doublée, 1° il regarde comme une
vérité générale que les cordages tressés sont plus forts que
les cordages tordus, — ce qui est précisément l'inverse de la
vérité, ainsi qu'il aurait pu s'en assurer en consultant le pre-

jusqu'au haut de l'échelle, et se suspendant ensuite à l'extrémité d'une corde qui s'enroulerait sur une poulie

---

mier fabricant de cordes ; 2° on lit (page 101 , traduction de M. Boquillon) : ce qu'un tendon présente particulièrement de remarquable, c'est son extrême densité ; *mais les cordes qui le composent ne sont point parallèles les unes aux autres, ou tordues comme celles d'un câble ; elles sont, au contraire, tressées, entrelacées les unes dans les autres :* — le fait est qu'elles sont parallèles, quoique lorsqu'elles sont séparées latéralement un reste d'adhésion, en quelques points, leur donne l'apparence de fibres entrelacées ; 3° Il paraît ignorer qu'une corde tressée ou épissée ne résiste qu'à une traction beaucoup moindre que la somme des tractions auxquelles chaque fibre constituante résisterait isolément. — La raison en est qu'il n'existe point de corde où la tension des fibres ait pu être rendue assez égale pour ne porter que bien exactement sa part du fardeau, ou de la traction. C'est toujours un défaut pour une corde d'être tordue ou d'être tressée, mais c'est un défaut inévitable et auquel il faut bien se soumettre, puisque les fibres n'étant point aussi longues que les cordes, il faut les rattacher l'une à l'autre ou par torsion ou par d'autres moyens. Les chaînes ou les fils de fer des ponts suspendus ne sont ni tressés ni tordus, ce qui les affaiblirait ; elles sont, au contraire, attachées parallèlement, de même que les fibres des longs tendons animaux.

Nous avons quelques raisons de croire que le petit Traité sur lequel nous venons de jeter un coup-d'œil, a été écrit fort à la hâte, et que le plan en a été plus d'une fois altéré pendant la composition. C'est sans doute à cette précipitation qu'il faut attribuer sa très-grande infériorité relativement aux autres productions du même auteur.

Note pour la troisième édition de la Mécanique d'Arnott.

Cette note, qui forme près de trois pages dans l'ouvrage anglais, est diminuée à dessein par le traducteur, parce

fixe, et porterait à son autre extrémité une charge un
peu inférieure au poids de son corps, qu'en montant
chargé sur l'échelle et redescendant ensuite à vide,
comme on le voit tous les jours.

Le raisonnement aurait pu conduire à ce résultat,
indépendamment de l'expérience, car la charge que
l'homme peut porter le plus commodément est, sans
contredit, celle dont il ne peut jamais se débarrasser,
le poids de son propre corps, — la force de ses muscles,
la disposition des parties de son corps n'ont-elles pas été
calculées dans ce but par la nature?

La question agitée avec tant de chaleur, il y a quelques
années, au sujet du travail des condamnés à la *roue à
marches* (tread mill), nous paraît recevoir ici sa solution
de ce principe. On sait sans doute que ces roues offrent sur
leur contour extérieur, des planchettes saillantes, assez
semblables aux aubes des roues de moulins ; c'est sur ces
planchettes que les travailleurs, hommes ou femmes,
montent comme sur les marches d'escalier en se tenant
avec les mains à des tringles horizontales. Ils s'avancent
ainsi comme sur un plan incliné, qui recule en même
temps de la même quantité. Or, comme la nature a disposé le corps de l'homme pour lui permettre de gravir
les collines, aussi bien que pour marcher dans les plaines,
il semblait que le travail de la *roue à marches*, restreint
toutefois à une durée convenable pour chaque jour, de-

---

qu'elle n'a pour ainsi dire aucun rapport avec l'objet de cet
ouvrage. C'est une réponse à un journal qui avait pris la
défense de M. Charles Bell, auteur du Traité dont l'auteur
anglais vient de critiquer quelques parties, une défense,
contre une accusation de plagiat, etc., etc., qui, du reste,
n'offrent rien qui puisse contribuer à l'instruction du lecteur.

(*Fin de la note de l'auteur anglais.*)

vait être aussi salutaire que naturel. — C'est au surplus
ce que l'expérience a complètement démontré aujour-
d'hui.

Comme la puissance animale s'épuise aussi bien par
la durée de l'action que par l'intensité de la force déployée, il peut être souvent préférable, c'est-à-dire qu'il
peut y avoir économie d'action musculaire à exécuter
promptement le travail en déployant d'ailleurs une plus
grande force pendant sa durée. Supposons que deux
hommes de poids égaux montent un escalier, que l'un
ne mette qu'une minute pour parvenir au point le plus
élevé, et que l'autre en mette quatre ; le premier n'aura
guère éprouvé qu'un quart de la fatigue du second, car
l'épuisement dépend de la durée de l'action musculaire.
—Il aura peut-être dépensé en force un vingtième de plus
pour obtenir un excès de vitesse, mais le second a supporté
sa charge pendant un temps quatre fois plus long.

Un homme en bonne santé monte rapidement jusqu'au
sommet d'un escalier élevé, sans que sa respiration s'accélère très-sensiblement ; s'il le monte lentement, au
contraire, ses jambes se fatiguent, et il est obligé de
prendre quelques momens de repos avant de pouvoir
parler avec calme.

De même, on épargne beaucoup de fatigue aux chevaux de trait, en leur faisant monter au galop les pentes
qui n'ont point trop de longueur, modérant d'ailleurs
un peu leur vitesse avant qu'ils parviennent au sommet,
et les y laissant se reposer un moment.

Il suffit d'étendre le bras horizontalement pendant
quelques instans pour prendre une idée de la rapidité
avec laquelle une action continue dépense la force musculaire. — Il est peu de personnes qui puissent persister
dans cette position au-delà d'une ou deux minutes. Les
animaux dont le col a beaucoup de longueur, et qui le

17*

portent horizontalement, ont été gratifiés par la nature
d'appareils particuliers. Une substance forte et élastique
qui s'étend le long des parties postérieure et supérieure
du col, supporte presque tout le poids de la tête, indépendamment de toute action musculaire.

A l'appui de ce fait : qu'il y a souvent économie à
exécuter un travail dans un temps plus court, avec un
petit excès de force, nous rappellerons la théorie de
l'ascension des corps que nous avons développée plus
haut : nous avons montré, en effet, qu'un mobile lancé
de bas en haut, avec une vitesse 2, parvenait à une
hauteur quatre fois plus grande que si la force de projection eût été 1, etc.....

Des Instrumens.

Les remarques suivantes sur les instrumens employés
dans la chirurgie se rattachent naturellement à la partie
de la mécanique qui nous occupe; peut-être offriront-
elles quelqu'intérêt aux lecteurs étrangers à cet art.

Le *forceps*. Tout le monde sait que cet instrument est
une espèce de pince employée dans l'art des accouche-
mens, pour saisir la tête du fœtus et l'amener au dehors.
Cette pince se compose de deux branches dans chacune
desquelles on distingue la cuiller, le manche et le point
de jonction, qui devient alors un point d'appui. Les
cuillers ayant beaucoup plus de longueur que les man-
ches, la pression qu'elles exercent sur la tête du fœtus
est toujours moindre que celle de la main de l'opérateur
sur ceux-ci; cependant il doit toujours avoir une idée
juste du degré de compression correspondant à l'effort
de sa main sur l'instrument.

L'instrument connu des chirurgiens anglais sous le
nom de *vectis*, est une espèce de levier qui remplace

quelquefois le forceps dont nous venons de parler. Conduit par une main inhabile il devient extrêmement dan-
gereux; c'est un véritable instrument de torture si on
l'emploie comme levier, dans l'acception commune
donnée à cette expression. En effet, quelle que soit la
partie du bassin qui serve de point d'appui, les parties
molles, situées entre l'os et l'instrument, se trouvent comprimées non-seulement avec toute la force de la main, mais
elle est même soumise à une compression deux ou trois
fois plus grande, si la puissance est deux ou trois fois plus
éloignée du point d'appui que la résistance. Cet appareil
ne peut être employé avec sécurité que lorsque l'opérateur fait servir une de ses mains comme appui, l'autre
main étant la puissance, ou mieux encore lorsque la
même main agit comme point d'appui et comme puissance; il y a alors une très-grande analogie entre l'action
du *vectis* et celle du *crochet*.

L'*élévatoire* n'est autre chose qu'un levier du premier
genre, destiné à relever les os et les parties du crâne
déprimées par l'opération du trépan; il porte lui-même
son point d'appui, qui est une espèce de trépied mobile,
un chevalet ou une pièce courbée en arc, dont les extrémités, garnies de coussinets, s'appliquent sur le crâne
pendant l'opération. On doit prendre le plus grand soin
pour que ce point d'appui ne repose pas sur les parties
où la pression à laquelle il est soumis pourrait devenir
nuisible.

La *scie circulaire* ou la *couronne* de la tréphine doit
être mue avec rapidité, et l'on doit en même temps exercer sur la partie une légère pression, en vertu des motifs
développés plus haut, lorsque nous avons traité de l'action
des instrumens tranchans. On arrive bien plus promptement ainsi à des résultats plus satisfaisans, et la tête du
patient est beaucoup moins secouée.

La *scie droite* doit être employée de la même manière dans les amputations, c'est-à-dire avec vitesse et légèreté. — L'os se partage plus facilement par cette méthode, et avec moins de bruit.

Le succès et la promptitude d'une amputation dépendent en grande partie de la manière avec laquelle on emploie le couteau; il faut au moment où l'on tire, c'est-à-dire où l'on imprime au couteau un mouvement assez semblable à celui de la scie, exercer en même temps une légère pression vers l'os.

Ces dernières observations, entre cent autres qu'on pourrait faire, prouvent combien il importe au chirurgien de se familiariser avec l'usage des outils et des instrumens. Le moyen le plus propre à donner au jeune homme qu'on destine à la chirurgie, l'adresse et la dextérité que la pratique de cet art exige, est peut-être de lui faire exécuter de bonne heure quelques travaux amusans de menuiserie. — Cet art manuel devrait même n'être point complètement négligé dans l'éducation générale, tant il est important que tout homme acquière une certaine facilité d'exécution ou d'invention dans un genre de travail dont les circonstances ordinaires de la vie lui font tous les jours sentir l'utilité. L'intelligence et la science ne suffisent point dans la chirurgie, et le savant se trouvera souvent en pratique bien inférieur à celui dont les études auront été poussées moins loin, mais qui, d'un autre côté, aura acquis une certaine adresse.

La *clef* du dentiste est un instrument qu'on trouve dans les mains des personnes qui ne prétendent même qu'à des connaissances fort bornées dans l'art de guérir. Aussi ne se passe-t-il point de jour sans que par l'une ou l'autre de ces mains inhabiles, quelques dents ne soient brisées; tantôt c'est la couronne ou la racine qu'ils fracturent, tantôt des esquilles plus ou moins considérables du bord alvéolaire sont emportées, etc.

La clef ordinaire peut être considérée mécaniquement comme formée d'une roue et d'un axe. La main de l'opérateur agit sur deux des rais de la roue, pendant que la dent fixée à l'axe par la mâchoire de l'instrument, se soulève à mesure que cet axe tourne. La gencive et le bord alvéolaire de la mâchoire forment le support sur lequel l'axe tourne. — Les fautes les plus communes qu'on commette en employant cet instrument sont les suivantes :

1° Tourner la clef vers le côté où les dents adjacentes sont trop serrées pour laisser passer la dent qu'on veut extraire sans fracture des unes ou des autres. — C'est ainsi qu'on ébranle souvent deux dents au lieu d'une seule.

2° Négliger de prendre en considération l'inclinaison naturelle de la dent. L'opération est aussi sûre que facile si on la meut dans la direction qu'elle a commencé à prendre, ou suivant la courbe qu'elle a commencé à décrire ; mais si l'on agit en sens inverse, on la brise le plus souvent, ou bien l'on fait éclater la partie de la mâchoire dans laquelle elle repose.

3° Si la partie de l'instrument qui saisit la dent est émoussée, elle glisse sur celle-ci, et cette action la fracture quelquefois.

4° A moins que l'axe ou point d'appui de la clef ne repose aussi également que possible sur la gencive, celle-ci est déchirée ou fortement compromise. Il faut prendre son point d'appui, s'il est possible, au-dessus de la partie de l'os dans laquelle la dent est attachée ; car autrement, — comme lorsqu'on extrait une molaire en appuyant l'instrument sur une partie distante et antérieure, — la douleur est insupportable, et il y a danger de rupture.

Celui qui aura dirigé ses réflexions sur ce genre d'opérations, et qui aura eu l'occasion de les exécuter quelquefois sur le mort, pourra souvent procurer un soulagement aussi prompt qu'infaillible, et mettre un terme à des douleurs affreuses. Il est indispensable que l'homme qui se livre à l'étude de l'art de guérir acquière un talent aussi facile, et qu'il puisse, au besoin, remplacer le dentiste dans les localités où il n'en existe point.

Quelques dentistes arrachent les dents directement au moyen d'une espèce de pince très-forte et construite exprès; d'autres, au contraire, emploient cette pince à la manière de la clef, c'est-à-dire en la posant d'un côté sur la gencive comme point d'appui. Dans ce dernier cas, on donne à ce côté de l'instrument une forme convenable; mais en général on peut dire que le succès de l'opération dépend beaucoup moins de la forme de l'appareil employé que de l'adresse de celui qui le dirige.

Les *bandages herniaires* sont une des inventions les plus utiles dont l'humanité souffrante soit redevable à l'industrie moderne. Certaines occupations fort préjudiciables à la santé de quelques hommes, et qui sont cependant encore une des nécessités de l'état social, la débauche, le genre de vie contraire à la nature, auxquels d'autres hommes se livrent, affaiblissent trop souvent des constitutions originairement robustes, et il n'est point rare que cette faiblesse devienne une partie de l'héritage qu'ils laissent à leurs enfans. De là ces tumeurs nommées *hernies* ou *descentes*, qui se forment par le déplacement ou la chute, avec issue complète ou incomplète des intestins ou de quelque autre viscère, hors des cavités qui ne peuvent les retenir. Ces tumeurs se forment le plus ordinairement aux aines, au nombril, et aux arcades crurales.

Il n'y a pas encore fort long-temps qu'un tel accident

faisait de l'homme qui en était affligé un véritable fardeau pour la société et pour lui-même. — Il ne pouvait servir ni dans l'armée ni dans la marine; il ne pouvait monter un cheval sans danger, ni soulever un poids; en un mot, presque toute espèce d'exercice lui était interdit. Aujourd'hui, la hernie est retenue par la *pelote* d'un bon ressort d'acier qui s'applique à la partie faible, et prévient tout accident aussi sûrement que si la main d'un habile chirurgien y était constamment appliquée. On ôte et on remet le bandage sans plus de soin ni de soucis que toute autre partie de son habillement, et le malade se trouve ainsi en état d'accomplir la plus grande partie de ses devoirs sociaux, sans avoir rien à en redouter.

La forme qu'on donnait autrefois aux bandages, était celle d'un demi-cercle ou de trois quarts de cercle; l'acier était courbé et trempé de manière que l'une des extrémités terminée par une pelote s'appliquât contre l'ouverture herniaire, en la comprimant avec une force donnée et suffisante pour empêcher la sortie des viscères. Mais il était difficile que ce bandage s'adaptât parfaitement, il était d'ailleurs assez incommode à placer et à enlever; de plus, la pression qu'il exerçait tout autour du corps était désagréable.

Les bandages qu'on construit aujourd'hui sont exempts de ces défauts. Ils se composent d'un ressort d'acier formant un peu plus d'un demi-cercle, et terminé à chacune de ses extrémités par une plaque recouverte et rembourrée. Ce ressort ainsi préparé forme la base du bandage. L'une des deux plaques, ronde et plus grande que l'autre, est fixée à une extrémité du ressort par une vis; la seconde, de forme ovale, fixée à l'autre extrémité, s'applique parfaitement sur la hernie. Pour donner à ce ressort la force de compression nécessaire dans tous les cas, on en ajoute un second, un troisième, un quatrième, etc., et on les enferme dans un fourreau de cuir qui les empêche de se séparer. — La longueur de ces ressorts varie avec la taille des individus, mais est d'ailleurs indépendante de leur forme. Le bandage s'étend depuis l'épine du dos sur laquelle la large pelote s'appuie, jusque vers la partie que la seconde pelote comprime, il est d'ailleurs extrêmement commode, puisqu'il se dispose pour ainsi dire de lui-même, et qu'il n'exige point d'attaches.

Il existe une infinité d'autres appareils ou instrumens, tels que les béquilles, les *tourniquets*, etc., dont nous pourrions montrer ici les avantages mécaniques; mais ils sont si simples, que nous laisserons au lecteur le soin de les rechercher lui-même.

Telles sont les réflexions que la vue du squelette humain peut suggérer à l'homme qui a su se familiariser avec les théories mécaniques; plus les connaissances qu'on aura pu acquérir en anatomie, en physiologie, en chirurgie ou en médecine seront nombreuses, plus nombreuses seront aussi les occasions d'appliquer les principes développés dans cette première partie, et plus on se convaincra de l'importance de leur étude. — L'auteur n'a pas cru devoir entrer dans des détails secondaires, parce qu'il eût ainsi empiété sur le domaine d'autres sciences, et parce qu'il est convaincu que celui qui, au moyen des exemples développés, ne pourrait point faire l'application des lois générales de la science à tous les cas possibles, doit regarder l'étude de l'art de guérir comme peu en harmonie avec les facultés dont il a été doué par la nature.

FIN DU TOME PREMIER.

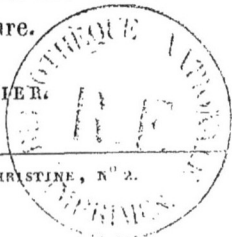

IMPRIMERIE DE DEMONVILLE, RUE CHRISTINE, N° 2.

TABLE DES MATIÈRES
DE LA MÉCANIQUE DES SOLIDES.

———◄◦◦◦►———

PREMIÈRE PARTIE.

Examen des quatre vérités fondamentales qui expliquent la nature ou la constitution des masses matérielles dont se compose l'univers, leur mouvement et les phénomènes que produisent leur influence mutuelle.

SECTION PREMIÈRE.

CONSTITUTION DES MASSES MATÉRIELLES.

SECTION II.

DU MOUVEMENT.

DEUXIÈME PARTIE.

Examen des lois de l'équilibre et du mouvement des corps solides , ou mécanique des solides.

MÉCANIQUE ANIMALE ET MÉDICALE.

MÉCANISME DU SQUELETTE HUMAIN.

MÉCANIQUE DES FLUIDES,

(Faisant suite à la Mécanique des Solides.)

1 volume in-8° avec planches,

Sous presse.

———✴⟨OⱯGO⟩✴———

Nous imprimons ci-après la Table des matières, comme le meilleur moyen de donner de l'ouvrage une juste idée.

Chaque Traité se vendra séparément.

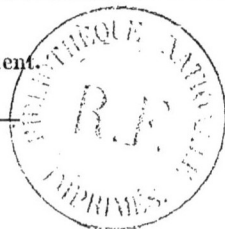

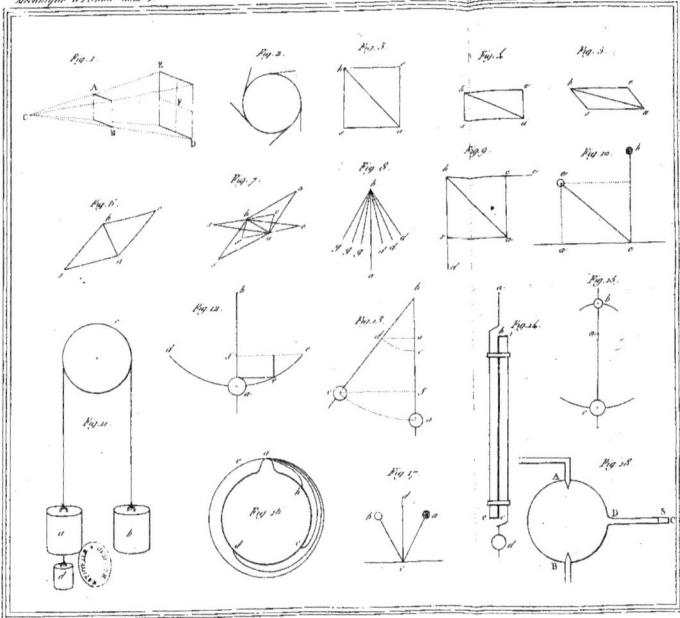

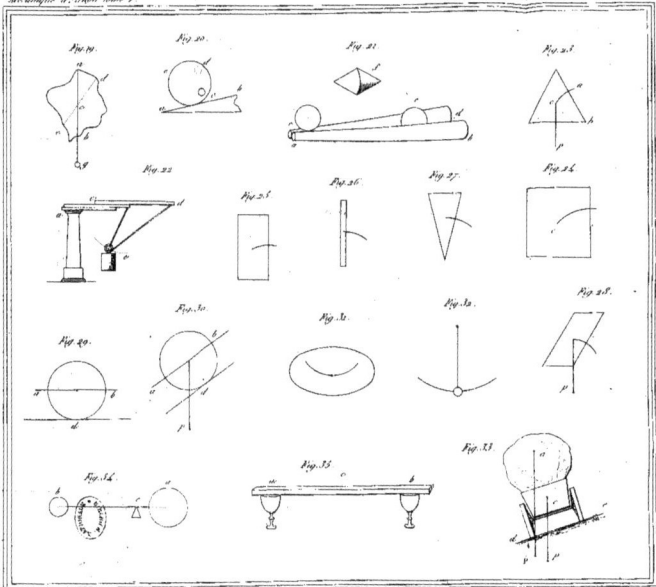

Fig. 19. Fig. 20. Fig. 21. Fig. 23.
Fig. 22. Fig. 25. Fig. 26. Fig. 27. Fig. 24.
Fig. 29. Fig. 30. Fig. 31. Fig. 32. Fig. 28.
Fig. 34. Fig. 35. Fig. 33.

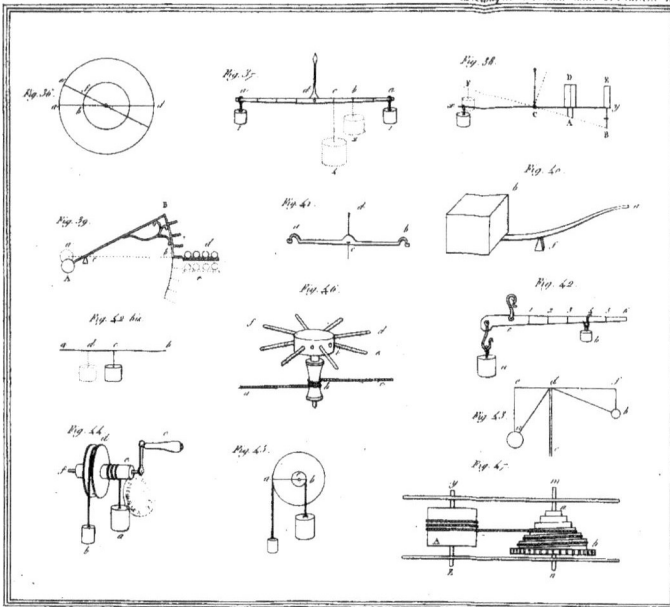

Fig. 36.
Fig. 37.
Fig. 38.
Fig. 39.
Fig. 40.
Fig. 41.
Fig. 42.
Fig. 42 bis.
Fig. 46.
Fig. 42.
Fig. 43.
Fig. 44.
Fig. 45.
Fig. 47.

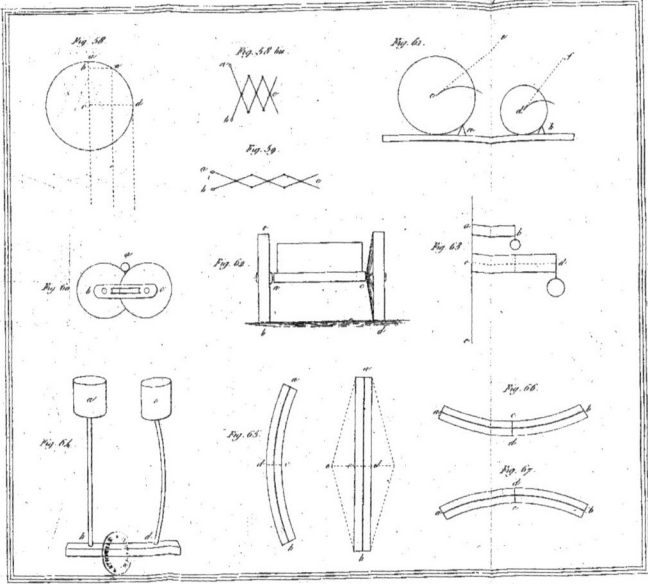

Fig. 58.

Fig. 58 bis.

Fig. 61.

Fig. 59.

Fig. 60.

Fig. 62.

Fig. 63.

Fig. 64.

Fig. 65.

Fig. 66.

Fig. 67.

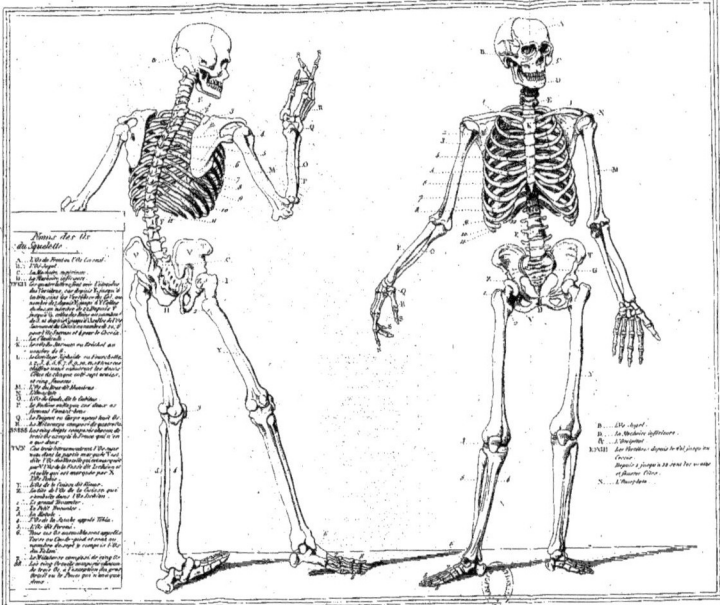

1899

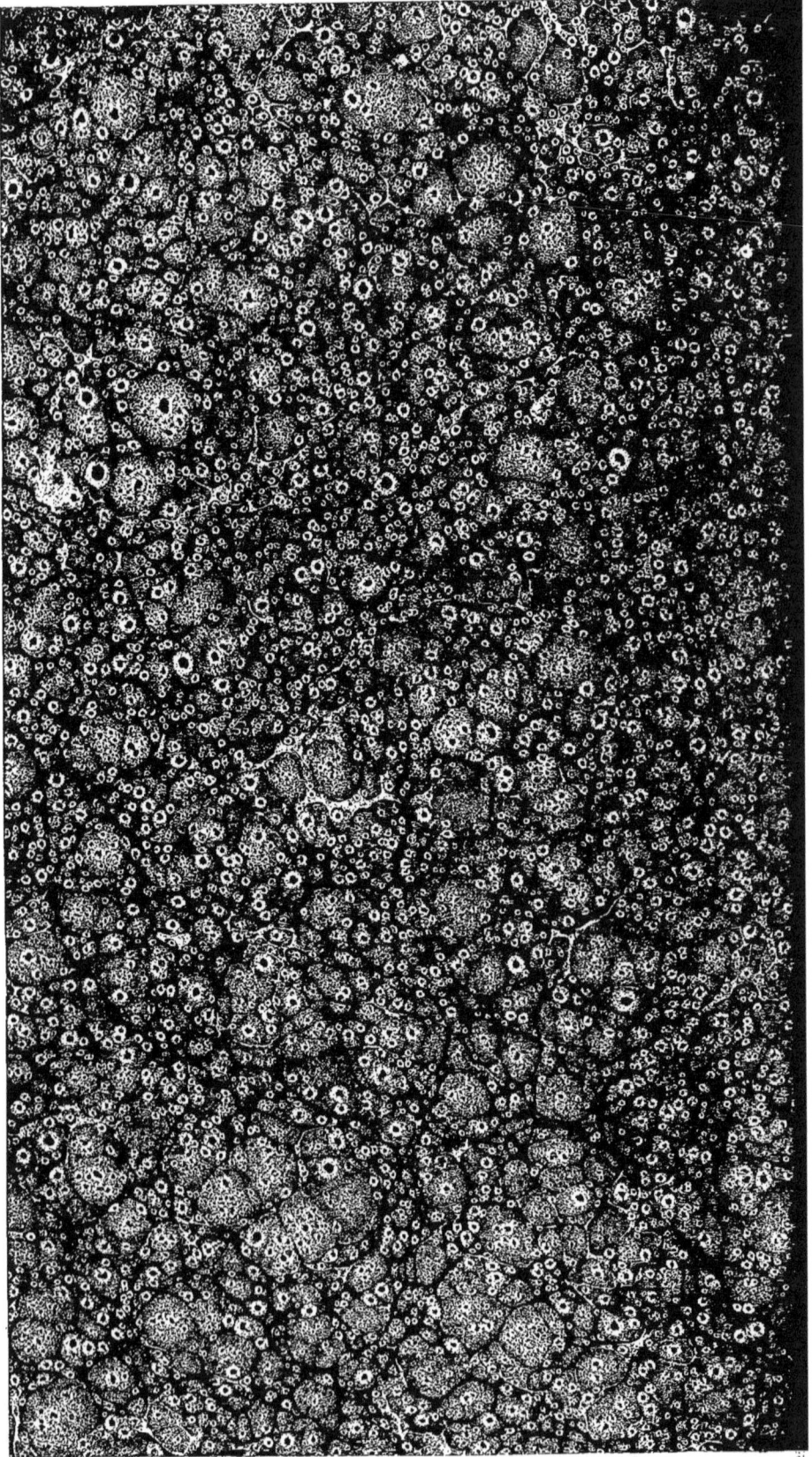

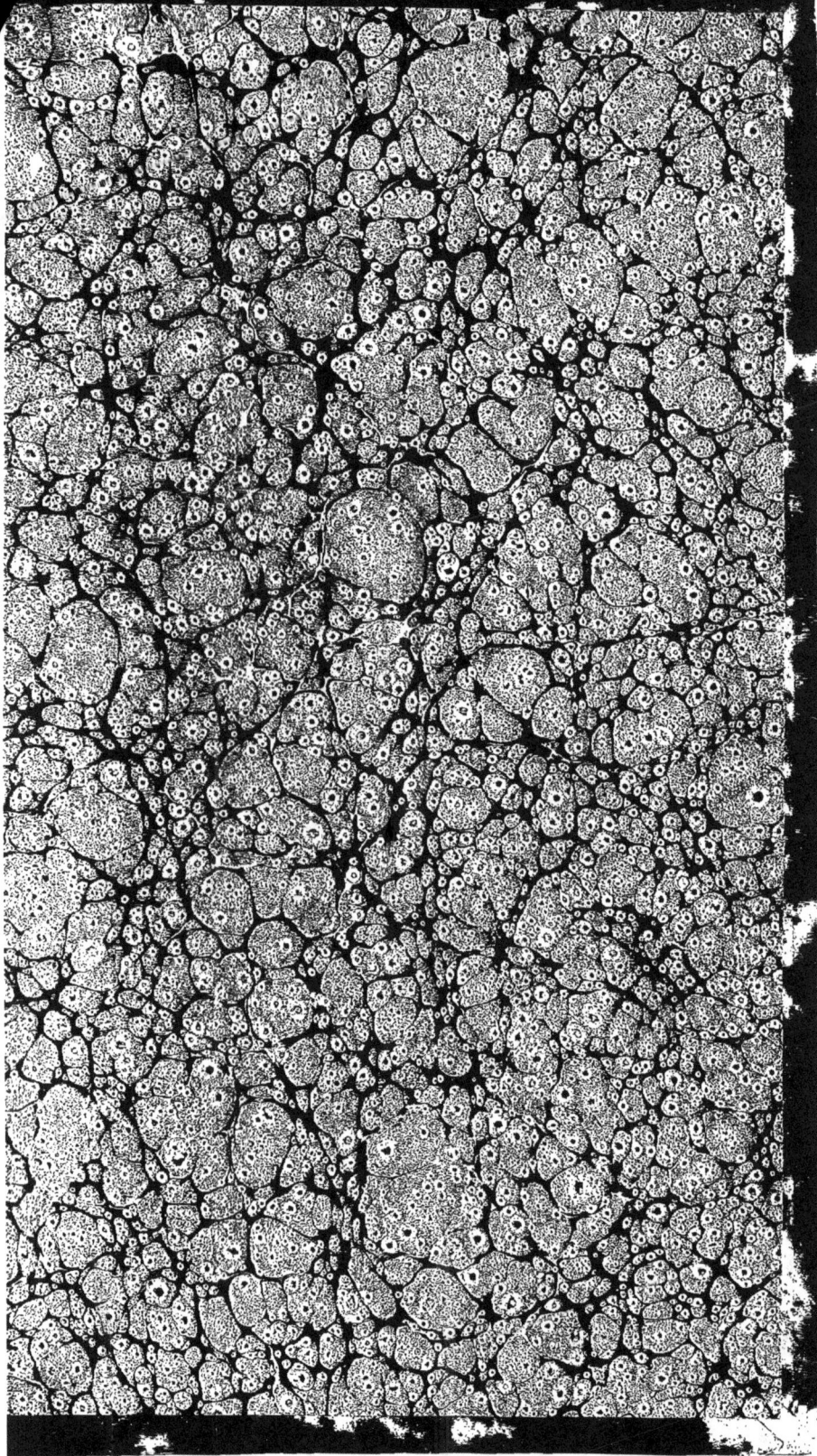